#1 New York Times BESTSELLERAUTOR

ROBERT IGER

DAS VERMÄCHTNIS MEINES LEBENS

MEINE ERFOLGSPRINZIPIEN AUS 15 JAHREN AN DER SPITZE VON WALT DISNEY

FBV

Übersetzt von Almuth Braun

Bibliografische Information der Deutschen Nationalbibliothek
Die Deutsche Nationalbibliothek verzeichnet diese Publikation in der Deutschen Nationalbibliografie. Detaillierte bibliografische Daten sind im Internet über http://dnb.d-nb.de abrufbar.

Für Fragen und Anregungen:
info@finanzbuchverlag.de

2. Auflage 2020

Nymphenburger Straße 86
D-80636 München
Tel.: 089 651285-0
Fax: 089 652096

Titel der Originalausgabe: *The Ride of a Lifetime: Lessons Learned from 15 Years as CEO of the Walt Disney Company*

Übersetzung: Almuth Braun
Lektorat: Silke Panten
Korrektorat: Silvia Kinkel
Umschlaggestaltung: Marc-Torben Fischer
Umschlagfoto: Gavin Bond
Satz: Stephan Volkmer, Röser MEDIA GmbH
Druck: GGP Media GmbH, Pößneck
Printed in Germany

ISBN Print 978-3-95972-356-5
ISBN E-Book (PDF) 978-3-96092-655-9
ISBN E-Book (EPUB, Mobi) 978-3-96092-656-6

INHALT

Für Willow: Ohne dich wäre diese Reise nicht möglich gewesen.

Kate, Amanda, Max und Will: Danke für eure Liebe und euer Verständnis und für all die Freude, die ihr mir bereitet habt.

Für die vielen tausend Disney-Darsteller und die derzeitigen und ehemaligen Mitarbeiter: Ich bin unendlich stolz auf euch, und meine Wertschätzung ist grenzenlos.

VORWORT

IM JUNI 2016 UNTERNAHM ICH meine vierzigste Reise nach China in 18 Jahren und meine elfte in den vergangenen sechs Monaten. Ich wollte die abschließenden Vorbereitungen vor der Eröffnung des Themenparks »Shanghai Disneyland« überwachen. Zu diesem Zeitpunkt war ich bereits seit elf Jahren CEO der Walt Disney Company und hatte vor, nach der Eröffnung dieses Themenparks in den Ruhestand zu gehen. Ich hatte spannende Jahre in dieser Position verbracht, und die Realisierung dieses Parks war die größte Errungenschaft meiner Karriere. Ich hatte das Gefühl, dies sei der richtige Zeitpunkt für eine Veränderung, aber das Leben verläuft nicht immer so, wie man es erwartet. Es passieren Dinge, die man unmöglich vorhersehen kann. Die Tatsache, dass ich das Unternehmen noch immer leite, während ich dieses Buch schreibe, spricht Bände. Und das galt noch wesentlich mehr für die Ereignisse in jener Woche in Shanghai.

Wir eröffneten den Park am Donnerstag, den 16. Juni. Am Montag jener Woche sollte die erste Welle an VIPs eintreffen: Mitglieder unseres Verwaltungsrats, wichtige Führungskräfte und ihre Familien, Kreativpartner, Investoren und Wall-Street-Analysten. Es wartete bereits eine riesige Gruppe an internationalen Medienvertretern und weitere strömten herbei. Ich war mittlerweile seit zwei Wochen in Shanghai und lief nur noch auf purem Adrenalin. Bei meinem ersten China-Trip im Jahr 1998 hatte ich nach einem geeigneten Standort für den Themenpark gesucht. Damit war ich die einzige Person, die vom ersten Tag an in dieses Projekt involviert war, und ich konnte es gar nicht erwarten, es der Welt zu präsentieren.

In den 61 Jahren, seit Walt Disney im kalifornischen Anaheim mit Disneyland den ersten Themenpark errichtet hatte, haben wir Themenparks in Orlando und in Paris, in Tokio und in Hongkong eröffnet. »Disney World« in Orlando ist nach wie vor der größte Park, aber Shanghai spielte insofern in einer ganz anderen Liga als alle anderen, als es eine der größten Investitionen in der Geschichte des Unternehmens war. Die nackten Zahlen werden dem Park nicht gerecht, aber ich will trotzdem einige nennen, um Ihnen einen Eindruck von den Dimensionen zu geben. Der Bau von »Shanghai Disneyland« hat rund 6 Milliarden Dollar gekostet. Mit einer Fläche von fast 390 Hektar ist er etwa elfmal so groß wie Disneyland in Anaheim. In verschiedenen Bauphasen lebten ganze 14 000 Arbeiter auf dem Gelände. Wir hielten in sechs chinesischen Städten Castings ab, um die tausend Sänger, Tänzer und Darsteller zu finden, die bei unseren Bühnen- und Straßenshows auftreten. Im Verlauf der 18 Jahre, die der Bau dauerte, traf ich mich mit drei chinesischen Staatspräsidenten, fünf Bürgermeistern von Shanghai und mehr Parteisekretären, als ich mich erinnern kann (von denen einer mitten in unseren Verhandlungen wegen Korruption verhaftet und nach Nordchina verbannt wurde, was unser Projekt um fast zwei Jahre zurückwarf).

Wir führten endlose Verhandlungen über Grundstückskäufe und die Aufteilung von Partnerschaften und Managementrollen und besprachen so wichtige Dinge wie die Sicherheit und den Komfort der chinesischen Arbeiter, aber auch Bagatellen wie die Frage, ob wir am Eröffnungstag ein Band durchschneiden konnten. Die Errichtung dieses Themenparks war eine Ausbildung in Geopolitik und ein ständiger Balanceakt zwischen den Möglichkeiten der globalen Expansion und den Gefahren des Kulturimperialismus. Die überwältigende Herausforderung, die ich gegenüber meinem Team so oft wiederholte, dass sie für alle der an diesem Projekt Beteiligten zu einem Mantra wurde, lautete, ein Erlebnis zu schaffen, dass »authentisch Disney und dabei ausgesprochen chinesisch war«.

Am Sonntag, dem 12. Juni, erreichte mein Team und mich in Shanghai am frühen Abend die Nachricht, dass in der Diskothek »Pulse« in Orlando, knapp 25 Kilometer von Disney World entfernt, eine Massenschießerei stattgefunden hatte. Wir beschäftigen in Disney World mehr als 70 000 Mitarbeiter und warteten entsetzt und in nervöser Unruhe auf die Nachricht, ob einer von ihnen sich in jener Nacht in besagter Diskothek aufgehalten hatte. Unser Sicherheitsverantwortlicher Ron Iden, der bei uns in Shanghai war, begann augenblicklich, mit seinem Netzwerk an Sicherheitskontakten in den Vereinigten Staaten zu telefonieren. Der Zeitunterschied zu Orlando beträgt zwölf Stunden – es war dort also noch kurz vor dem Morgengrauen, als wir die Nachrichten zum ersten Mal hörten. Ron sagte mir, er würde mehr Informationen haben, wenn ich am nächsten Morgen aufgestanden wäre.

Am folgenden Tag war mein erster Termin ein Arbeitsfrühstück, bei dem ich eine Präsentation vor Investoren halten sollte. Anschließend musste ich ein langes Interview mit Robin Roberts von der TV-Frühstückssendung *Good Morning America* aufnehmen, zu dem eine Tour durch den Park und Fahrten in verschiedenen Fahrgeschäften und Parkattraktionen mit Robin und ihrem Team gehörten. Danach war ein Treffen mit chinesischen Staatsbeamten anberaumt, bei dem das Protokoll für die Eröffnungszeremonien durchgesprochen werden sollte. Anschließend gab es ein Abendessen mit den Mitgliedern unseres Verwaltungsrats und anderen leitenden Führungskräften und schließlich eine Probe für das Konzert am Abend der Eröffnung, bei dem ich die Gastgeberrolle hatte. Ron versorgte mich regelmäßig mit Informationen und hielt mich auf dem Laufenden, während ich mein straffes Programm absolvierte.

Wir wussten, dass mehr als 50 Menschen getötet und fast genauso viele verletzt worden waren und dass der Amokläufer ein Mann namens Omar Mateen war. Rons Sicherheitsteam ließ Mateens Namen durch unsere Datenbank laufen und fand heraus, dass er den Themennpark »Magic Kingdom« am vergangenen Wochenende sowie bereits vor ein paar Monaten besucht hatte. Bei seinem letzten Besuch war auf den Aufnahmen der Überwachungsvideos des Themenparks zu sehen, wie Mateen außerhalb eines Parkeingangs nahe dem House of Blues in Downtown Disney auf und ab ging.

Was wir als Nächstes erfuhren, erschütterte mich wie kaum eine andere Nachricht im Verlauf meiner Karriere. Es gelangte erst zwei Jahre später an die Öffentlichkeit, und zwar im Rahmen des Prozesses gegen

Mateens Frau Noor, die wegen Beihilfe zum Massenmord angeklagt war (sie wurde später freigesprochen), aber die Ermittler des FBI teilten Ron mit, sie glaubten, Mateens Hauptziel sei Disney World gewesen. Sie hatten am Tatort sein Mobiltelefon gefunden und festgestellt, dass es zu einem früheren Zeitpunkt jenes Abends von einem unserer Funkmasten geortet worden war. Sie studierten die Überwachungsvideos und sahen ihn, wie er vor dem Eingang nahe dem House of Blues erneut auf und ab ging. An jenem Abend fand dort ein Heavy-Metal-Konzert statt, daher hatten wir die Sicherheitskräfte um fünf bewaffnete Polizisten verstärkt. Nach einigen Minuten, in denen Mateen das Gelände inspizierte, konnte man sehen, wie er zu seinem Wagen zurückging.

Sicherheitskameras hatten zwei Waffen in seinem Besitz eingefangen, ein halbautomatisches Gewehr und eine halbautomatische Pistole, die zusammen mit einer Babydecke, die noch in ihrer Verpackung war, in einem Kinderwagen versteckt lagen. Die Ermittler vermuteten, dass Mateen vorhatte, die Waffen in die Decke einzuwickeln und mit dem Kinderwagen bis zum Eingang zu gehen, um dort die Waffen herauszunehmen.

Unser Verantwortlicher für die Themenparks, Bob Chapek, befand sich ebenfalls in Shanghai. Bob und ich saßen den ganzen Tag zusammen und besprachen die Lage, während Ron uns immer wieder mit den neuesten Nachrichten versorgte. Wir warteten noch immer in nervöser Anspannung auf die Nachricht, ob irgendeiner von unseren Mitarbeitern in der Tatnacht in der Diskothek gewesen war. Mittlerweile machten wir uns zudem Sorgen, dass sich die Nachricht verbreiten würde, dass wir die eigentliche Zielscheibe dieses Amoklaufs gewesen waren. Das wäre eine Riesenstory und würde alle in Disney World emotional sehr belasten. Die Verbindung, die in so stressigen Momenten wie diesen in dem kleinen Kreis von Menschen entsteht, mit denen man die Informationen bespricht, die man sonst mit niemandem teilen kann, ist sehr eng und intensiv. In jeder Krisensituation, mit der ich als CEO konfrontiert war, bin ich dankbar für die Kompetenz, die kühle, besonnene Nüchternheit und die Menschlichkeit meines engsten Führungsteams gewesen. Bob beorderte als Erstes den Leiter von Walt Disney World, George Kalogridis, von Shanghai zurück nach Orlando, um als Führungskraft seine Leute vor Ort zu unterstützen.

Die Daten auf Mateens Mobiltelefon zeigten, dass er eine Suchanfrage nach Diskotheken in Orlando gestartet hatte, nachdem er zu seinem Auto zurückgekehrt war. Er fuhr zum ersten Klub, der auf der Auswahlliste erschien, aber vor dem Eingang gab es eine Baustelle und dahinter staute sich der Verkehr. Das zweite Ergebnis war die Diskothek »Pulse«, wo er dann das Massaker anrichtete. Als allmählich die Einzelheiten der Ermittlungen eintrafen, packte mich das Entsetzen und ich empfand tiefe Trauer über die Opfer; gleichzeitig verspürte ich aber auch eine mulmige Erleichterung darüber, dass Mateen sich von unseren Sicherheitskräften hatte abschrecken lassen.

Oft werde ich gefragt, welcher Aspekt meiner Arbeit als CEO mich nachts nicht schlafen lässt. Die ehrliche Antwort lautet, dass ich mir nicht viele Sorgen mache. Ich weiß nicht, ob es eine Laune der Hirnchemie ist oder ein Verteidigungsmechanismus, den ich als Reaktion auf das familiäre Chaos in meiner Jugend entwickelt habe, oder einfach das Ergebnis jahrelanger Selbstdisziplin – wahrscheinlich ist es eine Kombination aus allen diesen Faktoren –, aber ich neige dazu, in Krisensituationen wenig Ängste zu verspüren. Ich betrachte schlechte Nachrichten als ein Problem, das sich angehen und lösen lässt und über das ich Kontrolle habe, und nicht als etwas, das mir widerfährt. Allerdings bin ich mir auch sehr darüber bewusst, welche symbolische Kraft die Marke Disney als Zielscheibe besitzt, und eines der Dinge, die wirklich schwer auf mir lasten, ist das Wissen, dass wir unmöglich für alle Eventualitäten gewappnet sein können, egal wie gut wir uns vorbereiten.

Ich betrachte schlechte Nachrichten als ein Problem, das sich angehen und lösen lässt und über das ich Kontrolle habe, und nicht als etwas, das mir widerfährt.

Wenn das Unerwartete eintritt, nimmt man sofort eine Art instinktiver erster Bewertung vor. Dabei muss man sich auf seine innere »Gefahrenskala« verlassen. Es gibt Ereignisse, bei denen man sofort alles andere stehen und liegen lässt, und es gibt Ereignisse, bei denen man sich sagt: *Das Problem ist ernst und ich muss mich dringend darum kümmern, aber einstweilen muss ich mich davon lösen und mich auf andere Dinge konzentrieren. Anschließend werde ich zu diesem Problem zurückkehren.* Auch wenn man die Gesamtverantwortung trägt und die höchste Entscheidungsinstanz ist, muss man manchmal erkennen, dass man in der Sekunde nichts Sinnvolles beitragen kann, und sich zurückhalten. Man muss darauf vertrauen, dass die eigenen Leute ihren Job machen, und seine Energien stattdessen auf andere dringende Angelegenheiten konzentrieren.

Das sagte ich mir auch in Shanghai – eine halbe Weltreise von Orlando entfernt. Dies war der wichtigste Moment, den das Unternehmen seit der Eröffnung von Disney World im Jahr 1971 erlebte. Noch nie in unserer fast hundertjährigen Unternehmensgeschichte hatten wir so viel in ein Vorhaben investiert, das ein derart großes Potenzial besaß – sowohl für Erfolg als auch für Misserfolg. Ich hatte gar keine andere Wahl, als mich gedanklich abzuschotten, mich kurz vor der Eröffnungszeremonie auf die letzten Details zu konzentrieren und darauf zu vertrauen, dass mein Team in Orlando und unsere etablierten Protokolle den richtigen Umgang mit der Situation finden würden.

Wir haben ein System, mit dem wir unsere Mitarbeiter nach einer Katastrophe suchen können. Bei einem Flugzeugabsturz, einem Hurrikan oder einem Waldbrand erhalte ich Berichte, wer als vermisst gilt, wer evakuiert werden musste, wer einen Freund, einen Verwandten oder ein Haustier verloren hat und wessen Haus und Grundstück beschädigt wurde. Wir beschäftigen weltweit mehr als 200 000 Mitarbeiter; wenn also eine Katastrophe geschieht, ist das Risiko ziemlich groß, dass irgendeiner unserer Mitarbeiter davon betroffen ist. Nach den Terroranschlägen von 2015 in Paris erfuhr ich innerhalb von wenigen Stunden, dass Vertriebspartner einer Werbeagentur, mit der wir arbeiten, unter den Opfern waren. Im Anschluss an das Massaker von Las Vegas im Herbst 2017 wusste ich sofort, dass mehr als 60 unserer Mitarbeiter an jenem Abend auf dem Freiluftkonzert gewesen waren. Drei davon waren verletzt worden, ein Mitarbeiter von Disneyland wurde getötet.

Am Dienstagmorgen in Shanghai erfuhren wir, dass zwei unserer Teilzeitmitarbeiter zu den Opfern des Disco-Massakers gehörten. Mehrere andere Mitarbeiter waren mit ihnen befreundet oder verwandt. Daraufhin machten sich unsere Trauma- und Trauertherapeuten an die Arbeit, kontaktierten die Betroffenen und organisierten therapeutische Gespräche.

MEIN TERMINKALENDER FÜR DIE TAGE vor der Eröffnung von »Shanghai Disneyland« war bis auf die letzte Minute randvoll verplant: Ich führte Touren durch den Park, gab Interviews und nahm an Proben für den letzten Schliff an den Auftritten im Rahmen der Eröffnungszeremonie teil; ich war Gastgeber von Arbeitsmittagessen und Abendveranstaltungen und hielt Zusammenkünfte mit Investoren, Vertriebspartnern und unserem Verwaltungsrat ab; ich traf mich mit ranghohen chinesischen Parteifunktionären, um ihnen den gebührenden Respekt zu zollen; ich weihte den Flügel des Kinderkrankenhauses von Shanghai ein und übte eine kurze Ansprache für die Eröffnungszeremonie, die ich zum Teil in Mandarin halten wollte. Zwischen all diese Termine wurden kurze »Pausen« gezwängt, in denen ich Make-up bekam, meine Kleidung wechseln musste oder einen kurzen Snack verschlang. Am Mittwochmorgen führte ich eine VIP-Tour mit ungefähr hundert Gästen. Der Filme- und Fernsehproduzent Jerry Bruckheimer war da und auch George Lucas. Einige meiner direkten Mitarbeiter waren mit ihren Familien angereist. Meine Frau Willow und unsere Kinder waren auch da. Alle trugen während der Tour Kopfhörer, während ich in ein Mikrofon sprach.

Ich erinnere mich noch genau, wo wir uns gerade befanden – zwischen Adventure Island und Pirate Cove –, als Bob Chapek auf mich zutrat und mich kurz beiseite nahm. Ich dachte, er habe weitere Neuigkeiten zu den Ermittlungen über das Massaker und beugte mich gespannt zu ihm, damit er mir den aktuellen Stand der Dinge ins Ohr flüstern konnte. »Es gab eine Alligator-Attacke in Orlando«, wisperte Bob. »Ein Alligator hat ein kleines Kind angegriffen, einen Jungen.«

Da wir inmitten einer großen Menschengruppe standen, nahm ich mich zusammen und verbarg mein wachsendes Entsetzen, während mir Bob zuflüsterte, was er bisher in Erfahrung gebracht hatte. Die Attacke hatte sich ungefähr um 20:30 Uhr in unserer Hotelanlage »Grand Floridian« ereignet. Jetzt war es in Shanghai ungefähr 10:30 Uhr morgens, also war dieses Unglück zwei Stunden zuvor passiert. »Wir wissen nicht, wie es dem Jungen geht«, flüsterte Bob.

Instinktiv betete ich, der Junge möge nicht getötet worden sein. Und dann begann ich in Gedanken, durch die Geschichte unseres Unternehmens zu blättern. Hatte sich jemals zuvor ein solcher Unfall ereignet? Soweit ich wusste, war in den 45 Jahren seit der Eröffnung von Disney World noch nie ein Gast angegriffen worden. Ich stellte mir im Geiste das Gelände vor. Bob hatte mir gesagt, die Alligator-Attacke habe sich am Strand des Hotelresorts ereignet. Ich war selbst schon oft im »Grand Floridian« gewesen und kannte den Strand gut. Es gibt dort eine Lagune, aber ich hatte noch nie jemanden darin schwimmen sehen. Halt, nein. Vor meinem geistigen Auge tauchte das Bild eines Mannes auf, der in dem See schwamm, um einen Luftballon zurückzuholen, den sein Kind verloren hatte. Das war vor ungefähr fünf Jahren gewesen. Ich erinnerte mich, dass ich ein Foto von ihm gemacht hatte, wie er mit dem Ballon in der Hand zum Ufer zurückschwamm, und dass ich dabei innerlich gelacht hatte, wegen der erstaunlichen Dinge, die Eltern für ihre Kinder tun.

Ich beendete die VIP-Tour und wartete auf weitere Neuigkeiten. Es gibt ein Protokoll, das ganz klar festlegt, welche Dinge direkt an mich berichtet werden, und um welche sich andere Verantwortliche kümmern, und mein Team wartet grundsätzlich ab, um mir etwas mitzuteilen, bis es ganz sicher ist, dass die Nachricht auch stimmt. (Zu ihrem Verdruss schelte ich sie gelegentlich dafür, dass sie mir schlechte Nachrichten nicht schnell genug überbringen.) Dieses Mal wurde mir die Nachricht sofort zugetragen, aber ich wollte unbedingt nähere Einzelheiten erfahren.

George Kalogridis, den wir im Anschluss an das Disco-Massaker von Orlando sofort zurückbeordert hatten, war ungefähr zum Zeitpunkt der Alligator-Attacke gelandet, kümmerte sich sofort nach seiner Ankunft um dieses Unglück und gab uns unverzüglich neue Informationen weiter. Ich erfuhr, dass der kleine Junge vermisst war. Die Rettungsteams hatten ihn nicht gefunden. Sein Name war Lane Graves, er war zwei Jahre alt. Die Familie Graves wohnte im »Grand Floridian« und war zum geplanten Kinoabend an den Strand gegangen. Die Filmvorführung wurde wegen eines Gewitters abgesagt, aber die Familie beschloss, mit anderen Familien am Strand zu bleiben und die Kinder dort spielen zu lassen. Lane nahm einen Eimer, um ihn am Ufer der Lagune mit Wasser zu füllen. Die Dämmerung hatte schon eingesetzt, und ein Alligator war zum Fressen ans Ufer gekommen und verharrte im seichten Wasser. Er schnappte nach dem Jungen und zog ihn unter Wasser. Die Familie Graves war aus Nebraska angereist, berichtete mir George. Sie wurde von einem Krisenteam betreut. Ich kannte einige Mitglieder dieses Teams. Sie leisteten außerordentlich gute Arbeit, und ich war dankbar, dass sie vor Ort waren. Dieses Ereignis würde sie jedoch extrem auf die Probe stellen.

An jenem Abend fand unser Eröffnungskonzert in Shanghai statt, aufgeführt von einem fünfhundertköpfigen Orchester und dem weltberühmten Pianisten Lang Lang, zusammen mit einer Reihe der berühmtesten Komponisten, Sänger und Musiker Chinas. Vor dem Konzert gab ich ein Abendessen für eine Gruppe ranghoher chinesischer Parteifunktionäre und andere geladene Gäste. Obwohl ich mir wirklich Mühe gab, mich auf meine vorliegenden Verantwortlichkeiten zu konzentrieren, kehrten meine Gedanken ständig zur Familie Graves in Orlando zurück. Sie waren nach Disney World gekommen, um sich gemeinsam zu amüsieren, und hatten stattdessen einen unvorstellbaren Verlust erlitten, der alles andere überschattete.

Donnerstag, der 16. Juni, war der Tag der Eröffnung. Ich wachte um 4 Uhr morgens auf und trainierte, um meinen Kopf freizubekommen. Anschließend ging ich in eine Lounge auf unserem Flur und traf mich mit Zenia Mucha, unserem Kommunikationsvorstand. Zenia und ich arbeiten seit mehr als zwölf Jahren zusammen. Sie ist immer an meiner Seite gewesen, hat mich durch dick und dünn begleitet. Sie ist zäh und belastbar und sagt es mir immer direkt ins Gesicht, wenn sie glaubt, dass ich einen Fehler mache. Sie hat stets die besten Interessen des Unternehmens im Sinn.

Inzwischen wurde überall über die Alligator-Attacke berichtet. Ich wollte, dass die öffentliche Reaktion direkt von mir, also von höchster Stelle kam. Ich habe des Öfteren erlebt, wie andere Unternehmen in Krisensituationen einen »Unternehmenssprecher« vorschicken. Dieses Vorgehen erschien mir immer kaltherzig und irgendwie auch feige. Unternehmenssysteme sind oft so strukturiert, dass sie den CEO isolieren und schützen sollen. Nichtsdestotrotz ist das gelegentlich ein Fehler, und ich war fest entschlossen, es anders zu machen. Ich sagte Zenia, ich müsse öffentlich Stellung nehmen. Sie stimmte mir sofort zu, dass es in diesem Fall das einzig Richtige sei.

In einer derartigen Situation kann man eigentlich nichts Tröstliches sagen, dennoch saßen wir in der Lounge, und ich diktierte Zenia meine aufrichtigen Worte. Ich sagte, ich sei selbst Vater und Großvater und dies gewähre mir einen winzigen Einblick in die unvorstellbaren Schmerzen der Eltern. 15 Minuten nach unserem Gespräch wurde die Pressemitteilung verschickt. Anschließend kehrte ich in mein Zimmer zurück und begann, mich für die Eröffnung fertigzumachen. Willow war bereits auf, unsere Kinder schliefen noch. Allerdings schien ich nicht in der Lage zu sein, das zu tun, was ich tun musste, und nach mehreren Minuten rief ich Zenia erneut an und sagte: »Ich muss mit den Eltern sprechen.«

Dieses Mal erwartete ich, dass sie und unser Chefjustiziar Alan Braverman protestieren würden. Das Ganze konnte sich zu einer rechtlich komplizierten Angelegenheit auswachsen, und die Anwälte wollten das Risiko begrenzen, dass ich irgendetwas sagen könnte, das sich ungünstig auf die Haftungsfrage auswirken könnte. In diesem Fall sagten sie jedoch beide, sie wüssten, dass ich es tun müsse, und keiner von beiden widersetzte sich meinem Vorhaben. »Ich besorge Ihnen die Nummer«, sagte Zenia. Innerhalb weniger Minuten hatte ich die Telefonnummer von Jay Ferguson, einem Freund von Matt und Melissa Graves – den Eltern des toten Jungen –, der unverzüglich nach Orlando geflogen war, um ihnen seelischen Beistand zu leisten.

Ich saß auf der Bettkante und wählte. Ich wusste nicht, was ich sagen wollte, aber als Jay sich meldete, erklärte ich ihm, wer ich war und dass ich mich in Shanghai befand. »Ich weiß nicht, ob sie überhaupt mit mir sprechen wollen«, sagte ich, »aber falls ja, möchte ich ihnen mein tief empfundenes Beileid aussprechen. Falls sie nicht mit mir sprechen wollen, möchte ich es gerne Ihnen aussprechen und Sie bitten, es den Eltern zu übermitteln.«

»Geben Sie mir eine Minute«, antwortete Jay. Ich konnte Gespräche im Hintergrund hören und dann war Matt plötzlich am Telefon. Ich fing einfach an zu reden und wiederholte, was ich schon in meiner öffentlichen Verlautbarung gesagt hatte: dass ich selbst Vater und Großvater sei und dass ich mir kaum vorstellen könne, was er und seine Frau durchmachen mussten. Ich sagte, ich wolle, dass er von mir persönlich, dem Unternehmensführer, erführe, dass wir absolut alles in unserer Macht Stehende tun würden, um ihnen durch diese schwierige Phase zu helfen. Ich gab ihm meine direkte Durchwahl und sagte, er solle mich anrufen, wenn er irgendetwas brauche, und dann fragte ich, ob ich hier und jetzt etwas für ihn tun könne.

»Versprechen Sie mir, dass mein Sohn nicht umsonst gestorben ist«, sagte er. Er sprach unter heftigem Schluchzen, und ich konnte Melissa im Hintergrund ebenfalls schluchzen hören. »Versprechen Sie mir, dass Sie alles tun werden, um dafür zu sorgen, dass so etwas niemals einem anderen Kind zustößt.«

Ich versprach es. Ich wusste, dass ich aus der Sicht eines Rechtsanwaltes aufpassen musste, was ich sagte, und dass ich darauf achten sollte, ob irgendeines meiner Worte als Eingeständnis einer Pflichtverletzung gewertet werden konnte. Wenn man so lange in Unternehmensstrukturen arbeitet, ist man darauf trainiert, rechtlich wasserfeste Antworten im Unternehmensinteresse zu geben. Trotzdem war mir das in diesem Moment völlig egal. Ich wiederholte, Jay solle mich anrufen, wenn er irgendetwas benötigte; dann beendeten wir das Gespräch, und ich saß zitternd auf der Bettkante. Ich hatte so heftig geweint, dass ich meine beiden Kontaktlinsen verloren hatte. Ich suchte halbherzig nach ihnen, als Willow zur Tür hereinkam.

»Ich habe gerade mit den Eltern gesprochen«, sagte ich. Ich wusste nicht, wie ich meine Gefühlslage erklären sollte. Sie kam auf mich zu, nahm mich in ihre Arme und fragte, was sie tun könne. »Ich muss einfach weitermachen«, antwortete ich. Aber ich war völlig leer. Das Adrenalin, das mich in den letzten zwei Wochen auf Hochtouren gehalten hatte, all das, was dieses neue Projekt mir bedeutete, und der Kick, den ich dabei empfand, es mit der Öffentlichkeit teilen zu können, waren auf einen Schlag verpufft. In 30 Minuten musste ich den Vizepremierminister von China, den chinesischen Botschafter in den Vereinigten Staaten, den amerikanischen Botschafter in China, den Parteisekretär von Shanghai und den Bürgermeister von Shanghai treffen, um sie durch den Park zu führen. Ich fühlte mich wie gelähmt.

Schließlich rief ich mein Team an und bat sie in die Hotel-Lounge. Ich wusste, dass ich erneut in Tränen ausbrechen würde, wenn ich ihnen die Situation beschrieb, daher machte ich es möglichst kurz und sagte Bob Chapek, was ich Matt Graves versprochen hatte. »Wir sind dabei«, antwortete er und informierte umgehend sein Team in Orlando. (Was sein

Team dort unternahm, war wirklich bemerkenswert. Es gibt Hunderte von Lagunen und Kanälen auf dem Gelände der Hotelanlage und Tausende von Alligatoren. Innerhalb von 24 Stunden hatten sie alles mit Seilen und Zäunen versehen und im gesamten Park, der doppelt so groß ist wie Manhattan, Schilder aufgestellt.)

Ich machte mich auf den Weg, um meine hochkarätigen Gäste zu empfangen. Wir posierten für Fotos und fuhren in den Fahrgeschäften. Ich rang mir ein Lächeln ab und zwang mich, Haltung zu bewahren. Das war ein eindrückliches Beispiel für die Tatsache, dass das, was man äußerlich präsentiert, oft nichts mit dem zu tun hat, was man innerlich empfindet. Nach der Tour musste ich vor Tausenden von Menschen, die sich im Park eingefunden hatten, und weiteren Millionen Chinesen, die die Eröffnungszeremonie im Fernsehen verfolgten, eine Rede halten, das Einweihungsband durchschneiden und »Shanghai Disneyland« offiziell für die Welt eröffnen. Disneys Premiere in Kontinentalchina war ein Riesenereignis. Pressevertreter aus aller Welt waren gekommen. Der chinesische Staatspräsident Xi Jinping und US-Präsident Barack Obama hatten Briefe geschrieben, die wir bei der Eröffnung öffentlich verlesen wollten. Ich war mir des großen Gewichts dieser Zeremonie bewusst, aber ich konnte einfach nicht aufhören, die ganze Zeit an Matts leidgequälte Stimme am Telefon zu denken.

Das war ein eindrückliches Beispiel für die Tatsache, dass das, was man äußerlich präsentiert, oft nichts mit dem zu tun hat, was man innerlich empfindet.

Als ich den Vizepremier verließ, kam der Präsident der Shanghai Shendi Group, unserem chinesischen Partnerunternehmen, hinter mir her und nahm mich am Arm. »Sie werden Orlando nicht erwähnen, oder?«, fragte er. »Dies ist ein glücklicher Tag. Heute ist ein glücklicher Tag.« Ich versicherte ihm, dass ich nichts sagen würde, das die Stimmung verderben würde.

Weniger als eine halbe Stunde später fand ich mich allein auf einer kleinen Bank im Disney Castle wieder und wartete darauf, dass ein Bühnenmanager mir das Zeichen gab, dass es Zeit für meine Rede war. Ich hatte die Zeilen auf Mandarin auswendig gelernt, hatte aber plötzlich Mühe, mich daran zu erinnern. Ja, es war ein glücklicher Tag, und ich musste mich darauf und nur darauf konzentrieren. Ich musste würdigen, was es für all die Menschen bedeutete, die so lange so hart darauf hin gearbeitet hatten, diesen Tag Wirklichkeit werden zu lassen. Ich musste meinen Fokus auf die Menschen in China richten, denen dieser Themenpark die Gelegenheit bot, ihre Träume auszuleben – so wie ich und unzählige andere amerikanische Kinder davon geträumt hatten und noch träumen, Disneyland zu besuchen. Es war ein glücklicher Tag. Und zugleich war es der traurigste in meiner gesamten beruflichen Laufbahn.

ICH HABE 45 JAHRE für denselben Konzern gearbeitet: 22 Jahre bei ABC und weitere 23 Jahre bei Disney, nachdem ABC im Jahr 1995 von Disney übernommen worden war. Ich habe die beneidenswerte Aufgabe, der sechste CEO zu sein, der den Konzern leitet, seit dieser 1923 von Walt Disney gegründet wurde.

Es gab selbstredend schwierige und sogar tragische Tage. Für mich ist diese Aufgabe jedoch der schönste Job der Welt. Wir produzieren Filme, Bühnenshows und Broadway-Musicals, Spiele und Kostüme, Spielzeug und Bücher. Wir bauen Themenparks und Fahrgeschäfte, Hotels und Kreuzfahrtschiffe. In unseren 14 Themenparks weltweit organisieren wir jeden Tag Paraden, Straßenshows und Konzerte. Wir sorgen für Spaß und Unterhaltung. Und selbst nach all diesen Jahren frage ich mich manchmal immer noch: *Wie ist es dazu gekommen? Wie ist es möglich, dass ich so ein Glück hatte?* Wir pflegten unsere größten, aufregendsten Themenparkattraktionen als »E-Tickets« zu bezeichnen. Das fällt mir ein, wenn ich an meine Arbeit denke: eine Fahrt auf einer gigantischen E-Ticket-Attraktion, bekannt unter dem Namen Walt Disney Company, die jetzt schon seit 14 Jahren andauert.

Disney existiert aber auch in der Welt der Quartalsberichte und der Aktionärserwartungen und der zahllosen anderen Verpflichtungen, die mit der Leitung eines Konzerns einhergehen, der in fast jedem Land der Welt zu Hause ist. An einem normalen, ereignislosen Tag erfordert diese Aufgabe die Fähigkeit, sich ständig an neue und andere Herausforderungen anzupassen. Nachdem man Investoren die Wachstumsstrategie aufgezeigt hat, prüft man mit den Walt Disney Imagineers das Design einer riesigen neuen Themenparkattraktion; anschließend gibt man seine Kommentare zum Rohschnitt eines Films ab, dann spricht man über

Sicherheitsmaßnahmen und Board Governance, Eintrittspreise und die Gehaltsskala. Die Tage sind dynamisch und fordernd und eine nie enden wollende mentale Übung. In einem Moment beschäftigt man sich mit einem Thema, etwa: Welche Merkmale muss eine Disney-Prinzessin in der heutigen Zeit erfüllen und wie sollten sie sich in unseren Produkten manifestieren? Dann legt man es beiseite und lenkt seine Aufmerksamkeit auf das nächste Thema, zum Beispiel: Wie lauten die Vorschläge für die Marvel-Filme in den nächsten acht Jahren? Das sind die seltenen Tage, an denen die Dinge nach Plan verlaufen. Wie die oben beschriebene Woche in China allzu deutlich macht, ereignen sich aber auch immer unvorhergesehene Krisen und Misserfolge, auf die man sich nie ganz vorbereiten kann. Wenige werden so tragisch sein wie die Ereignisse jener Woche, aber irgendetwas passiert immer.

Das gilt nicht nur für die Walt Disney Company, sondern für jedes Unternehmen und jede Institution. Irgendetwas passiert immer. Im Wesentlichen handelt dieses Buch von einigen grundlegenden Prinzipien, die als Orientierung dienen und dazu beitragen, das Gute zu fördern und das Schlechte zu bewältigen. Lange Zeit schrieb ich nur widerwillig. Bis vor relativ kurzer Zeit vermied ich es sogar, öffentlich über meine »Führungsregeln« oder ähnliche Dinge zu sprechen, weil ich das Gefühl hatte, dass ich sie noch nicht vollständig vorlebte. Nach 45 Jahren, und vor allem nach den vergangenen 14 Jahren, bin ich jedoch zu der Überzeugung gelangt, dass ich Erkenntnisse gewonnen habe, die auch für ein breiteres Publikum von Nutzen sein könnten.

Wenn Sie ein Unternehmen oder ein Team leiten oder mit anderen auf ein gemeinsames Ziel hinarbeiten, könnte dieses Buch wertvolle Hilfestellungen geben. Meine Erfahrungen stammen von Anfang an aus der Medien- und Unterhaltungsindustrie, dennoch gibt es einige Dinge, die ich für allgemein anwendbar halte: Kreativität und Wagemut zu fördern; eine Kultur des Vertrauens zu entwickeln; selbst immer ehrlich wissbegierig zu sein und andere anregen, ebenfalls wissbegierig zu sein; Veränderungen positiv anzunehmen, anstatt sie zu leugnen; und stets mit Integrität und Ehrlichkeit zu handeln, selbst wenn es bedeutet, dass man sich schwierigen Situationen stellen muss. Das sind abstrakte Dinge, aber ich hoffe, dass die Geschichten und Beispiele, die für mich eine Bedeutung besitzen, wenn ich zurückblicke und den langen Bogen meiner beruflichen Karriere betrachte, dazu beitragen, dass sie sich konkreter anfühlen und allen Lesern den Raum bieten, sich damit zu identifizieren, und zwar nicht nur den angehenden CEOs dieser Welt, sondern allen Menschen, die in ihrem Berufs- und Privatleben furchtloser und souveräner agieren möchten.

Der größte Teil dieses Buches ist chronologisch aufgebaut. Seit meinem ersten Tag bei ABC hatte ich 20 verschiedene Positionen und 14 Vorgesetzte. Ich habe als Teammitglied und damit ganz unten in der Firmenhierarchie an einer nachmittäglichen Seifenoper mitgearbeitet und ein Netzwerk geleitet, das einige der innovativsten Fernsehsendungen (und einige der schlimmsten Flops) aller Zeiten produziert hat. Zweimal saß ich auf der Seite des Unternehmens, das aufgekauft wurde, und habe selbst mehrmals andere Unternehmen aufgekauft und integriert, darunter Pixar, Marvel, Lucasfilm und, als meine letzte Akquisition, 21st Century Fox. Ich habe mit Steve Jobs Pläne über die Zukunft der Unterhaltung geschmiedet und wurde zum Hüter von George Lucas' Mythologie *Star Wars*. Jeden Tag habe ich darüber nachgedacht, wie die Technologie die Art und Weise verändert, wie wir Medien erschaffen, bereitstellen und erleben, und was es bedeutet, einer fast hundert Jahre alten Marke treu und gleichzeitig für ein modernes Publikum relevant zu bleiben. Ich habe hart und sorgfältig daran gearbeitet, dass Milliarden von Menschen auf der Welt eine emotionale Verbindung zu unserer Marke verspüren.

Wenn ich heute daran zurückdenke, was ich gelernt habe, erkenne ich zehn Prinzipien, die meiner Ansicht nach unabdingbar für echte Führungsqualität sind. Ich hoffe, sie leisten Ihnen ebenso gute Dienste wie mir.

Optimismus: Eine der wichtigsten Eigenschaften einer guten Führungskraft ist Optimismus, das heißt ein pragmatischer Enthusiasmus für das Machbare. Selbst wenn eine optimistische Führungskraft vor schwierigen Entscheidungen steht und mit suboptimalen Ergebnissen konfrontiert ist, verfällt sie nicht in Pessimismus. Einfach ausgedrückt: Pessimisten können weder andere Menschen motivieren noch ihnen Energie verleihen.

Mut: Mut ist die Grundlage des Wagemuts. In Geschäftsfeldern, in denen sich ständig alles verändert und neue Innovationen die Spielregeln verändern, ist Wagemut unabdingbar und Innovation überlebenswichtig. Echte Innovation geschieht nur, wenn Menschen mutig sind. Das gilt für Akquisitionen, Investitionen und Kapitalallokation, und zum Teil gilt es auch für kreative Entscheidungen. Die Angst vor Misserfolg erstickt jede Kreativität im Keim.

Fokus: Es ist überaus wichtig, Zeit, Energie und Ressourcen auf die Strategien, Probleme und Projekte zu verwenden, die von höchster Bedeutung und höchstem Wert sind. Und es ist zwingend notwendig, die eigenen Prioritäten oft und klar zu kommunizieren.

Entschlossenheit: Alle Entscheidungen, egal wie schwierig sie auch sein mögen, können und sollten zeitnah erfolgen. Führungskräfte müssen zu Meinungsvielfalt ermutigen, und gleichzeitig Entscheidungen treffen und konsequent umsetzen. Chronisches Zaudern ist nicht nur ineffizient und kontraproduktiv, sondern untergräbt auch die allgemeine Moral.

Wissbegier: Eine tiefe, dauerhafte Wissbegier ermöglicht die Entdeckung neuer Menschen, Orte und Ideen, fördert aber auch ein besseres Bewusstsein und Verständnis für den Markt und seine Veränderungsdynamiken. Der Weg zu Innovation beginnt mit der Wissbegier.

Fairness: Eine starke Führung beinhaltet die faire, anständige Behandlung anderer Menschen. Dafür ist es wichtig, empathisch und zugänglich zu sein. Menschen, die Fehler ehrlich zugeben, verdienen eine zweite Chance. Eine zu unbarmherzige Beurteilung anderer Menschen erzeugt Angst und Anspannung, die eine offene Kommunikation und Innovation verhindern. Nichts ist schlimmer als eine Organisation mit einer Angstkultur.

Besonnenheit: Besonnenheit ist eines der am meisten unterschätzten Elemente guter Führung. Es geht darum, sich Wissen anzueignen und sorgfältig verschiedene Argumente abzuwägen. Wenn Sie dann eine Meinung äußern oder eine Entscheidung treffen, wird diese glaubwürdiger und mit höherer Wahrscheinlichkeit auch richtig sein.

Authentizität: Seien Sie echt. Seien Sie ehrlich. Geben Sie nichts vor, was Sie nicht sind, nicht machen wollen oder nicht können. Aus Wahrhaftigkeit und Authentizität entstehen Respekt und Vertrauen.

Unermüdlicher Perfektionsdrang: Das heißt nicht Perfektion um jeden Preis, sondern die Weigerung, sich mit Mittelmäßigkeit zufriedenzugeben oder sich Ausreden einfallen zu lassen, weil etwas »genügt«. Wenn Sie glauben, dass sich etwas besser machen lässt, dann strengen Sie sich an, um es besser zu machen. Wenn Sie etwas produzieren, dann produzieren Sie etwas Großartiges.

Integrität: Nichts ist wichtiger als die Qualität und Integrität der Menschen einer Organisation und ihrer Produkte. Der Erfolg eines Unternehmens hängt davon ab, dass es für alle Dinge, die großen und die kleinen, hohe ethische Standards setzt. Oder anders ausgedrückt: So wie Sie eine Sache machen, machen Sie alle Sachen.

TEIL 1

LERNEN

KAPITEL 1

VON DER PIKE AUF

BEI DIESEM BUCH handelt es sich nicht um Memoiren. Allerdings ist es nicht möglich, über die Eigenschaften zu sprechen, die mir im Verlauf meines Berufslebens gute Dienste geleistet haben, ohne auf meine Kindheit zurückzublicken. Natürlich gibt es Eigenschaften, die ich schon immer gehabt, und Dinge, die ich schon immer getan habe. Sie sind das Ergebnis einer untrennbaren Mischung aus genetischer Veranlagung und Erziehung. (Zum Beispiel bin ich, soweit ich mich erinnern kann, morgens schon immer sehr früh aufgewacht und habe diese Stunden, die ich für mich selbst hatte, stets sehr genossen.) Daneben gibt es andere Eigenschaften und Gewohnheiten, die das Ergebnis der bewussten Entscheidungen sind, die ich im Verlauf meines Lebens getroffen habe. Wie es auf viele von uns zutrifft, habe ich diese Entscheidungen zum Teil als Reaktion auf meine Eltern getroffen, vor allem meinen Vater, einen brillanten, komplizierten Mann, der mich stärker geprägt hat als irgendjemand sonst.

Ganz gewiss hat er meine Neugier auf die Welt geweckt. Er hatte ein Arbeitszimmer, das bis unter die Decke mit Bücherregalen gefüllt war, und er hat jedes einzelne Buch davon gelesen. Ich begann erst in der Highschool, mich wirklich für Bücher zu interessieren, aber als ich schließlich die Liebe zu Büchern entdeckte, war es seinem Einfluss zu verdanken. Er war Mitglied in einem Buchklub und besaß die Gesamtausgaben aller großen amerikanischen Schriftsteller – Fitzgerald, Hemingway, Faulkner,

Steinbeck und so weiter. Ich verschlang Fitzgeralds *Zärtlich ist die Nacht* oder Hemingways *Wem die Stunde schlägt* und Dutzende andere, und mein Vater drängte mich immer, noch mehr zu lesen. Außerdem diskutierten wir beim Abendessen die Ereignisse in der Welt; bereits mit zehn Jahren holte ich die *New York Times*, die der Zeitungsausteiler über den Zaun in unseren Vorgarten geworfen hatte, und las sie am Küchentisch, bevor alle anderen aufwachten.

Wir lebten in einem zweistöckigen Haus in einer kleinen, überwiegend von der Arbeiterschicht geprägten Ortschaft auf Long Island mit dem Namen Oceanside. Ich war das ältere von zwei Kindern; meine Schwester ist drei Jahre jünger. Meine Mutter war warmherzig und liebevoll und widmete sich ausschließlich der Familie, bis ich die Highschool besuchte. Dann nahm sie eine Stelle in der Schulbibliothek der örtlichen Junior Highschool an. Mein Vater war ein Veteran der US Navy, der aus dem Krieg zurückgekehrt war und in einigen unbekannteren Big Bands Trompete spielte. Er glaubte aber nicht, dass er von seinen Einkünften als Musiker leben konnte, daher versuchte er nie, als Vollzeitmusiker zu arbeiten. Er hatte Marketing an der Wharton School der Universität von Pennsylvania studiert. Seine erste Stelle hatte er im Marketing eines Lebensmittelherstellers; das wiederum führte ihn in die Werbung. Er wurde Account Manager bei einer Werbeagentur in der Madison Avenue – unter anderem war er für die Marken Old Milwaukee und Brunswick Bowling verantwortlich –, aber schließlich verlor er diesen Job. Als ich zehn oder elf war, hatte er seine Arbeitsstellen so oft gewechselt, dass ich begann, mich nach den Gründen zu fragen.

Zu diesem Zeitpunkt war mein Vater, der sehr liberal eingestellt war, bereits stark politisch engagiert. Einmal verlor er seine Arbeit, weil er fest entschlossen war, an dem Marsch der Bürgerrechtsbewegung nach Washington teilzunehmen und sich die Rede von Martin Luther King Jr. anzuhören. Sein Chef gab ihm nicht frei, aber er nahm trotzdem teil. Ich weiß nicht, ob er fristlos kündigte und nach Washington fuhr, oder ob er nach seinem Fernbleiben gefeuert wurde, jedenfalls war dies nur einer von mehreren Fällen, in denen eine Beschäftigung für ihn so endete.

Ich war stolz auf seinen festen Charakter und seine politischen Überzeugungen. Er besaß einen stark ausgeprägten Sinn für das, was richtig und fair ist, und er ergriff immer die Partei der Benachteiligten. Allerdings hatte er wenig Kontrolle über sein Temperament und sagte oft Dinge, die ihn anschließend in Schwierigkeiten brachten. Später erfuhr ich, dass man ihm eine manische Depression diagnostiziert hatte und dass er mehrere Therapien ausprobiert hatte, darunter auch eine Elektroschocktherapie. Als ältestes Kind trug ich die ganze Last seiner emotionalen Unberechenbarkeit. Zwar fühlte ich mich nie von ihm bedroht, aber mir war seine dunkle Seite sehr bewusst, und ich empfand Mitleid mit ihm. Wir wussten nie, welcher Dad abends nach Hause kommen würde. Ich kann mich noch sehr genau daran erinnern, dass ich in meinem Kinderzimmer in der zweiten Etage unseres Hauses saß und an der Art und Weise, wie er die Tür öffnete, hinter sich schloss und die Treppen hinaufging, erkannte, ob ein gut gelaunter oder ein trauriger Dad nach Hause kam.

Gelegentlich steckte er den Kopf durch die Tür zu meinem Zimmer, um sicherzugehen, dass ich »die Zeit produktiv verbrachte«, wie er es ausdrückte. Das bedeutete, zu lesen oder Hausaufgaben zu machen oder irgendeiner anderen Beschäftigung nachzugehen, die mich zu einem »besseren Menschen« machen würde. Er wollte, dass meine Schwester und ich Spaß hatten und uns vergnügten, aber es war ihm auch sehr wichtig, dass wir unsere Zeit klug verbrachten und konzentriert an der Erreichung unserer Ziele arbeiteten. Ich bin sicher, dass mein intensiver Fokus auf ein gutes Zeitmanagement (manche würden sagen, meine Besessenheit) von ihm stammt.

Ich hatte schon früh das Gefühl, dass es meine Aufgabe sei, die tragende Säule und der Ruhepol in unserer Familie zu sein, und das erstreckte sich auch auf praktische Dinge, die im Haus zu erledigen waren. Wenn etwas kaputtging, bat mich meine Mutter, es zu reparieren, und so lernte ich bereits als Kind, wie man alles repariert, was in einem Haus kaputtgehen kann. Ich glaube, mein Interesse an Technologie ist darauf zurückzuführen. Ich arbeitete gerne mit Werkzeug und nahm gerne Dinge auseinander, um ihre Funktionsweise zu verstehen.

Ich hatte schon früh das Gefühl, dass es meine Aufgabe sei, die tragende Säule und der Ruhepol in unserer Familie zu sein.

Meine Eltern machten sich ständig Sorgen. Beide vermittelten stets den Eindruck, als würde irgendein negatives Ereignis kurz bevorstehen.

Ich weiß daher nicht, ob es genetische Veranlagung ist oder eine Reaktion auf ihre ständige Anspannung, aber ich bin immer genau das Gegenteil gewesen. Mit wenigen Ausnahmen habe ich mir nie viele Sorgen über die Zukunft gemacht und hatte auch nie große Angst davor, etwas auszuprobieren und zu scheitern.

Als ich älter wurde, begann ich zu erkennen, wie enttäuscht mein Vater von sich selbst war. Er hatte ein Leben geführt, das er als unbefriedigend empfand, und betrachtete sich als Versager. Aus diesem Grund drängte er uns so sehr, uns anzustrengen und produktiv zu sein, damit wir später den Erfolg haben würden, der ihm versagt blieb. Seine chronischen Arbeitsprobleme bedeuteten, dass ich mein eigenes Geld verdienen musste, wenn ich Geld zur Verfügung haben wollte. In der achten Klasse begann ich Schnee zu schippen und als Regalauffüller in einem Baumarkt und als Babysitter auszuhelfen. Mit fünfzehn arbeitete ich als Hausmeister in meiner Schule. In dieser Funktion musste ich alle Heizungen in allen Klassenzimmern putzen, die Unterseiten der Schultische prüfen, um sicherzugehen, dass kein Kaugummi darunter klebte, und es gegebenenfalls entfernen. Kaugummi von Tausenden von Schulpulten zu entfernen, kann eine gute Übung in Charakterbildung oder zumindest in Toleranz für Monotonie oder Ähnliches sein …

Kaugummi von Tausenden von Schulpulten zu entfernen, kann eine gute Übung in Charakterbildung oder zumindest in Toleranz für Monotonie oder Ähnliches sein …

Ich besuchte das Ithaca College und arbeitete in meinem ersten und zweiten Studienjahr fast jedes Wochenende beim örtlichen Pizza Hut. In der Highschool hatte ich zumeist gute Noten, aber Lernen an sich war nie meine Leidenschaft. Als ich das College besuchte, stellte ich jedoch fest, dass es mir Spaß machte. Ich war fest entschlossen, mich intensiv anzustrengen und möglichst viel zu lernen. Ich glaube, auch das hing mit meinem Vater zusammen – in gewisser Weise wollte ich mich auf keinen Fall so wie mein Vater als Versager im Leben fühlen. Ich hatte zwar keine klare Vorstellung von »Erfolg« und auch nicht die Vision, dass ich reich und mächtig werden würde, aber ich war fest entschlossen, unter allen Umständen zu vermeiden, dass mein Leben ein Leben der Enttäuschung sein würde. Wie auch immer meine Zukunft aussehen würde, ich sagte mir, dass ich auf keinen Fall frustriert und unerfüllt leben wollte.

Ich trage aus diesen frühen Jahren keine anderen emotionalen Altlasten mit mir herum als den Schmerz, dass mein Vater kein glücklicheres Leben führte und meine Mutter ebenfalls unter dieser Situation litt. Ich wünschte, er hätte mehr Stolz auf sich selbst empfinden können. Meiner Schwester und mir fehlte es nie an Liebe und Zuwendung. Wir hatten immer ein Dach über dem Kopf und eine Mahlzeit auf dem Tisch, aber darüber hinaus war selten Geld da für andere Dinge. In den Ferien fuhren wir mit dem Auto an irgendwelche unaufregenden Plätze oder gingen an den Strand, der sich nur wenige Minuten von unserem Haus befand. Wir hatten genügend Kleidung, um präsentabel aufzutreten, aber mehr auch nicht. Wenn ich mir im Herbst eine Hose zerriss, musste ich sie üblicherweise geflickt weitertragen, bis wir Geld für eine neue Hose hatten. Das konnte Monate dauern. Ich habe mich nie als arm empfunden, und niemand hat mich als arm betrachtet. Die Situation war jedoch wesentlich angespannter, als es von außen erschien, und mit zunehmendem Alter wurde mir das bewusst.

Später im Leben, nachdem ich zum CEO von Disney ernannt worden war, führte ich meinen Vater in New York zum Mittagessen aus. Wir sprachen über seine geistige Gesundheit und seine Sicht auf das Leben. Ich sagte ihm, wie sehr ich alles schätzte, was er und meine Mutter für uns getan hatten, die ethischen Werte, die sie uns vermittelt hatten, und die Liebe, die sie uns geschenkt hatten. Ich sagte ihm, das sei mehr als genug, und ich wünschte mir, mein Dank möge ihm ein wenig Befreiung von seiner Enttäuschung bieten. Ich weiß, dass ich viele meiner Eigenschaften, die mir im Verlauf meiner Karriere so gute Dienste geleistet haben, ihm zu verdanken habe. Ich hoffe, dass er das verstanden hat.

MEINE KARRIERE BEGANN am 1. Juli 1974 als Studio-Supervisor für das Fernsehnetzwerk ABC Television. Davor präsentierte ich ein Jahr lang den Wetterbericht und arbeitete als Nachrichtenreporter bei einem winzigen Sender für Kabelfernsehen in Ithaca, New York. Innerlich war ich unsicher, ob dies das Richtige für mich war (und zudem erbrachte ich nur mäßige Leistung). Das überzeugte mich davon, mich von dem Job zu verabschieden, von dem ich seit meinem 16. Lebensjahr geträumt hatte: Nachrichtenmoderator eines großen Fernsehnetzwerks zu werden.

Ich sage nur mit einem halben Augenzwinkern, dass die Erfahrung, den Einwohnern von Ithaca den täglichen Wetterbericht zu präsentieren, mir eine unverzichtbare Fähigkeit beibrachte: schlechte Nachrichten zu übermitteln. Ungefähr sechs Monate in diesem Jahr, nämlich in der endlos wirkenden Zeit von Oktober bis April, war ich nicht gerade der beliebteste Typ der Stadt.

Zu ABC kam ich dank der schlechten Augen meines Onkels Bob. Der Bruder meiner Mutter, den ich verehrte, verbrachte nach einer Augenoperation einige Tage in einem Krankenhaus in Manhattan. Sein Zimmergenosse war eine Führungskraft mit recht wenig Verantwortung bei ABC und aus irgendeinem Grund darauf erpicht, dass mein Onkel ihn für einen wichtigen Fernsehmogul hielt. Er täuschte von seinem Krankenhausbett Telefonate vor, in denen er angeblich große Fernsehentscheidungen traf, die nur er treffen konnte, und mein Onkel fiel darauf herein. Bevor er entlassen wurde, erwähnte er gegenüber diesem Zimmergenossen, sein Neffe suche einen Job bei einer Fernsehproduktion in New York. Der Möchtegern-Mogul überreichte ihm seine Visitenkarte und sagte: »Sagen Sie Ihrem Neffen, er soll mich anrufen.«

Als ich mich tatsächlich meldete, war er ein wenig überrascht und wusste zunächst nicht, wer ich überhaupt war. Nach den Beschreibungen meines Onkels hatte ich einen mächtigen Manager eines großen Fernsehnetzwerks erwartet, dessen Einfluss bis in die höchsten Sphären des Unternehmens reichte. Davon war er weit entfernt, aber zu seiner Ehrenrettung muss man sagen, dass er es tatsächlich schaffte, mir ein Bewerbungsgespräch in der kleinen Abteilung Production Services zu verschaffen, die er bei dem Sender leitete. Nicht lange danach wurde ich als Studio-Supervisor eingestellt.

Die Position war mit 150 Dollar pro Woche vergütet und stand in der Hierarchie von ABC so weit unten, wie es überhaupt nur möglich war. Es gab ein halbes Dutzend Studio-Supervisors, die bei Quizsendungen, Seifenopern und Talkshows, aber auch bei Nachrichtensendungen und TV-Specials – also bei allem, was ABCs florierende Studios in Manhattan produzierten – alle möglichen niederen Arbeiten verrichteten. Ich wurde bei einer Flut von Produktionen eingesetzt, die das gesamte Spektrum an Fernsehsendungen umfasste.

Die Anforderungen an meine Position waren ziemlich einfach: zur Stelle sein, wann immer ich gebraucht wurde und egal für welche Aufgabe. Oft hieß das, um 4:30 Uhr morgens im Studio zu sein. Die Kulissen für die Seifenopern wurden bereits am Abend vor dem Dreh aufgestellt, und meine Aufgabe bestand darin, lange vor Sonnenaufgang die Beleuchter und Bühnenhelfer hereinzulassen, damit die Beleuchtung fertig eingerichtet war, wenn der Regisseur und die Darsteller für den ersten Durchgang eintrafen. Ich koordinierte die Schreiner und Requisiteure, die Elektriker, Make-up-Künstler, Haarstylisten und Kostümverantwortlichen, registrierte alle und sorgte dafür, dass sie über den Tagesablauf informiert waren. Ich notierte ihre Arbeitsstunden, ihre Beschwerden und Verstöße gegen Gewerkschaftsregeln, organisierte das Catering und sorgte dafür, dass die Klimaanlage die Studios so weit heruntergekühlt hatte, dass der Dreh unter der heißen Studiobeleuchtung beginnen konnte. Mein Job war so unglamourös, wie man sich nur vorstellen konnte, aber ich lernte das Geschäft der Produktion von Fernsehsendungen von der Pike auf. Ich beherrschte den einschlägigen Studiojargon und lernte alle Leute kennen, die an der Produktion von Fernsehsendungen beteiligt waren. Und vor allem lernte ich, lange, anstrengende Arbeitstage und die extrem hohe Arbeitsbelastung von Fernsehproduktionen auszuhalten. Diese Arbeitsethik habe ich den Rest meines Lebens beibehalten.

Seitdem wache ich fast jeden Morgen um 4:15 Uhr auf, allerdings mache ich das heute aus einem ganz egoistischen Grund: um Zeit zum Nachdenken und zum Lesen zu haben und um Sport zu treiben, bevor ich mich den Herausforderungen des Tages stelle. Im Morgengrauen aufzustehen, ist nichts für jedermann, aber es ist wichtig, sich jeden Tag Raum zu schaffen, um die Gedanken über die dringenden beruflichen Anforderungen hinauswandern zu lassen und bestimmte Fragestellungen auf kreativere Weise und ohne Druck von allen Seiten zu betrachten. Während eines geschäftigen Arbeitstages ist dies selten möglich. Ich genieße diese Zeit, die ich morgens ganz für mich habe, und bin sicher, dass ich weniger produktiv und kreativ in meiner Arbeit wäre, wenn ich diese ersten Stunden des Tages nicht weit weg von E-Mails, Textnachrichten und Telefonaten verbringen würde, die im weiteren Verlauf des Tages so viel Aufmerksamkeit beanspruchen.

DAMALS WAR DIE UNTERHALTUNGSINDUSTRIE noch völlig anders beschaffen als heute. In gewisser Weise war sie besser. Der Wettbewerb war einfacher und die Welt nicht so fragmentiert. Auf jeden Fall gab es ein mehrheitlich geteiltes amerikanisches Narrativ, das auf allgemeinen gesellschaftlichen Überzeugungen über bestimmte Tatsachen basierte. In vielfacher anderer Hinsicht war die Zeit schlechter. Zum einen gab es eine gleichgültige Toleranz für Respektlosigkeiten, die heute vollkommen inakzeptabel wären. Zweifellos war der Alltag für Frauen und Angehörige unterrepräsentierter Bevölkerungsgruppen wesentlich schwieriger als für mich. Aber selbst ich war in meiner Stellung am unteren Ende der Nahrungskette gelegentlich Opfer beiläufiger Übergriffe, für die Leute heute fristlos gefeuert würden.

Hier ein Beispiel, das sehr gut die damalige Zeit widerspiegelt: Die Nachrichtensendung *The Evening News* wurde um 18:00 Uhr aus einem umgewandelten Ballsaal des alten »Hotel des Artistes« in der West Sixty-seventh Street ausgestrahlt. Kaum, dass die Kameras abgeschaltet waren, verließen der Nachrichtenmoderator Harry Reasoner und sein Bühnenmanager, ein Mann namens Whitey, das Studio und begaben sich in die Hotelbar, wo Harry jeden Abend einen doppelten Beefeater-Martini extra-dry auf Eis hinunterspülte.

Eine meiner Aufgaben bestand darin, zu warten, während der Produzent die Sendung überprüfte. Anschließend musste ich Harry und der Studiocrew dann Bescheid sagen, falls irgendetwas aktualisiert oder geändert werden musste, bevor die Sendung in andere Zeitzonen ausgestrahlt wurde. Eines Abends, als Harry für seinen zweiten Martini bereit war, bat er mich, ins Studio zu gehen und den Produzenten zu fragen, wie die Dinge standen. Ich lief also in den Regieraum und sagte: »Harry möchte wissen, wie es aussieht.« Der Produzent musterte mich mit einem Blick, aus dem tiefste Verachtung sprach. Dann machte er den Reißverschluss seiner Hose auf, holte seinen Penis heraus und erwiderte: »Ich weiß nicht. Sag du mir, wie es aussieht.« Fünfundvierzig Jahre später werde ich immer noch wütend, wenn ich an diese Szene zurückdenke. Wir haben inzwischen ein weitaus größeres Bewusstsein für

> **Wir haben inzwischen ein weitaus größeres Bewusstsein für einen fairen, gleichberechtigten und respektvollen Umgang am Arbeitsplatz entwickelt, aber es hat viel zu lange gedauert.**

einen fairen, gleichberechtigten und respektvollen Umgang am Arbeitsplatz entwickelt, aber es hat viel zu lange gedauert.

Im Herbst 1974 sollte ich bei *The Main Event* mitarbeiten, einem Konzert von Frank Sinatra im Madison Square Garden, das ABC zur Hauptsendezeit live übertrug. Ich war der Studio-Supervisor vor Ort, was bedeutete, dass ich als Laufbursche für die riesige Bühnencrew zur Verfügung stehen musste. Das war ein begehrter Job und für mich persönlich eine tolle Sache. Mein Vater spielte auf unserem Plattenspieler endlos Songs von Frank Sinatra. Bis heute erinnere ich mich an das Bild, wie mein Vater im Wohnzimmer stand und Franks heiseren Gesang auf der Trompete begleitete.

Mich im selben Gebäude aufzuhalten wie Sinatra, die Proben mitzuerleben und meinen kleinen Beitrag zu einer reibungslosen Produktion zu leisten – ich konnte mein Glück gar nicht fassen. Der Höhepunkt ereignete sich einige Stunden vor Konzertbeginn, als mir ein Assistenzproduzent den Auftrag erteilte, loszugehen und eine Flasche Mundwasser zu besorgen und sie so schnell wie möglich in Mr. Sinatras Garderobe zu bringen. Ich rannte einige Häuserblocks bis zu einer Apotheke und kaufte die größte Flasche Listerine, die ich finden konnte. Dabei dachte ich die ganze Zeit, dass Frank Halsprobleme hatte und die gesamte Übertragung seines Konzerts auf meinen Schultern lastete!

Nervös und atemlos klopfte ich mit dem Mundwasser in der Hand an seine Garderobe. Die Tür ging auf, und ich wurde von einem imposanten Bodyguard empfangen, der wissen wollte, was zur Hölle ich da zu suchen hatte. »Ich bringe Mr. Sinatra Listerine«, sagte ich. Bevor er antworten konnte, hörte ich eine vertraute Stimme irgendwo von ganz hinten im Raum: »Lass ihn rein.« Wenige Augenblicke später stand ich vor IHM.

»Wie heißt du, Junge?«

»Bob.«

»Und wo kommst du her?«

Aus irgendeinem Grund sagte ich »Brooklyn«, denn in diesem Stadtteil wurde ich geboren und dort lebte ich die ersten fünf Jahre, bis meine Familie nach Long Island zog. Ich glaube, ich wollte vor ihm irgendwie realer wirken, und »Oceanside« besaß einfach nicht dieselbe Romantik.

»Brooklyn!«, sagte Frank, als sei es die nächstbeste Sache nach Hoboken, und dann gab er mir einen knisternden 100-Dollar-Schein. Im Anschluss an die Konzertübertragung überreichte er jedem Mitglied der Crew ein elegantes goldenes Feuerzeug mit der Gravur »LOVE, SINATRA«. Die 100 Dollar habe ich fast umgehend ausgegeben, aber das Feuerzeug bewahre ich bis heute in meiner Schublade auf.

The Main Event wurde von Jerry Weintraub und Roone Arledge produziert, dem damals 43-jährigen schnodderigen Chef von ABC Sports. Im Jahr 1974 war Roone bereits eine legendäre Führungskraft in der Fernsehindustrie. Er hatte die Crew mit mehreren Produzenten besetzt, die für ihn arbeiteten. Am Abend vor dem Konzert probten sie die gesamte Show. Der berühmte amerikanische Sportkommentator Howard Cosell machte den Auftakt und kündigte Frank auf der Bühne an wie einen Preisboxer (die Bühne selbst war so hergerichtet, dass sie wie eine Boxarena wirkte). Dann trat Frank hinzu und gab fast zwei Stunden seine Songs zum Besten.

Es war das erste Mal, das ich Roone in Aktion sah. Er beobachtete alles ganz genau, und als die Probe vorbei war, entschied er, dass das praktisch alles nichts taugte und komplett neu gemacht werden musste. Die Bühnenkulisse musste neu entworfen werden, Howards Einführung musste überarbeitet und die Beleuchtung radikal verändert werden. Die gesamte Art und Weise, wie Frank mit dem Publikum interagierte, so Roone, musste neu konzipiert werden.

Ich erledigte meine kleinen Aufgaben und beobachtete, wie alles unter lautem Fluchen der Crew niedergerissen und wiederaufgebaut wurde. Allerdings ließ sich nicht leugnen, dass die Show, die weniger als 24 Stunden später live übertragen wurde, ein ganz anderes Kaliber hatte als die Show, die zuvor geprobt worden war. Ich hatte keine Ahnung, wie Roone das machte, aber später erfuhr ich, dass dies der klassische Roone war – absolut nicht bereit, sich mit Mittelmaß zufriedenzugeben, und ungerührt in der Entscheidung, wenn nötig trotz einer engen unverrückbaren Frist alles nochmal von vorne zu machen (und dabei viele Menschen bis in die Erschöpfung zu treiben), um erstklassige Qualität zu bieten.

Das Hochgefühl, das mir *The Main Event* verschafft hatte, verflog aber umgehend, sobald ich in meine profane Welt der Seifenopern und Spielshows zurückkehrte. Es dauerte nicht lange, und ich musste mich mit meinem eigenen kleinen Drama auseinandersetzen. Der Chef der kleinen Abteilung, in der ich arbeitete, war ein korrupter Rowdy, der Vertriebspartner und Zulieferer aus dem Budget der Abteilung bezahlte, damit sie Arbeit (»Regierungsjobs» nannte er sie) für ihn und andere Führungskräfte von ABC erledigten. Dann stopfte er sich die Provisionen in die eigene Tasche. Außerdem kaufte er Möbel, angeblich für die Bühnenkulisse der Seifenopern, wies dann aber die Bühnenhelfer an, sie in ein Apartment in Midtown zu schaffen, das er einer Geliebten eingerichtet hatte. Ich wurde aufgefordert, mich daran zu beteiligen, entweder indem ich mit anpackte oder wegsah, und das Ganze irritierte mich ohne Ende. Ich begann einige Leute in der Abteilung zu fragen, ob man nicht etwas dagegen unternehmen könne. Das wurde meinem Chef offenbar zugetragen.

Eines Tages zitierte er mich in sein Büro. Als ich hereinkam, überschüttete er mich unverzüglich mit Vorwürfen, ich hätte gegen die Unternehmensregeln verstoßen. »Was wollen Sie eigentlich?«, fragte er. »Mir ist zu Ohren gekommen, dass Sie einen unserer Pick-ups für Ihren Umzug in ein anderes Apartment benutzt haben.«

Ich hatte tatsächlich kurzfristig Zugang zu einem Pick-up des Unternehmens und hatte gegenüber einigen Kollegen gewitzelt, ich könne vielleicht den Pick-up für meinen Umzug ausleihen, aber ich hatte es nie getan, und das sagte ich ihm auch. Mir wurde in dem Moment allerdings klar, dass jemand ihm gesagt haben musste, dass ich Probleme machen würde.

»Sie verbreiten Gerüchte über mich«, sagte er. Als ich diesen Vorwurf nicht abstritt, starrte er mich eine Weile an und sagte schließlich: »Wissen Sie was, Iger? Sie sind nicht länger beförderungsfähig.« Er gab mir zwei Wochen, um einen Job in einer anderen Abteilung zu finden, oder ich würde fliegen. Ich war 23 Jahre alt und meine Karriere beim Fernsehen war vermutlich erledigt. Trotzdem sah ich mir die Stellenanzeigen von ABC an – damals war das noch eine Aushangtafel – und entdeckte in einer Liste mit rund 25 anderen Stellen, für die ich nicht qualifiziert war, ein Stellenprofil bei ABC Sports. Daraufhin rief ich umgehend einen der Männer an, die ich noch vom Sinatra-Konzert kannte, und erklärte ihm meine Situation. Er sagte mir, ich solle in die 1330 (die Konzernzentrale von ABC in der 1330 Avenue of the Americas) kommen. Einen Monat später wurde ich als Studio Operations Supervisor von ABC Sports eingestellt. Wenn man nicht genau hinsah, hätte man behaupten können, diese neue Position wäre ein wenig glanzvoller als der Job, den ich gerade verloren hatte. Auf jeden Fall war es eine entscheidende Zäsur, die ich, so möchte ich glauben, teilweise Frank Sinatra verdanke, und teilweise einem Mann, der später wegen Veruntreuung gefeuert wurde.

IN IHRER BLÜTEZEIT, das heißt in den 1970er- und Anfang der 1980er-Jahre, war ABC Sports eine der profitabelsten Sparten des gesamten Fernsehnetzwerks, was zum größten Teil mit der unglaublichen Beliebtheit der Sendungen *Monday Night Football* und *Wide World of Sports* zu tun hatte. Außerdem besaß ABC Sports eine großartige Mischung aus Übertragungsrechten für College-Football und Major League Baseball sowie für zahlreiche wichtige Golfturniere und Boxwettkämpfe, und darüber hinaus produzierte es Programme wie *The American Sportsman* und *The Superstars*. Als Krönung war ABC alle vier Jahre *der* »Olympiasender«, denn er hatte über die meisten Olympischen Spiele zwischen 1964 und 1988 berichtet.

Die Leute, die bei Sports arbeiteten, galten im Unternehmen als die »coolen Jungs«, ein Status, der sich in praktisch allem widerspiegelte – wie sie sich kleideten (maßgeschneiderte Anzüge und Gucci-Loafer, die barfuß getragen wurden), was sie aßen und tranken (teure Weine und Scotch, oft schon zum Mittagessen) und den Hollywoodstars, berühmten Sportlern und Politikern, mit denen sie verkehrten. Sie flogen ständig zu exotischen Plätzen, oft mit der Concorde zu unserem europäischen Büro in Paris, und von dort aus an so illustre Orte wie Monte Carlo und Sankt Moritz.

Schließlich stieg ich im Unternehmen so weit auf, dass auch ich einen Platz in der Concorde fand. Die Reisen, die ich unternahm, vor allem für ABCs *Wide Sport*, veränderten mein Leben. Davor war ich noch nie im Ausland gewesen, und plötzlich flog ich durch die ganze Welt. (Wie Jim McKays Stimme Woche für Woche die Sendung eröffnete, umspannten wir »den Globus, um Ihnen die ganze Vielfalt des Sports nach Hause zu bringen«.) Mal war ich am Wochenende bei einer Surf-Meisterschaft auf Hawaii, mal beim Eiskunstlauf in Prag, einem Gewichthebewettbewerb in Budapest oder beim Frontier-Day-Rodeo in Cheyenne. Es gab Cliff-Diving in Acapulco, Abfahrtslauf in Kitzbühel und Gymnastik in China, Rumänien oder der Sowjetunion …

ABC Sports zeigte mir die Welt und machte mich anspruchsvoller. Ich kam mit Dingen in Berührung, die ich vorher nicht kannte. Ich kann mich noch genau erinnern, wo und wann ich das erste Mal in Paris die exquisite französische Küche genoss, wann ich an das erste Mal das Wort *Montrachet* aussprach und wann ich das erste Mal in einem Luxussportwagen durch Monaco cruiste. Für einen jungen Mann, der in einem zweistöckigen Haus in Oceanside, New York, aufgewachsen war, fühlte sich das alles ein wenig schwindelerregend an. Es war jedoch viel mehr als ein Leben in Saus und Braus. Ich reiste regelmäßig in Entwicklungsländer und arrangierte die Berichterstattung über Sportereignisse im Ostblock, wo ich mit unnachgiebigen Regierungsbehörden verhandelte und mich oft in korrupten und komplexen bürokratischen Strukturen bewegen musste. Ich sah aus unmittelbarer Nähe, wie die Menschen hinter dem Eisernen Vorhang lebten, und erhielt einen Eindruck von den täglichen Herausforderungen, mit denen sie konfrontiert waren. (Ich erinnere mich noch, dass ich während der abendlichen Stromausfälle über das verdunkelte Bukarest blickte, wenn die Regierung im Winter das Stromnetz abschaltete.) Ich sah aber auch, dass sich die Träume der Menschen in diesen Ländern nicht von den Träumen der durchschnittlichen amerikanischen Bürger unterschieden. Während Politiker unbedingt die Welt teilen oder eine konfrontative Wir-gegen-sie- oder Gut-gegen-schlecht-Mentalität erzeugen wollten, kam ich mit einer Wirklichkeit in Berührung, die wesentlich vielschichtiger war.

Für einen jungen Mann, der in einem zweistöckigen Haus in Oceanside, New York, aufgewachsen war, fühlte sich das alles ein wenig schwindelerregend an.

Bei allem Glamour lässt sich ein überzeugendes Argument (das irgendwann auch geäußert wurde) anführen, nämlich dass ein derart abgehobenes Leben unverantwortlich ist. Zu jener Zeit befand sich ABC Sports aber in seinem eigenen Orbit, oft unbehelligt von den Gesetzen, die für den übrigen Konzern galten.

Im Zentrum dieses Orbits befand sich Roone Arledge. Roone wurde Anfang der 1960er-Jahre als Leiter von ABC Sports angeheuert. Als ich zu dem

Unternehmen stieß, war er bereits ein ungekrönter Fernsehkönig. Mehr als jeder andere in der Geschichte des Fernsehens hatte er die Art und Weise verändert, wie wir TV-Übertragungen von Sportveranstaltungen erleben.

Erstens wusste er, dass wir Geschichten erzählten und nicht einfach Veranstaltungen übertrugen. Und um eine großartige Geschichte zu erzählen, braucht man ein herausragendes Talent. Er war die am meisten wettbewerbsorientierte Person, für die ich je gearbeitet habe, und außerdem ein unermüdlicher Innovator. Doch er wusste auch, dass er nur so gut war wie die Leute, mit denen er sich umgab. Jim McKay, Howard Cosell, Keith Jackson, Frank Gifford, Don Meredith, Chris Schenkel, Bob Beattie im Skisport, Jackie Stewart im Autorennen – sie alle besaßen geradezu magnetische TV-Persönlichkeiten, und Roone machte aus ihnen Namen, die im ganzen Land bekannt waren.

»Das menschliche Drama des sportlichen Wettbewerbs« – um eine weitere Schlagzeile aus der Eröffnung von *Wide World of Sports* zu zitieren –, so sah Roone tatsächlich die Ereignisse, über die wir berichteten. Die Athleten waren die Protagonisten in den Erzählungen, die entstanden und sich weiterentwickelten, noch während sie den Zuschauern geschildert wurden. Woher kamen die Athleten? Welche Hindernisse mussten sie überwinden, um dahin zu kommen, wo sie heute standen? Inwieweit ähnelt dieser Wettkampf einem geopolitischen Drama? Auf welche Weise bot es Einblicke in fremde Kulturen? Roone schwelgte in der Vorstellung, dass wir Millionen von Amerikanern nicht nur Sport, sondern die ganze Welt direkt ins Wohnzimmer brachten.

Außerdem war er die erste Person, für die ich je gearbeitet habe, die die technologischen Fortschritte begrüßte, die unsere Arbeit revolutionierten. Kameras mit Rückwärtsperspektive, Wiederholungen in Zeitlupe, Satellitenübertragung von Sportereignissen – das war Roone, wie er leibt und lebt. Er wollte jede technische Neuerung ausprobieren und jedes etablierte Format aufbrechen. Ständig hielt er Ausschau nach neuen Wegen, die Zuschauer und ihre Aufmerksamkeit zu fesseln. Roone brachte mir den Leitsatz bei, den ich mir seitdem in jeder meiner Positionen zu eigen gemacht habe: Mach etwas Neues oder stirb; wenn du Furcht vor dem

Mach etwas Neues oder stirb; wenn du Furcht vor dem Neuen oder Unerprobten hast und danach handelst, gibt es keine Innovation.

Neuen oder Unerprobten hast und danach handelst, gibt es keine Innovation.

Außerdem war er ein unermüdlicher Perfektionist. In meinen ersten Jahren bei ABC Sports verbrachte ich die meisten meiner Wochenenden in einem Regieraum im Keller der 66. Straße. Zu meinen Aufgaben gehörte es, Beiträge aus der ganzen Welt anzunehmen und sie an die Produzenten und Editoren weiterzuleiten, die sie schnitten und Voiceovers darüberlegten, bevor sie ausgestrahlt wurden. Roone tauchte oft im Regieraum auf, und wenn er nicht persönlich erscheinen konnte, rief er von irgendwo unterwegs an. (In jedem der Kontrollräume und in jeder mobilen Kabine bei den Veranstaltungen, über die wir berichteten, gab es ein rotes »Roone-Telefon«.) Wenn er zu Hause war und sich die Übertragung im Fernsehen ansah – er sah immer von irgendwo zu – und etwas entdeckte, das ihm nicht gefiel, rief er sofort an: Falscher Kamerawinkel! Die Story braucht mehr Nachdruck! Wir sagen den Leuten nicht, was als Nächstes kommt!

Kein Detail war für Roone zu geringfügig. Perfektion war das Ergebnis einer Sache, an der alles bis ins kleinste Detail stimmte. Bei zahllosen Gelegenheiten zerriss er das ganze Programm in der Luft – wie ich es beim Sinatra-Konzert erlebt hatte – und verlangte, dass das Team alles noch einmal neu machte, selbst wenn es bedeutete, dass alle bis zum Morgengrauen in einem Bearbeitungsraum schuften mussten. Er schrie nie, aber er war hart, zäh und fordernd und nahm kein Blatt vor den Mund, wenn er erklärte, was nicht stimmte, und seiner Erwartung Ausdruck verlieh, dass die Fehler korrigiert wurden. Es ging nur um die Sendung; sie war sein ein und alles. Ihm war sie wichtiger als den Leuten, die die Sendung fuhren, und damit musste man sich abfinden, wenn man für ihn arbeiten wollte. Sein Engagement für Perfektion hatte eine elektrisierende Wirkung. Oft war es ermüdend und frustrierend (zumeist, weil er immer erst in der letzten Sekunde des Produktionsprozesses maßgebliche Anweisungen erteilte oder Änderungen verlangte), aber zugleich war es inspirierend, und diese Inspiration machte die Frustration mehr als wett. Alle wussten, wie wichtig ihm Perfektion war, und man wollte einfach seine Erwartungen erfüllen.

Sein Mantra lautete schlicht und einfach: »Tu, was du tun musst, um es besser zu machen.« Von allen Dingen, die ich von Roone lernte, hat mich dieser Satz am stärksten geprägt. Wenn ich über diese besondere Führungsqualität spreche, bezeichne ich sie als »unermüdlichen Perfektionsdrang«. In der Praxis bedeutet das vielerlei und lässt sich daher schwer konkretisieren. Eigentlich ist es mehr eine grundlegende Denkhaltung als ein spezifischer Regelkatalog. Es geht nicht um Perfektion um jeden Preis (um den sich Roone relativ wenig scherte) – zumindest habe ich es so verinnerlicht –, sondern um die Schaffung einer Umgebung, in der man sich weigert, sich mit Mittelmäßigkeit zufriedenzugeben. Eine Denkhaltung, die instinktiv das Bedürfnis erstickt, Dinge zu sagen wie: *Dafür reicht die Zeit nicht* oder *Ich habe keine Energie* oder *Dafür muss ich ein unangenehmes Gespräch führen, das ich gerne vermeiden möchte* oder irgendeinen der zahlreichen anderen Sätze, mit denen wir uns selbst davon überzeugen, dass »gut genug« gut genug ist.

> **Sein Mantra lautete schlicht und einfach: »Tu, was du tun musst, um es besser zu machen.«**

Jahrzehnte nachdem ich aufgehört hatte, für Roone zu arbeiten, sah ich einen Dokumentarfilm mit dem Titel *Jiro Dreams of Sushi* über einen Meister-Sushi-Koch aus Tokio namens Jiro Ono, dessen Restaurant drei Michelin-Sterne hat und eines der meistbesuchten Restaurants der Welt ist. In dem Film ist Jiro bereits Ende 80 und versucht noch immer, seine Kunst zu perfektionieren. Einige beschreiben ihn als leibhaftige Verkörperung des japanischen Wortes *shokunin*, was so viel bedeutet wie »endlose Verfolgung von Perfektion zugunsten eines höheren Wohls«. Als ich diesen Dokumentarfilm sah, war ich völlig begeistert von Jiro und fasziniert von dem Shokunin-Konzept. Im Jahr 2013 reiste ich beruflich nach Tokio und besuchte mit einigen Kollegen sein Restaurant. Dort lernten wir Jiro kennen, der unsere Mahlzeiten zubereitete, und ich sah ihm ehrfürchtig dabei zu, wie er mit außerordentlichem Geschick im Verlauf von 35 Minuten 19 köstliche Sushi-Häppchen arrangierte – eines nach dem anderen. (Es ging so schnell, weil er die Sushis grundsätzlich auf Reis serviert, der Körpertemperatur hat. Wenn es zu lange dauert, sinkt die Reistemperatur auf unter 37 Grad Celsius, und das ist für Jiro völlig inakzeptabel.)

Ich war von dem Dokumentarfilm so begeistert, dass ich 250 Führungskräften bei einer späteren Disney-Klausurtagung Ausschnitte daraus vorführte. Ich wollte, dass sie anhand von Jiros Beispiel besser verstünden, was ich meinte, wenn ich von einem »unermüdlichen Perfektionsdrang« sprach. So sieht es aus, wenn man großen Stolz auf die eigene Arbeit empfindet und sowohl ein Gespür für Perfektion besitzt als auch die Arbeitsethik, sie bis ins kleinste Detail zu verfolgen.

EINE MEINER LIEBLINGSBEGEGNUNGEN mit Roone fand gleich zu Beginn meiner Zeit bei ABC Sports statt. Zwar arbeiteten wir auf demselben Flur und Sports war eine relativ kleine Abteilung, aber Roone wirkte damals nicht sehr umgänglich auf mich. Abgesehen von einem knappen »Hallo« schenkte er mir kaum Beachtung. Eines Tages stand ich neben ihm vor dem Urinal. Zu meiner Überraschung sprach Roone mich an: »Und, wie läuft's?«

Nach einem kurzen Augenblick des verblüfften Schweigens sagte ich: »Tja, an manchen Tagen finde ich es schwierig, den Kopf über Wasser zu halten.«

Roone blickte star geradeaus. Wie aus der Pistole geschossen erwiderte er: »Dann brauchen Sie einen längeren Schnorchel.« Dann war er fertig und ging.

Er konnte Ausreden nicht ausstehen. Erst später, als ich enger mit ihm zusammenarbeitete, fand ich heraus, was die Leute meinten, wenn sie sagten, er würde nie ein Nein als Antwort akzeptieren. Wenn er einen aufforderte, etwas Bestimmtes zu tun, dann erwartete er, dass man alles Menschenmögliche unternahm, um es zu erledigen. Wenn man ihm sagte, man habe es versucht, aber es sei unmöglich, sagte er nur: »Dann finden Sie einen anderen Weg.«

Im Jahr 1979 fand die Tischtennis-Weltmeisterschaft in Pjöngjang, Nordkorea, statt. Eines Tages rief mich Roone in sein Büro und sagte: »Das wird interessant. Wir berichten darüber in *Wide World Sports*.« Ich dachte, er würde einen Scherz machen. Bestimmt wusste er, dass es unmöglich war, Übertragungsrechte für eine Veranstaltung in Nordkorea zu bekommen.

Er scherzte nicht.

Also begab ich mich auf eine weltumspannende Mission zur Sicherung der Übertragungsrechte. Mein erster Stopp führte mich nach Cardiff, Wales, wo ich mich mit dem Präsidenten des Tischtennis-Dachverbands

International Table Tennis Federation traf. Da ich keine Erlaubnis hatte, nach Nordkorea zu reisen, flog ich nach Peking und traf mich dort mit der nordkoreanischen Delegation. Nach einigen Monaten intensiver Verhandlungen standen wir kurz vor dem Vertragsabschluss, als ich einen Anruf von jemandem aus der Asien-Abteilung des US-Außenministeriums erhielt. »Alles, was Sie mit ihnen vereinbaren, ist illegal«, sagte die Stimme. »Sie verletzen strenge US-Sanktionen. Sämtliche Geschäfte mit Nordkorea sind verboten.«

Das schien das Ende zu sein, aber ich musste dabei auch an Roone denken, der mir sagen würde, ich solle einen anderen Weg finden. Wie sich herausstellte, hatte das US-Außenministerium nichts dagegen, dass wir uns nach Nordkorea begaben; ihnen gefiel die Idee sogar, dass wir Kameras dabeihätten und dort alles filmen würden, was wir konnten. Sie würden uns nur nicht gestatten, Nordkorea Geld für die Übertragungsrechte zu bezahlen oder sonstige Verträge mit ihnen abzuschließen. Als ich das der nordkoreanischen Delegation mitteilte, gingen sie an die Decke, und es sah so aus, als würde die ganze Sache platzen. Schließlich fand ich aber einen Weg, die Sanktionen zu umgehen, indem wir die Rechte nicht direkt vom Austragungsland, sondern über die International Table Tennis Federation einkauften. Zwar bezahlten wir die nordkoreanische Regierung auf diese Weise nicht, aber sie ließen uns trotzdem ins Land, und so wurden wir das erste US-Medienteam seit Jahrzehnten, das nach Nordkorea reiste – ein historischer Moment in der TV-Übertragung von Sportereignissen. Roone erfuhr nie, welche Verrenkungen ich anstellen musste, um das zu ermöglichen, aber ich wusste, dass ich mich nie so angestrengt hätte, wenn ich nicht zum Teil von seinen Erwartungen und meinem Wunsch, ihm zu gefallen, angetrieben gewesen wäre.

Einerseits Leistung einzufordern, aber andererseits darauf zu achten, dass die Mitarbeiter nicht von der Angst vor Misserfolg gelähmt werden, ist ein Drahtseilakt. Die meisten von uns, die für Roone arbeiteten, wollten seinen Standards genügen, aber wir wussten auch, dass er keine Geduld für Ausreden und Erklärungen hatte und dass er jeden in seiner einzigartigen schneidenden, beinahe grausamen Art aufs Korn nehmen konnte, wenn er das Gefühl hatte, dass wir nicht die Leistung erbrachten, die er erwartete. Jeden Montagmorgen versammelten sich die Topmanager von ABC Sports um einen Konferenztisch, um die Berichterstattung der vorhergehenden Woche zu prüfen und die kommenden Ereignisse zu planen. Wir übrigen saßen wie echte Hinterbänkler in kreisförmigen Stuhlreihen dahinter und warteten erst auf die Kritik der Arbeit, die wir geleistet hatten, und dann auf die Order für die kommende Woche.

Eines Morgens – das war in der Anfangsphase meiner Zeit bei *Wide World of Sports*, ungefähr zu der Zeit, als Roone vor dem Urinal die Bemerkung über einen längeren Schnorchel machte – kam Roone herein und begann, das gesamte Team auseinanderzunehmen, weil wir einen Weltrekord verpasst hatten, den der herausragende britische Mittelstreckenläufer Sebastian Coe beim 1-Meilen-Lauf bei einem Leichtathletikturnier in Oslo aufgestellt hatte. Normalerweise hatten wir solche Ereignisse immer auf dem Schirm, aber in diesem Fall gab es unerwartete Komplikationen, und es war mir nicht gelungen, die Rechte rechtzeitig vor der Übertragung einzuholen. Ich ahnte, dass das am darauffolgenden Montag zur Sprache kommen würde, aber irgendwie klammerte ich mich an die unrealistische Hoffnung, es würde unbemerkt durchrutschen.

Keine Chance. Roone blickte in die Runde seines Führungsteams und wollte wissen, wer das zu verantworten hatte. In der hintersten Ecke sitzend, hob ich die Hand und sagte, es sei mein Fehler gewesen. Augenblicklich wurde es im Raum mucksmäuschenstill. Zwei Dutzend Köpfe flogen herum und starrten mich an. Niemand sagte etwas – und dann machten wir weiter. Nach der Besprechung kamen mehrere Leute auf mich zu und murmelten: »Ich kann nicht glauben, dass du das getan hast.«

»Dass ich was getan habe?«

»Dass du zugegeben hast, dass es dein Fehler war.«

»Was meinst du damit?«

»Das macht nie jemand.«

Roone sprach mich nie darauf an, aber von da an behandelte er mich anders, mit einer höheren Wertschätzung, wie mir schien. Damals dachte ich, aus dieser Geschichte lasse sich nur eine Lehre ziehen, nämlich die offensichtliche, dass es wichtig ist, Verantwortung für seine Fehler zu übernehmen. Das stimmt, und es ist wichtig. Ob in Ihrem Berufs- oder Ihrem Privatleben, man wird Sie mehr respektieren und

Ihnen mehr vertrauen, wenn Sie Verantwortung für Ihre Fehler übernehmen. Es ist unmöglich, nie Fehler zu machen. Aber man kann sie eingestehen, aus ihnen lernen und ein Beispiel dafür setzen, dass es in Ordnung ist, gelegentlich einen Fehler zu machen. Nicht in Ordnung ist, wenn man andere untergräbt, indem man lügt und versucht, Dinge zu vertuschen, oder nur darauf bedacht ist, seine eigene Haut zu retten.

Es ist unmöglich, nie Fehler zu machen.

Es gibt aber noch eine weitere Lehre, die sich daraus ziehen lässt, und ich habe sie erst Jahre später wirklich erkannt, als ich selbst in einer echten Führungsposition war. Sie ist so simpel, dass man meinen könnte, es lohne sich nicht, sie zu erwähnen, aber sie ist auch sehr wichtig: Verhalten Sie sich anständig gegenüber anderen. Behandeln Sie jeden Menschen mit Fairness und Empathie. Das heißt nicht, dass Sie Ihre Erwartungen senken oder die Botschaft vermitteln sollen, Fehler seien egal. Vielmehr heißt es, dass Sie für eine Umgebung sorgen, in der die Menschen wissen, dass Sie sie anhören werden, dass Sie emotional beständig und auf Fairness bedacht sind, und dass Ihre Mitarbeiter bei ehrlichen Fehlern eine zweite Chance erhalten. (Etwas anderes ist es, wenn Mitarbeiter ihre Fehler leugnen oder die Schuld auf andere schieben, oder wenn der Fehler das Ergebnis unethischen Verhaltens ist. Das darf man nicht tolerieren.)

Verhalten Sie sich anständig gegenüber anderen. Behandeln Sie jeden Menschen mit Fairness und Empathie.

Es gab Leute bei ABC Sports, die sich ständig davor fürchteten, Roones Zorn auf sich zu ziehen. Als Folge vermieden sie es, Risiken einzugehen oder sich zu weit aus dem Fenster zu lehnen. Ich habe mich zwar nie so gefühlt, aber ich konnte es bei anderen sehen und verstand die Gründe dafür. Roone war ein launischer Chef, und mit der Zeit beeinträchtigte sein launisches Verhalten die Moral seiner Mitarbeiter. An einem Tag konnte er einem das Gefühl geben, man sei die wichtigste Person in der Abteilung, und am nächsten Tag war man Zielscheibe schneidender Kritik, oder er stieß einem ein Messer in den Rücken, ohne dass man wusste, weshalb. Er hatte so eine Art, die Menschen gegeneinander auszuspielen, und ich konnte nie genau sagen, ob das eine bewusste Strategie war oder eine Funktion seiner Persönlichkeit. Bei all seinem ungeheuren Talent und

Erfolg war Roone tief in seinem Inneren unsicher, und diese Unsicherheit bekämpfte er, indem er andere so behandelte, dass sie sich unsicher fühlten. Oft funktionierte das, sodass man sich noch mehr anstrengte, um ihm zu gefallen, aber es gab auch Zeiten, in denen er mich so verrückt machte, dass ich dachte, ich würde kündigen. Ich war nicht der Einzige, der das so empfand.

Ich kündigte aber nicht. Irgendwie konnte ich meinen Frieden mit der Art machen, wie Roone seine Macht ausspielte, ließ mich im Guten motivieren und nahm seine schlechten Seiten nicht allzu persönlich. Ich denke, ich hatte eine natürliche Widerstandsfähigkeit, und meine Arbeit für Roone stärkte diese noch. Ich war stolz darauf, hart zu arbeiten, vor allem an einem Ort, an dem so viele Menschen um mich herum eine bessere Ausbildung besaßen und aus privilegierteren Familien stammten. Für mich war es wichtig zu wissen, dass ich, wenn es darauf ankam, mehr leisten konnte als alle anderen. Also konzentrierte ich mich eher auf diese Aspekte als auf die Wechselbäder, in die uns Roones Launen tauchten.

Erst später im Rückblick erkannte ich, dass sehr viel von dem, was wir erreicht hatten, nicht zu diesem Preis hätte sein müssen. Ich war von Roones Perfektionsdrang motiviert und habe mir diesen zu eigen gemacht. Aber ich habe in dieser Zeit auch noch etwas anderes gelernt: Exzellenz und Fairness müssen sich nicht gegenseitig ausschließen. Ich hätte das damals so nicht gesagt; zumeist war ich voll darauf konzentriert, gute Arbeit zu leisten, und dachte ganz gewiss nicht darüber nach, was ich anders machen würde, wenn ich an Roones Stelle wäre. Aber Jahre später, als ich selbst die Gelegenheit hatte zu führen, war ich mir instinktiv der Notwendigkeit bewusst, nach Perfektion zu streben, hatte aber auch ein Gespür für die Fallstricke, in denen man sich verfangen kann, wenn man sich immer nur auf das Produkt konzentriert und die Menschen dabei vernachlässigt.

Exzellenz und Fairness müssen sich nicht gegenseitig ausschließen.

KAPITEL 2

DIE KOMPETENZ IM MITTELPUNKT

IM MÄRZ 1985 WAR ICH 34 JAHRE ALT und soeben zum Vice President von ABC Sports ernannt worden, als Leonard Goldenson, Gründer, Chairman und CEO von ABC Sports seine Zustimmung zum Verkauf des Unternehmens an eine wesentlich kleinere Mediengesellschaft namens Capital Cities Communications gab. Cap Cities, wie sie genannt wurde, war nur ein Viertel so groß wie ABC, aber sie bezahlten immerhin 3,5 Milliarden Dollar für uns. Alle bei ABC waren völlig perplex über diese Ankündigung. Wie konnte ein Unternehmen wie Cap Cities plötzlich ein großes Fernsehnetzwerk besitzen? Wer waren diese Typen? Und wie konnte das überhaupt passieren?

Bei diesen »Typen« handelte es sich um Tom Murphy und Dan Burke. Im Verlauf der Jahre hatten sie, angefangen mit einer kleinen TV-Station in Albany, New York, durch systematische Akquisitionen Cap Cities aufgebaut. Mithilfe von Toms engem Freund Warren Buffett, der den 3,5-Milliarden-Deal absicherte, konnten sie unser wesentlich größeres Unternehmen schlucken. (Wie Tom Murphy sagte, waren sie »ein Fischlein, das den Wal verschluckte«.)

Tom und Dan kamen nicht aus unserer Welt. In unseren Augen waren sie in der Tat kleine Fische. Sie besaßen lokale TV- und Radiostationen und ein florierendes Verlagsgeschäft, zu dem auch einige mittelgroße

Zeitungen gehörten. Sie waren praktizierende Katholiken (ihr New Yorker Büro befand sich in einem Gebäude in der Madison Avenue, das der Katholischen Erzdiözese von New York gehörte), hatten keine Erfahrung mit Fernsehnetzwerken, keine Verbindungen zu Hollywood und den Ruf, äußerst knauserig zu sein. Wir hatten keine Idee, was nach der Übernahme passieren würde, aber wir wussten, dass nichts so bleiben würde, wie es war.

Der Deal wurde im Januar 1986 besiegelt. Kurz danach hielten Tom und Dan eine Führungskräfte-Klausurtagung in Phoenix ab. Ich stand in der Hierarchie nicht weit genug oben, um daran teilzunehmen, aber ich hörte anschließend viele Klagen und Gemecker von anderen ABC-Führungskräften über die abgedroschenen, uralten Teambildungsübungen und Toms und Dans biedere Werte. Später wurde mir klar, dass wir alle Zyniker und Snobs waren. In den folgenden Jahren trugen diese altehrwürdigen Traditionen dazu bei, echten Teamgeist im Unternehmen entstehen zu lassen. Toms und Dans Allergie gegen Hollywood bedeutete nicht, dass sie schlichte Gemüter waren, wie viele Führungskräfte von ABC zunächst annahmen. Es war einfach ein Ausdruck dessen, was sie waren: nüchterne Geschäftsleute, die sich auf die Arbeit konzentrierten und null Interesse an der Glitzerwelt hatten.

Es stimmte allerdings, dass sie noch nie zuvor einen großen Unterhaltungskonzern geleitet hatten. Sie hatten noch nie hochkompetente Führungskräfte gemanagt und nirgendwo wurde das deutlicher als in ihrer Beziehung zu Roone. Zum Zeitpunkt unserer Übernahme durch Cap Cities leitete Roone die Sparten ABC Sports und ABC News; letztere hatte er 1977 übernommen, als die Einschaltquoten des Senders im Keller waren. Roone krempelte den Nachrichtensender um, wie er es zuvor mit ABC Sports getan hatte, indem er seine profiliertesten Moderatoren – Peter Jennings, Barbara Walters, Ted Keppel und Diane Sawyer – hofierte und in vielfältigen Sendungen einsetzte. Er schuf die Nachrichtenformate *20/20* und *World News Tonight*, danach *Nightline*, ein Programm, das aus ABCs Berichterstattung über das iranische Geiseldrama hervorgegangen war. Roone brachte den gleichen unermüdlichen Wettbewerbsgeist und die beeindruckende visuelle emotionale Nähe in die Nachrichtenberichterstattung, die die

Übertragung von Sportveranstaltungen kennzeichnete. Er machte ABC News zu einem Renner.

Tom und Dan respektierten Roone und waren sich seiner Kompetenz und seines Rufes wohl bewusst, aber sie fühlten sich von ihm auch ein wenig eingeschüchtert. Er sprach eine Sprache und bewegte sich in einer Welt, mit der sie nicht vertraut waren, und Roone nutzte diesen Umstand weidlich aus. Er kam zu spät zu Besprechungen oder missachtete gelegentlich auf eklatante Weise bestimmte Richtlinien, die die »Erbsenzähler«, wie er Tom und Dan nannte, erlassen hatten. Ich war damals einer der Letzten von ABC Sports alter Garde, und Roone weinte sich oft bei mir aus. Gegen Abend bekam ich einen Anruf von seiner Sekretärin, die mich bat, zu News herüberzukommen. Als ich dort ankam, öffnete Roone eine Flasche seines geliebten italienischen Weißweins. Dann saßen wir in seinem Büro zwischen all den Emmy-Awards, und er klagte darüber, dass Tom und Dan seinen Stil kaputtmachten. »Sie kapieren es einfach nicht«, grollte er. »Man kann sich nicht zum Erfolg sparen.«

Roone glaubte, dass man keine Kosten und Mühen scheuen sollte, um Perfektion zu erreichen, und er wollte nicht, dass ihm irgendjemand sagte, er müsse sein Vorgehen ändern, um irgendwelche willkürlichen Budgetziele zu erfüllen. Ihm war die kaufmännische Seite zwar völlig egal, aber wenn man ihn drängte, konnte er stets die Umsätze aufzählen, die wir im Verlauf der Jahre erzielt hatten. Sein Argument lautete, die großzügige Ausgabenpolitik ermögliche uns nicht nur, tolle Fernsehsendungen zu produzieren, sondern auch eine Aura von Glanz und Raffinesse zu schaffen, mit der Werbetreibende in Verbindung gebracht werden wollten.

Das war aber nicht der Stil von Tom und Dan. Sie kamen herein und strichen umgehend alle Privilegien und Vergünstigungen, an die wir uns gewöhnt hatten. Keine Limousinen mehr, die vor der Unternehmenszentrale von ABC Schlange standen und auf die Führungskräfte warteten; keine Flüge mehr mit der Concorde und keine First-Class-Tickets; keine grenzenlosen Ausgabenkonten. Sie erkannten, dass sich unser Geschäft auf eine Weise veränderte, die viele Leute von ABC einfach nicht wahrhaben wollten. Die Gewinnmargen wurden knapper, der Wettbewerb heftiger. Diese Veränderungen geschahen sogar innerhalb unseres eigenen Unternehmens: ESPN gewann zunehmend an Boden unter den Füßen und sollte schließlich einen direkten Einfluss auf ABC Sports haben.

Tom und Dan waren alles andere als schlichte Landeier, die es »einfach nicht kapierten«. Sie waren clevere Geschäftsleute, die spürten, woher der neue Wind wehte. (Man muss dazu sagen, dass sie durchaus Geld in die Hand nahmen, wenn sie das Gefühl hatten, es sei wichtig. Roone profitierte davon mehr als jeder andere, als Tom und Dan ihm grünes Licht gaben, um zur Abrundung unseres kleinen All-Star-Teams von ABC News Diane Sawyer von CBS und David Brinkley von NBC abzuwerben.)

Zuallererst teilten sie Roone nach der Übernahme mit, er könne nicht mehr beide Sparten – Sports und News – leiten. Sie überließen ihm die Wahl und Roone entschied sich für News – unter der Bedingung, dass er der leitende Produzent unserer Berichterstattung der Olympischen Winterspiele von 1988 in Calgary sein würde. Ich nahm an, sie würden seinen Posten bei ABC Sports intern besetzen (und dachte, vielleicht gebe es eine Chance, dass sie sich für mich entschieden), aber stattdessen brachten sie Dennis Swanson herein, der ungefähr ein halbes Dutzend lokale TV-Stationen für ABC gemanagt hatte, bevor er zum Leiter der vielgerühmten ABC-Sparte ernannt wurde. (Dennis war – zu Recht – dafür berühmt, dass er 1983 in Chicago Oprah Winfrey ins Fernsehen geholt hatte.)

Über Nacht wechselte ich von einer der erfolgreichsten Führungskräfte im Sportfernsehen aller Zeiten zu einem Vorgesetzten, der noch nie eine einzige Minute in einem großen Fernsehnetzwerk oder in der Sport-TV-Übertragung gearbeitet hatte. Mein ehemaliger Chef Jim Spence wurde ebenfalls bei der Neubesetzung von Roones Job übergangen. Als Tom und Dan verkündeten, sie würden Dennis ins Unternehmen holen, reichte Jim seine Kündigung ein, und andere Führungskräfte folgten seinem Beispiel. Jim ging zu der Talentagentur ICM, um eine Sportabteilung aufzubauen. Ich blieb, in der Hoffnung, es würde sich eine interessante Chance auftun. Nachdem ich eine kurze Zeit für Dennis gearbeitet hatte, rief ich jedoch Jim an und sagte, es sehe so aus, als gebe es bei ABC nichts mehr für mich zu tun, und dass ich mich verändern wolle. Jim forderte mich auf, zu ICM zu kommen. Wir handelten in kurzer Zeit eine Vereinbarung aus. Ich war zwar noch bei ABC unter Vertrag, aber ich dachte, sie würden mich sicher gehen lassen. Am folgenden Tag ging ich mit dem Vorhaben zur Arbeit, Dennis meine Kündigung zu überreichen.

Bevor ich jedoch einen Termin mit ihm vereinbaren konnte, sprach ich mit Steve Solomon, ABCs Personalleiter, den Dennis zu seiner Unterstützung ins Unternehmen geholt hatte. Ich sagte Steve, ich wolle kündigen. »Wir müssen mit Dennis sprechen«, sagte er. »Er hat einen anderen Vorschlag für Sie.« Als ich in Dennis' Büro trat, sagte dieser: »Ich habe Neuigkeiten für Sie. Ich mache Sie zum Senior Vice President für die Programmgestaltung. Ich möchte, dass Sie einen Entwurf für alle unsere Sportsendungen erstellen.«

Ich war vollkommen platt. »Ich wollte Ihnen eigentlich mitteilen, dass ich kündige«, sagte ich schließlich, nachdem ich mich wieder gefangen hatte.

»Kündigen?«

»Bisher sah ich nicht, dass es für mich hier noch weitere Entwicklungsmöglichkeiten geben würde.« Ich erklärte ihm, dass Jim Spence eine Sportsparte bei ICM aufbaue und ich mich entschlossen hätte, ihm zu folgen.

»Ich glaube, das ist ein Fehler«, antwortete Dennis. Zum einen war er sich nicht sicher, ob mich das Unternehmen vorzeitig aus dem Vertrag entlassen würde. »Das ist eine große Chance für Sie, Bob. Ich glaube nicht, dass Sie sie vertun sollten.«

Er gab mir 24 Stunden, um ihm meine Entscheidung mitzuteilen.

An dem Abend ging ich nach Hause und führte mit meiner damaligen Frau Susan lange Gespräche. Wir wogen meine Vorbehalte gegenüber einer Arbeit für Dennis gegen das Potenzial des neuen Jobangebots ab. Wir sprachen über unsere beiden Töchter und die Sicherheit, an einem Platz zu arbeiten, den ich gut kannte. Dem gegenüber stand das Risiko, eine neue Stelle in einem anderen Unternehmen anzutreten. Am Ende entschied ich mich zu bleiben, wo ich war, weil ABC Sports im Verlauf der Jahre ein so guter Arbeitsplatz gewesen war und ich innerlich eigentlich noch nicht für einen Wechsel bereit war.

Es gibt Momente in unserer Karriere und unserem Privatleben, die echte Wendepunkte darstellen, aber oft sind sie weder dramatisch noch offensichtlich. Ich war mir nicht sicher, ob ich die richtige Entscheidung getroffen hatte. Ich wollte aber auch nicht aus einem Impuls heraus kündigen, nur weil mein Ego angekratzt war oder weil ich mich Dennis gewissermaßen überlegen fühlte. Wenn ich am Ende kündigen würde, dann für eine Chance, die ich einfach nicht ablehnen könnte – und der Job bei ICM gehörte nicht dazu.

Es gibt Momente in unserer Karriere und unserem Privatleben, die echte Wendepunkte darstellen, aber oft sind sie weder dramatisch noch offensichtlich.

Dennis' Angebot anzunehmen, erwies sich als eine der besten Karriereentscheidungen, die ich je getroffen habe. Ich merkte schon bald, dass ich mich in meinem Urteil über ihn vollkommen geirrt hatte. Er war ein umgänglicher, witziger Typ; seine Energie und sein Optimismus waren ansteckend, und vor allem wusste er, was er nicht wusste. Das ist eine Eigenschaft, die man bei Führungskräften nur selten antrifft. Man kann sich leicht eine andere Person an Dennis' Stelle vorstellen, die versucht, die Tatsache, dass sie noch nie bei einem großen Fernsehnetzwerk gearbeitet hat, zu vertuschen, indem sie mit künstlicher, aufgesetzter Autorität agiert oder Wissen vortäuscht, das sie nicht besitzt. Aber so war Dennis nicht. Wenn wir in einer Besprechung saßen und ein Thema auf den Tisch kam, bei dem sich Dennis nicht auskannte, versuchte er nicht, zu bluffen, sondern sagte geradeheraus, er kenne sich mit dem Thema nicht aus – und dann wandte er sich an mich oder andere. Regelmäßig bat er mich, bei Gesprächen mit ranghöheren Führungskräften die Gesprächsführung zu übernehmen, während er im Hintergrund blieb. Zudem ließ er keine Gelegenheit aus, gegenüber Tom und Dan meine Kompetenzen zu loben. Im Vorfeld der Winterolympiade bat mich Dennis, unsere Pläne Tom, Dan und den weiteren Mitgliedern des Spitzenmanagements vorzustellen. Das war eine Riesenchance für mich und ein perfektes Beispiel dafür, dass Dennis sich nie in den Vordergrund drängte.

So war er: von Natur aus großzügig. Aber es war auch ein Merkmal der Kultur, die Tom und Dan geschaffen hatten. Die beiden gehörten zu den authentischsten Menschen, die ich je kennengelernt habe; sie waren immer und zu allen Zeiten sie selbst. Keine Wichtigtuerei, keine großen

Egos, die gelenkt werden mussten, keine falsche Aufrichtigkeit. Stets legten sie die gleiche Ehrlichkeit und Offenheit an den Tag, egal mit wem sie sprachen. Sie waren clevere Geschäftsleute (Warren Buffett bezeichnete sie später als »wahrscheinlich das herausragendste Management-Duo, das die Welt je gesehen hat und vielleicht je sehen wird«), aber es war noch mehr als das. Ich lernte von ihnen, dass sich echter Anstand und professioneller Wettbewerbsgeist nicht gegenseitig ausschließen mussten. Echte Integrität – zu wissen, wer man ist, und sich von seinem eigenen klaren Gespür für das, was richtig und was falsch ist, lenken zu lassen – ist so etwas wie eine Geheimwaffe. Dan und Tom vertrauten ihren Instinkten, behandelten die Menschen mit Respekt, und im Verlauf der Zeit begann das Unternehmen, die Werte zu repräsentieren, nach denen sie lebten. Viele von uns verdienten weniger, als sie bei der Konkurrenz hätten verdienen können. Wir wussten, dass Dan und Tom knauserig waren, aber wir blieben aus Loyalität zu ihnen.

Ihre Geschäftsstrategie war ziemlich einfach. Sie achteten streng auf die Kosten und glaubten an eine dezentrale Unternehmensstruktur. Soll heißen: Sie glaubten nicht, dass jede Schlüsselentscheidung von ihnen selbst oder einer kleinen Gruppe Strategen in der Konzernzentrale getroffen werden musste. Sie stellten einfach Leute ein, die hart arbeiteten und intelligent und anständig waren. Ihnen übertrugen sie dann Aufgaben mit einer großen Verantwortung. Außerdem gaben sie ihnen die Autonomie und die Unterstützung, die sie brauchten, um ihren Job machen zu können. Sie waren auch immer sehr großzügig, was die eigene Zeit anbetraf: Man konnte sie immer ansprechen. Aus diesem Grund wussten die Führungskräfte, die für sie arbeiteten, immer ganz genau, welches ihre Prioritäten waren; ihr Fokus ermöglichte auch uns, fokussiert zu arbeiten.

IM FEBRUAR 1988 REISTEN WIR nach Calgary, um über die Olympischen Winterspiele zu berichten. Wie vereinbart war Roone der leitende Produzent und ich der Programmverantwortliche. Das bedeutete, dass ich in dem langen Vorlauf bis zur Winterolympiade für die komplizierte Zeitplanung im Zusammenhang mit allen Ereignissen verantwortlich war, die im Fernsehen übertragen werden sollten, außerdem für die Kommunikation und die Verhandlungen mit dem Olympischen Organisationskomitee sowie den verschiedenen Regierungsbehörden weltweit. Zudem unterstützte ich unsere Berichterstattung im Vorfeld der Spiele. Einige Tage vor Beginn der Olympiade tauchte Roone in Calgary auf und rief mich in seine Suite. »Okay«, sagte er. »Wie gehen wir vor?«

Wir hatten schon seit zwei Jahren nicht mehr zusammengearbeitet, aber wir konnten sofort wieder an alte Zeiten anknüpfen, als hätte sich nichts verändert – im Guten wie im Schlechten. Am Abend vor der Eröffnungsfeier sollten wir eine dreistündige Olympische Vorschau ausstrahlen, und ich hatte schon seit Wochen versucht, Roone dazu zu bringen, sich darauf zu konzentrieren. Schließlich sah er sich die Sendung an, nachdem er in Calgary eingetroffen war – am Abend vor der Ausstrahlung. »Das ist von vorn bis hinten Mist«, befand er. »Da ist keine Spannung drin, keine Aufregung, gar nichts.« Ein Team arbeitete die ganze Nacht, um all seine Veränderungswünsche rechtzeitig vor der Ausstrahlung zu erfüllen. Natürlich hatte er recht. Sein Instinkt für das perfekte Storytelling war so ungetrübt wie eh und je. Aber es war eine äußerst stressige Art, mit einer solchen Herausforderung umzugehen. Wieder einmal wurden wir daran erinnert, dass es viel unnötige Ineffizienz und Belastung verursachen kann, wenn eine Person nicht bereit ist, zeitnah Antworten zu geben.

Wir richteten unseren Sendebetrieb in einem höhlenartigen Lagerhaus in einem Vorort von Calgary ein. In dem Lagerhaus befanden sich mehrere Lastwagen und einige kleinere Gebäude, in denen verschiedene Produktions- und Technikteams untergebracht waren. Auch unser Regieraum befand sich dort – Roone saß im Regiestuhl und ich saß ganz hinten und kümmerte mich um die Logistik. Hinter dem Regieraum befand sich eine gläserne Kabine, aus der die VIPs alles beobachten konnten. Während der Spiele hielten sich Tom, Dan und mehrere Mitglieder des Verwaltungsrats dort auf und sahen uns bei der Arbeit zu.

Die ersten Tage verliefen reibungslos, aber dann veränderte sich über Nacht alles. Plötzlich setzten heftige warme Fallwinde ein – sogenannte Chinookwinde –, und die Temperaturen kletterten auf mehr als 15 Grad Celsius. Der Schnee auf den Skipisten und das Eis auf den Rodelbahnen schmolzen nur so dahin, ein Wettkampf nach dem anderen wurde abgesagt, und die, die überhaupt noch stattfanden, waren eine echte Herausforderung, weil unsere Kameras in dem Nebel nichts einfangen konnten.

Mehrere Tage lang traf ich jeden Morgen im Regieraum ein, ohne irgendeine Idee zu haben, was wir an diesem Abend übertragen könnten. Es war ein perfektes Beispiel für eine Situation, in der man viel Optimismus braucht. Die Lage war trübselig, keine Frage, aber ich durfte sie nicht als Katastrophe betrachten, sondern als ein Rätsel, das wir lösen mussten. Ich musste unserem Team vermitteln, dass wir fähig und findig genug waren, um diese Probleme zu beseitigen und etwas Großartiges aus dem Hut zu zaubern.

Ich musste unserem Team vermitteln, dass wir fähig und findig genug waren, um diese Probleme zu beseitigen und etwas Großartiges aus dem Hut zu zaubern.

Die große Herausforderung bestand darin, Programminhalte zu finden, mit denen wir unsere Hauptsendezeit füllen konnten, in der nun riesige Lücken klafften, weil wir eigentlich über die großen olympischen Wettkämpfe hätten berichten sollen. Das bedeutete, dass ich mit einem Olympischen Komitee verhandeln musste, das vollauf damit beschäftigt war, seine eigene Programmkrise zu lösen. Noch bevor die Olympischen Spiele begannen, versuchte ich bei ihnen mein Glück. Gemäß der Auslosung für das Hockeyturnier mussten die Vereinigten Staaten ihre ersten beiden Spiele gegen zwei der härtesten Gegner der Welt bestreiten. Ich ging davon aus, dass die Vereinigten Staaten beide Spiele verlieren würden, und sobald sie eliminiert wären, würde das Interesse der Zuschauer dramatisch nachlassen. Also reiste ich um die ganze Welt und traf mich mit den Hockeyverbänden aller möglichen Länder und den jeweiligen Olympischen Komitees, um sie davon zu überzeugen, die ersten Vorrundenspiele erneut auszulosen. Inzwischen telefonierte ich mehrmals am Tag mit dem Olympischen Komitee von Calgary und flehte sie an, die Zeitplanung für die Wettkämpfe zu verändern, damit wir etwas hätten, was wir zur Hauptsendezeit ausstrahlen könnten.

Die täglichen Treffen mit Roone vor jeder Übertragung waren beinahe komisch. Jeden Nachmittag kam er in die Kabine und fragte: »Was machen wir heute Abend?« Ich erwiderte Dinge wie: »Na ja, wir haben Rumänen gegen Schweden im Hockey.« Und dann ging ich mit ihm die veränderte Zeitplanung für die Wettkämpfe durch, von denen es nicht viele gab. Da wir keine hatten, wurde jeden Tag ein Produzententeam losgeschickt, das interessante, witzige oder ungewöhnliche Storys über die Athleten aufstöbern sollte. Daraus bastelten wir dann ein Porträt oder eine Reportage und präsentierten sie in unserer abendlichen Sendung. Das jamaikanische Rodelteam war ein Geschenk des Himmels. Das Gleiche galt für Eddie »The Eagle« Edwards, den britischen Skispringer, der in den Wettkämpfen über 70 und 90 Meter jeweils Letzter wurde. Es war ein Drahtseilakt, aber es machte auch Spaß. Und es war sehr befriedigend, den täglichen Herausforderungen in dem Wissen zu begegnen, dass der einzige Weg durch diese Krise darin bestand, absolut fokussiert zu bleiben und auf die Leute um mich herum eine möglichst große Ruhe auszustrahlen.

Irgendwie funktionierte es. Die Einschaltquoten erreichten ein historisches Hoch. Tom und Dan waren sehr zufrieden. Das zusätzliche Drama, praktisch alles improvisieren zu müssen, war ein passendes Ende für Roones Herrschaft über das Sportfernsehen. Nach 42 Jahren waren es außerdem die letzten Olympischen Spiele, die ABC ausstrahlte. Am letzten Abend der Berichterstattung blieben mehrere von uns nach Beendigung des Programms noch im Regieraum; wir tranken Champagner, prosteten uns zu, beglückwünschten uns zu unserer harten Arbeit und lachten darüber, wie knapp wir einem Desaster entkommen waren. Nach und nach verzogen sich die Leute und kehrten zurück ins Hotel. Ich war der letzte, der noch im Regieraum saß, und genoss für eine kurze Weile die Stille nach der ganzen Hektik. Dann schaltete ich die Lichter aus und machte mich auf den Weg nach Hause.

EINIGE WOCHEN SPÄTER wurde ich zu einer Besprechung mit Tom und Dan gerufen. »Wir möchten Sie gerne besser kennenlernen«, sagte Tom. Er sagte mir, sie hätten mich in Calgary genau beobachtet und seien davon beeindruckt gewesen, wie gut ich mit dem Druck fertiggeworden sei. »Es könnten sich neue Möglichkeiten ergeben«, sagte Dan. Sie wollten mich wissen lassen, dass sie mich auf dem Radar hatten. Mein erster Gedanke war, dass ich vielleicht eine Chance auf die Position als Leiter von ESPN hätte, aber kurz nach unserer Besprechung beriefen sie jemanden in diese Position, der zuvor Executive Vice President von ABC Television war. Da stand ich nun, frustriert, dass ich wieder einmal übergangen worden war. Doch dann riefen mich Dan und Tom noch einmal zu sich und übertrugen mir nun die soeben frei gewordene Position des Executive Vice President von ABC Television. »Wir möchten Sie da gerne für eine Weile parken«, sagte Dan. »Aber wir haben größere Pläne.«

Ich hatte keine Ahnung, was das für Pläne waren, aber die Position, die sie mir soeben übertragen hatten – die Nummer zwei von ABC TV – fühlte sich ziemlich verantwortlich an. Ich war 37 Jahre alt, hatte hauptsächlich im Bereich Sport gearbeitet und wäre ab jetzt für das gesamte Tagesprogramm, das Spätabendprogramm und das Samstagmorgenprogramm sowie das betriebswirtschaftliche Management des Fernsehnetzwerks verantwortlich. Mit keinem dieser Bereiche kannte ich mich auch nur im Geringsten aus, aber Tom und Dan schienen sich sicher zu sein, dass ich es lernen würde.

In meiner gesamten Karriere habe ich immer instinktiv zu jeder Chance Ja gesagt. Zum Teil ist das ein ganz natürlicher Ehrgeiz. Ich wollte Karriere machen, mich weiterentwickeln, dazulernen und mehr Verantwortung übernehmen und auf keinen Fall eine Chance vergeben; gleichzeitig wollte ich mir aber auch selbst beweisen, dass ich in der Lage war, neue, unbekannte Herausforderungen zu meistern.

In dieser Hinsicht waren Tom und Dan die perfekten Vorgesetzten. Ihren Worten zufolge war ihnen Fähigkeit wichtiger als Erfahrung. Sie glaubten daran, Leute in Positionen zu bringen, in denen sie über sich hinauswachsen mussten. Nicht dass Erfahrung nicht wichtig gewesen wäre, aber Tom und Dan »setzten auf Grips«, wie sie es ausdrückten. Sie vertrauten darauf, dass sich die Dinge von allein fügen würden, wenn sie fähige Leute in Positionen brachten, an denen sie wachsen konnten, selbst wenn sie sich zunächst auf unbekanntem Terrain bewegten.

Tom und Dan führten mich in ihren engsten Führungskreis ein. Sie beteiligten mich an ihren Entscheidungsprozessen und tauschten sich mit mir im Vertrauen über Dritte aus, darunter auch Brandon Stoddard, der als President von ABC Entertainment für die Hauptsendezeit verantwortlich war. Brondon war eine fähige Führungskraft, die sehr viel von Fernsehen verstand, aber wie viele andere, die im Entertainment groß geworden waren, hatte er nicht das richtige Temperament für Konzernstrukturen. Brandon kannte Hollywood wie seine Westentasche, und das war seine Welt; für ihn waren Tom und Dan »Sendertypen«, die keine Ahnung von seinem Geschäft hatten. Brandon machte keinen Hehl aus der Verachtung, die er für sie empfand. Er war nicht bereit, sich an die Art anzupassen, wie sie das Geschäft betrieben, oder sich auch nur im Geringsten anzustrengen, um ihre Sichtweise zu verstehen. Kein Wunder, dass Tom und Dan sich zunehmend über ihn ärgerten und ihre gegenseitige Beziehung von Misstrauen und schwelenden Animositäten geprägt war.

Eines Freitagmorgens setzte sich Dan in der Cafeteria der Konzernzentrale von ABC in der West Sixty-sixth Street an meinen Tisch. Meistens trafen er und ich vor allen anderen im Büro ein, und dann trafen wir uns oft in der Cafeteria und brachten uns gegenseitig auf den neuesten Stand über alle Ereignisse. Er stellte sein Frühstückstablett ab und sagte: »Tom fliegt heute nach L.A. Wissen Sie, warum?»

»Nein«, erwiderte ich. »Was ist los?«

»Er wird Brandon Stoddard feuern.«

Ich war zwar nicht völlig überrumpelt, aber doch einigermaßen überrascht, dass ich nichts von ihrem Plan wusste, ihn zu ersetzen. Dass der Boss von ABC Entertainment gefeuert wurde, würde sich in Hollywood wie ein Lauffeuer verbreiten. »Was werden Sie tun?«, fragte ich.

»Ich weiß nicht«, erwiderte Dan. »Wir müssen uns etwas überlegen.«

Brandon wurde an jenem Freitag von Tom gefeuert. Dan flog hinterher, um sich am Wochenende mit ihm zu treffen. Am Montagabend rief er mich zu Hause an. »Bob, was machen Sie gerade?«

»Abendessen für meine Töchter«, sagte ich.

»Wir möchten, dass Sie morgen früh herkommen. Können Sie das machen?«

Ich sagte zu und dann ergänzte Dan: »Es gibt etwas, das Sie wissen sollten, bevor Sie ins Flugzeug steigen. Wir möchten, dass Sie die Sparte Entertainment leiten.«

»Wie bitte?«

»Wir möchten Sie zum Präsidenten von ABC Entertainment ernennen. Kommen Sie her und wir besprechen das.«

Am nächsten Morgen flog ich nach Los Angeles und begab mich direkt zu unserem Meeting. Die ständigen Kämpfe und Auseinandersetzungen mit Brandon seien ihnen einfach zu viel geworden, sagten Dan und Tom. Sie hätten das ganze Wochenende damit verbracht, sich zu überlegen, wer für die Position infrage käme. Ein Kandidat war unser Rechercheleiter Alan Wurtzel, den sie mochten und respektierten. Sie erwähnten diese Möglichkeit im Gespräch mit Stu Bloomberg, der für die Komödien verantwortlich gewesen war und den sie gerade zum Senderverantwortlichen für Dramen gemacht hatten. »Das können Sie nicht machen«, winkte Stu ab. »Das ist eine kreative Aufgabe, die können Sie nicht dem Leiter der Recherchen geben!« Daraufhin fragten sie Stu: »Was halten Sie von Bob Iger?« Er sagte, er kenne mich nicht gut, aber alle seien davon beeindruckt gewesen, wie ich mit der Olympia-Berichterstattung umgegangen sei, und soweit er wisse, würden mich die Leute schätzen und respektieren.

Stu sagte ihnen auch, er würde sich freuen, für mich zu arbeiten, und das reichte ihnen. »Wir wollen, dass Sie das machen«, sagte Tom. Ich fühlte mich geschmeichelt, wusste aber auch, dass sie damit ein großes Risiko eingingen. Es war das erste Mal in der Geschichte des Unternehmens, dass die Person, die ABC Entertainment leitete, nicht aus der Unterhaltungsbranche kam. Ich war nicht sicher, ob bei irgendeinem Fernsehnetzwerk irgendjemand, der nicht aus Hollywood war, diese Sparte leitete. »Hören Sie«, wandte ich daher ein. »Ich weiß Ihr Vertrauen zu schätzen, aber ich habe seit meinem College-Kurs in Drehbuchschreiben kein Skript mehr angesehen. Ich kenne mich mit diesem Teil des Geschäfts nicht aus.«

Sie antworteten auf ihre übliche väterliche Weise. »Ach, Bob, Sie werden das großartig machen.«

Dan fügte hinzu: »Wir wollen, dass Sie hier Erfolg haben, Bob. Wir hoffen, dass Sie mit Ihrem Schild zurückkommen, und nicht auf ihm!«

Am selben Abend ging ich mit Stu Bloomberg und Ted Harbert essen. Das waren die beiden Männer, die gemeinsam mit Brandon für ABCs Programm zur Hauptsendezeit verantwortlich waren. Der Plan lautete nun also, dass ich die Sparte leiten und Stu und Ted sich den Job als Nummer zwei unter mir teilen sollten. Ted sollte das Programm und die

Sendezeiten übernehmen und Stu die Entwicklung. Beide waren langjährig erfahrene Entertainment-Veteranen, und vor allem Stu war für einige der jüngsten Erfolge von ABC verantwortlich, darunter *Wunderbare Jahre* und *Roseanne*. Mit Fug und Recht hätten sie verächtlich auf den Typen herabsehen können, der absolut nichts von ihrem Geschäft verstand und nun ihr Boss sein sollte. Stattdessen waren sie zwei der größten Stützen, mit denen ich je gearbeitet habe, und ihre Unterstützung begann noch am selben Abend. Ich sagte ihnen während unseres Abendessens, dass ich ihre Hilfe brauchte. Sie kannten das Geschäft und ich nicht, aber unser berufliches Schicksal war nun miteinander verflochten. Ich hoffte, sie wären bereit, Geduld mit mir zu haben, während ich mich einarbeitete. »Machen Sie sich keine Sorgen, Bob. Wir bringen es Ihnen bei«, sagte Stu. »Es wird großartig. Vertrauen Sie uns.«

Ich flog zurück nach New York und setzte mich mit meiner Frau zusammen. Wir hatten vor meinem Flug vereinbart, dass ich keine abschließende Entscheidung treffen würde, ohne dass wir zuerst darüber sprechen würden. Die neue Aufgabe bedeutete, dass wir nach Los Angeles umziehen mussten, und wir führten in New York ein sehr schönes Leben. Wir hatten gerade erst unsere Wohnung renoviert, unsere Töchter besuchten eine hervorragende Schule und unsere engsten Freunde lebten in New York. Susan war leitende Produzentin in der Nachrichtenabteilung von WNBC und eine von den New Yorkerinnen, die niemals woanders leben möchte. Ich wusste, dass es sehr schwer für sie sein würde und dass sie New York tief in ihrem Herzen nicht verlassen wollte. Dennoch unterstützte sie mich voll und ganz. »Das Leben ist ein Abenteuer«, sagte sie. »Wenn man sich nicht für einen Weg voller Abenteuer entscheidet, dann lebt man eigentlich gar nicht richtig.«

»Wenn man sich nicht für einen Weg voller Abenteuer entscheidet, dann lebte man eigentlich gar nicht richtig.«

Am folgenden Tag, einem Donnerstag, gaben Tom und Dan meine Ernennung zum neuen Leiter von ABC Entertainment bekannt. Drei Tage später flog ich nach L.A. und nahm die Arbeit auf.

KAPITEL 3

WISSEN, WAS MAN NICHT WEISS (UND DARAUF VERTRAUEN, WAS MAN WEISS)

ANFANGS FÜHLTE ES SICH AN, als würde ich mich im freien Fall befinden. Ich sagte mir: Du hast eine Aufgabe. Man erwartet von dir, dass du dieses Geschäft erfolgreich führst. Dein Mangel an Erfahrung ist keine Ausrede für ein Scheitern.

Was macht man also in einer solchen Situation? Die erste Regel lautet, nichts vorzutäuschen. Man sollte demütig sein und darf nicht vorgeben, jemand zu sein, der man nicht ist, oder Dinge zu wissen, mit denen man sich nicht auskennt. Man befindet sich allerdings in einer Führungsposition, daher darf die eigene Demut einen nicht vom Führen abhalten. Das ist eine absolute Gratwanderung und etwas, das ich jeden Tag predige. Man muss die Fragen stellen, die man stellen muss; man muss sich eingestehen, was man nicht weiß, ohne sich dafür zu entschuldigen; und man muss alles tun, um sich so schnell wie möglich das nötige Wissen anzueignen. Es gibt nichts weniger Vertrauenerweckendes als eine Person, die vorgibt, sich mit Dingen auszukennen, von denen sie keine Ahnung hat. Echte Autorität und Führung entspringen dem Wissen, wer man selbst ist, und nicht der Vorspiegelung falscher Tatsachen.

Die erste Regel lautet, nichts vorzutäuschen.

Glücklicherweise hatte ich Stu und Ted an meiner Seite. Vor allem in der Anfangsphase war ich vollkommen von ihnen abhängig. Als erste Amtshandlung arrangierten sie eine endlose Serie an Arbeitsfrühstücken, Arbeitsmittagessen und Arbeitsabendessen. Damals gehörten die Leiter der drei großen Fernsehnetzwerke zu den mächtigsten Personen im Fernsehgeschäft (ein Umstand, der mir sehr surreal vorkam) – nur ich war für jeden in der Branche ein großes Fragezeichen. Ich verstand nichts davon, wie die Dinge in Hollywood gehandhabt wurden, und ich hatte keine Erfahrung im Umgang mit kreativen Menschen oder ihren Vertretern. Ich sprach nicht ihre Sprache, und ihre Kultur war mir fremd. Für sie war ich ein »Anzugheini aus New York«, der aus unerfindlichen Gründen plötzlich einen immensen Einfluss auf ihr kreatives Schaffen hatte. Jeden Tag traf ich mich mit Managern, Agenten, Drehbuchautoren, Regisseuren und Fernsehstars, die Stu und Ted für mich ausgewählt hatten. Bei den meisten Meetings hatte ich das deutliche Gefühl, ich sei ein Spielball, der gedreht, gewendet und ein wenig herumgestupst wird, um herauszufinden, wer ich war und was zur Hölle ich eigentlich vorhatte.

Die Herausforderung bestand darin, mein Ego im Zaum zu halten. Anstatt mit aller Macht zu versuchen, mein jeweiliges Gegenüber zu beeindrucken, musste ich dem Drang widerstehen, vorzugeben, ich wisse, was ich tue. Stattdessen bemühte ich mich, viele Fragen zu stellen. Es ließ sich nicht verheimlichen, dass ich keinen blassen Schimmer hatte. Ich war nicht in Hollywood groß geworden, war nicht von mir selbst eingenommen, trug keinen offensichtlichen Stolz wie einen Bauchladen vor mir her und kannte fast niemanden in der Stadt. Ich sagte mir, dass ich mich entweder deswegen unsicher fühlen könnte oder dass ich stattdessen meine relative Schwachstelle – mein Nicht-Hollywood-Sein – zu einer Art Mysterium hochstilisieren könnte, das mir Rückendeckung bot, bis ich genug über das Geschäft wusste.

Als ich in L.A. ankam, blieben mir noch sechs Wochen bis zur Entscheidung über das Fernsehprogramm zur Hauptsendezeit – der sogenannten Primetime – der Saison 1989/1990. An meinem ersten Tag im Büro wurde mir ein Stapel mit 40 Drehbüchern überreicht. Jeden Abend nahm ich eins mit nach Hause, das ich pflichtschuldigst durcharbeitete und dessen Ränder ich mit Notizen versah. Allerdings hatte ich Mühe, mir das Drehbuch als fertige Fernsehsendung vorzustellen, und ich zweifelte an meiner Fähigkeit, zu beurteilen, ob ein Drehbuch gut oder schlecht war. Achtete ich überhaupt auf die richtigen Dinge? Gab es Details, die andere sofort erkannten, mir aber komplett entgingen? In der Anfangszeit lautete die Antwort eindeutig: Ja. Am folgenden Tag setzte ich mich mit Stu und den anderen zusammen, um den Stapel durchzugehen. Stu konnte ein Drehbuch in Sekundenschnelle auseinandernehmen. »Auf dem Höhepunkt des zweiten Akts sind seine Motive vollkommen unklar …«, sagte er und ich blickte erneut auf die Seiten auf meinem Schoß und dachte: *Moment, zweiter Akt? An welcher Stelle war der erste Akt zu Ende?* (Stu wurde einer meiner engsten Freunde. Manchmal brachte ich ihn mit meinen Fragen und meiner Unerfahrenheit an den Rand der Verzweiflung, aber er blieb hartnäckig und brachte mir lebenswichtige Dinge bei – nicht nur, wie man Drehbücher liest, sondern auch, wie man mit den Kreativen der Branche umgeht.)

Mit der Zeit wurde mir jedoch klar, dass ich bereits vieles verinnerlicht hatte, einfach weil ich Roone dabei beobachtet hatte, wie er die Dramaturgie von Fernsehübertragungen inszeniert hatte. Sport war natürlich nicht das Gleiche wie Primetime-TV, aber auch im Sport gab es wichtige Lektionen über die Struktur, das richtige Tempo und die Klarheit, die mir unbewusst in Fleisch und Blut übergegangen waren. In meiner ersten Woche in L.A. traf ich mich mit dem Produzenten und Drehbuchautor Steven Bochco zu einem Arbeitsmittagessen. Steven hatte bei NBC mit *Polizeirevier Hill Street* und *L.A. Law* zwei echte Quotenhits gelandet, vor Kurzem aber einen lukrativen Deal über zehn Serien mit ABC abgeschlossen. Ich erwähnte ihm gegenüber, dass ich ungern Drehbücher las. Ich kannte mich nicht mit dem einschlägigen Jargon aus, stand aber unter dem Druck, in sehr kurzer Zeit über sehr viele Sendungen zu entscheiden. Er wischte meine Bedenken auf eine Weise vom Tisch, die ich als sehr tröstlich empfand, wenn man bedenkt, dass sie von jemand wie ihm kam: »Bob, das ist keine Geheimwissenschaft. Sie müssen einfach Selbstvertrauen haben.«

Damals hatte ABC mehrere sehr erfolgreiche Serien, die zur Hauptsendezeit ausgestrahlt wurden: *Wer ist hier der Boss?*, *Unser lautes Heim*, *Roseanne*, *Wunderbare Jahre* und *Die besten Jahre*. Dennoch waren wir mit sehr großem Abstand die Nummer zwei hinter NBC, dem Schwergewicht unter den Fernsehnetzwerken. Meine Aufgabe war, Wege zu finden, um diesen Abstand zu verringern. In jener ersten Saison nahmen wir mehr als ein Dutzend neue Serien dazu, darunter *Alle unter einem Dach* und *Alles Okay, Corky?* (die erste Fernsehserie, in der einer der Hauptdarsteller das Down-Syndrom hat) und *America's Funniest Home Videos*, die sich augenblicklich in einen gigantischen Hit verwandelte und von der inzwischen die 35. Staffel ausgestrahlt wird.

Außerdem zeigten wir Stevens ersten großen Erfolg für ABC. Als ich zu Entertainment kam, hatte er soeben das Drehbuch eingereicht: *Doogie Howser, M.D.* Die Serie handelt von einem 14-jährigen Arzt, der versucht, sein Leben als Teenager und Arzt irgendwie unter einen Hut zu bekommen. Steven zeigte mir ein Video des jugendlichen Darstellers Neil Patrick Harris, den er für die Hauptrolle wollte. Ich sagte ihm, ich sei mir nicht sicher, ob Neil wirklich die tragende Figur für die Show sein könnte. Steven ließ mich auf sehr höfliche, aber schnörkellose Art und Weise wissen, dass ich nicht den Funken von Ahnung hatte. Er klärte mich darüber auf, dass es im Wesentlichen seine Entscheidung war, und zwar nicht nur, wem er welche Rolle geben würde, sondern auch, ob er das Projekt weiterführen wollte oder nicht. Laut unserem Vertrag wurden ihm 13 Folgen garantiert, falls wir uns für eines seiner Projekte entschieden. Lehnten wir es ab, stand ihm ein Ausfallhonorar in Höhe von 1,5 Millionen Dollar zu. Die Serie anzunehmen, war eine meiner ersten Programmentscheidungen, und glücklicherweise hatte Steven vollkommen recht, was Neil anging. *Doogie Howser, M.D.* hatte vier überzeugende Staffeln und markierte den Beginn einer langen Zusammenarbeit und Freundschaft mit Steven.

ES GAB NOCH EIN ANDERES, wesentlich größeres Risiko, das wir in der ersten Saison eingingen. Auf Basis eines Verkaufsgesprächs, das in einem Restaurant in Hollywood buchstäblich auf der Rückseite einer Serviette stattfand, hatte der Leiter der ABC-Sparte Drama einem Pilotprojekt von David Lynch und Roman- und Drehbuchautor Mark Frost grünes Licht gegeben. Lynch war damals bereits für seine Kultfilme *Eraserhead* und *Blue Velvet* berühmt. Bei dem Pilotprojekt handelte es sich um ein gewundenes Seriendrama über den Mord an einer jungen Frau namens Laura Palmer in der fiktiven Kleinstadt Twin Peaks. David führte bei der zweistündigen Pilotsendung die Regie. Ich erinnere mich noch lebhaft daran, wie ich mir den Film ansah und dachte: *Das ist anders als alles, was ich bisher gesehen habe, und wir müssen das senden.*

Wie jedes Jahr kamen Tom und Dan und einige weitere Führungskräfte im Frühjahr zur Pilotsaison zu uns. Wir führten ihnen *Twin Peaks* vor, und als die Lichter wieder angingen, drehte sich Dan um, sah mich an und sagte: »Keine Ahnung, was das war, aber ich finde es richtig gut.« Tom war nicht so begeistert wie Dan, und die anderen Führungskräfte aus New York teilten seine Meinung. Sie fanden, es sei zu absonderlich und zu finster fürs Fernsehen.

Ich hatte großen Respekt vor Tom, aber ich wusste auch, dass es sich lohnte, für diese Serie zu kämpfen. Wir waren mit einigen Marktveränderungen konfrontiert; inzwischen standen wir im Wettbewerb zum Kabelfernsehen und seinem moderneren Programm, außerdem machte uns das neue Fox Network Konkurrenz – von der wachsenden Beliebtheit von Videospielen und der zunehmenden Verbreitung von Videorekordern ganz zu schweigen. Mein Eindruck war, dass das klassische Massenfernsehen langweilig geworden war und immer dasselbe zeigte. Mit *Twin Peaks* hatten wir die Chance, etwas wirklich Originelles zu wagen. Wir konnten nicht einfach immer so weitermachen wie bisher, während sich der Markt um uns herum veränderte. Hier bewahrheitete sich erneut Roones Lektion: innovieren oder verlieren. Am Ende konnte ich die anderen davon überzeugen, den Pilotfilm einem jüngeren und vielfältigeren Publikum vorzuführen als einer Gruppe älterer Herren von ABC aus New York. Die Testgruppen waren zwar ebenfalls nicht unbedingt dafür, die Serie im Fernsehen zu zeigen – weil sie eben so anders war. Aber gerade dieser Umstand, dass die Serie anders als alles zuvor Dagewesene war, motivierte uns dazu, grünes Licht zu geben und sieben Folgen zu produzieren.

Wir konnten nicht einfach immer so weitermachen wie bisher, während sich der Markt um uns herum veränderte.

Ich beschloss, *Twin Peaks* zur Saisonmitte, also im Frühjahr 1990 anstatt im Herbst 1989, anlaufen zu lassen. In jeder Saison hatten wir

Serien für die Saisonmitte in petto, falls irgendein Serienflop schnell ersetzt werden musste. Auf diesen Ersatzserien lastet etwas weniger Druck als auf den Serien, die im Herbst anlaufen, und das schien für *Twin Peaks* die beste Strategie zu sein. Wir begannen also mit der Produktion, damit wir im Frühjahr auf Sendung gehen konnten, und nach einigen Monaten trafen die Rohschnitte der ersten Folgen ein. Zwar hatte Tom mir Monate zuvor die Genehmigung für die Serie erteilt, aber nachdem er sich einige Folgen angesehen hatte, schrieb er mir einen Brief, in dem es hieß: »Das können Sie nicht senden. Wenn wir das im Fernsehen zeigen, wird es unseren Ruf zunichtemachen.«

Ich rief ihn an und sagte, wir müssten *Twin Peaks* unbedingt senden. Zu diesem Zeitpunkt hatte sich innerhalb und außerhalb von Hollywood schon die Nachricht verbreitet, dass wir die Serie produzierten, und das sorgte überall für Aufruhr. Auf der ersten Seite des *Wall Street Journal* gab es sogar einen Artikel über diesen zugeknöpften Typ, der gewaltige kreative Risiken einging. Plötzlich erhielt ich Anrufe von Steven Spielberg und George Lucas. Ich besuchte Steven am Set seines Films *Hook*, bei dem er gerade Regie führte, und besuchte George auf seiner Skywalker Ranch. Beide waren interessiert, mit mir über mögliche Projekte für ABC zu sprechen. Dass Regisseure von ihrem Kaliber an der Produktion von Fernsehserien Interesse hätten, war bis zum Start von *Twin Peaks* völlig unvorstellbar gewesen. (Zwei Jahre später, im Jahr 1991, entwickelte George *Die Abenteuer des jungen Indiana Jones*, die über zwei Staffeln lief.)

Ich sagte zu Tom: »Für diesen Wagemut erhalten wir unglaubliche Lobeshymnen von der kreativen Community. Wir müssen diese Serie ausstrahlen.« Man muss Tom zugutehalten, dass ihn dieser Umstand überzeugte. Er war mein Boss und hätte sagen können: »Tut mir leid, aber ich setze mich hier gegen Sie durch.« Er wusste aber, wie wichtig es war, die Kreativen von Hollywood auf unserer Seite zu haben, und daher akzeptierte er mein Argument, das Risiko lohne sich.

Wir bewarben die neue Serie bei der Oscar-Verleihung Ende März und zeigten den zweistündigen Pilotfilm am Sonntag, den 8. April. Fast 35 Millionen Zuschauer – das waren damals ungefähr ein Drittel aller Fernsehzuschauer – schalteten unseren Sender ein. Die eigentliche Serie planten wir für Dienstag um 21 Uhr ein. Innerhalb von wenigen Wochen wurde *Twin Peaks* zur erfolgreichsten Serie in vier Jahren, die um diese Uhrzeit ausgestrahlt wurde. Sie zierte das Cover des Magazins *Time*. Die *Newsweek* schrieb: »So etwas hat es zur Primetime – oder auf Gottes Erdboden – noch nie gegeben.« Im Mai reiste ich zu den sogenannten Upfronts nach New York, bei denen die Fernsehnetzwerke der Presse und den Werbekunden die neue Saison vorstellen, und musste auf die Bühne gehen, um über ABC zu sprechen. »Ab und an wagt eine Führungskraft aus dem Fernsehgeschäft ein großes Risiko«, sagte ich, und augenblicklich brach die Menge in stürmischen Applaus aus. Es war das Aufregendste, das ich in meiner Karriere je erlebt hatte.

Leider brach die Welle an Euphorie fast unmittelbar zusammen. Innerhalb von sechs Monaten wurde *Twin Peaks* von einem kulturellen Phänomen zu einer ärgerlichen Enttäuschung. Wir hatten David kreative Freiheit gelassen, aber gegen Ende der ersten Saison verhakten er und ich uns in einer anhaltenden Debatte über die Erwartungen der Zuschauer. Die ganze Serie war an der Frage aufgehängt, wer Laura Palmer ermordet hatte, und ich hatte das Gefühl, David habe das aus den Augen verloren und lege einfach nur willkürliche und unbefriedigende Spuren aus.

David war und ist ein brillanter Filmemacher, aber er war einfach kein TV-Produzent. Eine Serie erfordert organisationelle Disziplin (eine pünktliche Abgabe der Drehbücher, das Management der Filmcrew und die Sicherstellung, dass alles nach Zeitplan verläuft), und die fehlte David einfach. Zudem hat eine Serie einen ganz anderen Spannungsbogen als ein Film. Bei einem Film muss man die Zuschauer zwei Stunden lang fesseln, ihnen ein aufregendes Erlebnis bescheren, und hoffen, dass sie hinterher begeistert das Kino verlassen. Eine Fernsehserie muss so angelegt sein, dass die Zuschauer begierig jede Woche wieder einschalten, um die nächste Folge zu sehen, und zwar Staffel für Staffel. Bis heute liebe und respektiere ich David und empfinde große Bewunderung für sein Schaffen, aber die Tatsache, dass er nicht das Gespür eines Fernsehproduzenten hatte, führte dazu, dass der Spannungsbogen irgendwie unvollendet blieb.

»Sie müssen das Mysterium auflösen oder den Leuten zumindest die Hoffnung geben, dass es gelöst werden wird«, sagte ich. »Es fängt allmählich an, die Zuschauer zu nerven, mich eingeschlossen!« David fand, das Mysterium sei nicht das wichtigste Element der Serie; in seiner idealen Version würde der Mörder nie gefunden werden, aber dafür würden sich andere Aspekte der Kleinstadt und ihrer Charaktere offenbaren. Immer wieder führten wir die gleichen Diskussionen, bis er schließlich bereit war, den Mörder auf der Hälfte der zweiten Staffel preiszugeben.

Danach war die ganze Storyline ein einziges Durcheinander. Nachdem das Mysterium gelüftet war, gab es nichts mehr, das die Story vorangetrieben hätte. Verschlimmert wurde das Ganze dadurch, dass der Produktionsprozess nicht diszipliniert genug war, was zu Verzögerungen und Verwirrung führte. Mir wurde klar, dass David, so brillant er auch war, keine Serie entwickeln konnte, und ich überlegte, ihn zu feuern und eine Gruppe erfahrener Fernsehleute damit zu beauftragen, das Ganze zu übernehmen. Am Ende kam ich jedoch zu dem Schluss, dass wir damit eine Situation heraufbeschwören würden, bei der niemand gewinnen konnte, und wir außerdem als Schurken dastehen würden, wenn wir David Lynch feuerten. Also verlegten wir stattdessen den Sendetermin von *Twin Peaks* auf Samstagnacht, zum Teil, um den Erfolgsdruck zu senken. Als daraufhin jedoch die Einschaltquoten ins Bodenlose stürzten, gab mir David öffentlich die Schuld. Er behauptete, ich hätte das Todesurteil über die Serie gefällt, und zwar zuerst, indem ich auf eine Lösung des Rätsels gedrängt hätte, und dann, indem ich den Sendetermin auf einen Zeitpunkt verlegt hätte, an dem niemand sie sich ansehen würde.

Im Rückblick bin ich nicht sicher, ob ich recht hatte. Ich hatte die Storyline nach einem traditionellen Schema beurteilt, und vielleicht war David seiner Zeit voraus. Tief in meinem Inneren hatte ich das Gefühl, David verärgere die Zuschauer, aber es kann auch sein, dass meine Forderung nach einer Antwort auf die Frage, wer Laura Palmer ermordet hatte, die Serie in eine narrative Unordnung gestürzt hatte. Vielleicht hatte David recht gehabt.

Kreative Prozesse zu managen, beginnt mit dem Verständnis, dass sie nicht wissenschaftlich sind – alles ist subjektiv. Oft gibt es kein richtig oder falsch. Die Leidenschaft, die für den kreativen Schaffensprozess erforderlich ist, ist etwas Mächtiges, und die meisten kreativen Schöpfer sind verständlicherweise empfindlich, wenn ihre Vision oder deren

Umsetzung infrage gestellt wird. Ich versuche, das in Erinnerung zu behalten, wenn ich mit jemandem von der kreativen Seite unseres Geschäfts spreche. Wenn ich gebeten werde, meine Meinung und Kritik zu äußern, achte ich sehr sorgfältig darauf, wie sehr sich die jeweiligen Schöpfer für ihr Projekt engagiert, wie viel Herzblut sie hineingesteckt haben und wie viel für sie auf dem Spiel steht.

Ich beginne nie mit einer negativen Haltung, und bis wir uns nicht in den abschließenden Phasen einer Produktion befinden, poche ich auch nicht auf Details. Ich habe festgestellt, dass Menschen oft auf winzige Details fokussieren, weil sie damit verschleiern wollen, dass es an klaren, kohärenten und großen Konzepten mangelt. Wenn man mit dem Kleinen beginnt, wirkt man auch so: klein. Und wenn das große Ganze ein Chaos ist, dann kommt es auf die Details auch nicht mehr an, und dann sollte man auch keine Zeit damit verschwenden.

Wenn man mit dem Kleinen beginnt, wirkt man auch so: klein.

Natürlich sind keine zwei Situationen gleich. Es ist ein großer Unterschied, ob man einem erfahrenen Regisseur wie J. J. Abrams oder Steven Spielberg Feedback gibt, oder jemandem mit weitaus weniger Erfahrung und Selbstvertrauen. Das erste Mal, dass ich mit Ryan Coogler zusammensaß, um ihm Feedback zu *Black Panther* zu geben, konnte ich sehen, wie offensichtlich angespannt er war. Er hatte noch nie einen so großen Film mit einem so gewaltigen Budget wie *Black Panther* gemacht, auf dem ein derartig großer Erfolgsdruck lastete. Ich gab mir größte Mühe, um ihm ganz klar zu vermitteln: »Sie haben einen ganz besonderen Film gemacht. Ich habe einige konkrete Anmerkungen, aber bevor ich sie Ihnen nenne, möchte ich, dass Sie wissen, dass wir ein ungeheures Vertrauen in Sie haben.«

Das ist nichts anderes als ein Weg, um auszudrücken, was offensichtlich erscheinen mag, aber oft ignoriert wird: dass es eine feine Balance gibt zwischen der Verantwortung des Managements für das finanzielle Ergebnis einer kreativen Arbeit, und der Gewährleistung, dass man nicht die kreativen Prozesse auf schädliche und kontraproduktive Weise erstickt, während man diese Verantwortung ausführt. Einfühlungsvermögen ist eine unabdingbare Voraussetzung für einen vernünftigen Umgang mit Kreativen, und Respekt ist dabei von zentraler Bedeutung.

BEMERKENSWERTERWEISE WAR DER NIEDERGANG von *Twin Peaks* nicht unser größter Misserfolg in jener Saison. Im Frühjahr 1990 hatte ich grünes Licht für die Serie *Cop Rock* gegeben, eine als Musical aufgemachte Polizeiserie, die zur Zielscheibe aller möglichen Witze in den Late-Night-Shows wurde und einen Dauerplatz auf der Liste der schlechtesten TV-Serien aller Zeiten hatte. Ich stehe aber bis heute zu dieser Entscheidung. In einem unserer frühesten Meetings sagte mir Steven Bochco, neben *Doogie Howser* habe er noch eine weitere Idee: eine Polizeiserie, die als Musical aufgemacht sei. Ein Broadway-Produzent hatte ihn angesprochen, der daran interessiert war, ein Musical aus *Hill Street Blues* zu machen, was Bochco aus verschiedenen Gründen nicht machen konnte. Aber ihm ging die Idee nicht mehr aus dem Kopf. Allerdings wollte er kein Polizei-Musical für den Broadway machen, sondern für das Fernsehen. Er kam immer wieder darauf zu sprechen, aber ich ging nicht darauf ein. Ich wollte eine Polizeiserie von Steven, aber kein Musical. In jenem Frühjahr, in dem ich mich noch im Glanz der ersten Staffel von *Twin Peak* sonnte, ließ ich mich schließlich breitschlagen. »Wissen Sie was?«, sagte ich. »Warum eigentlich nicht? Versuchen wir's.«

Die Serie sollte die Polizei von Los Angeles darstellen, und zunächst war sie auch wie eine ganz normale Polizeiserie mit einem guten Handlungsfaden – nur dass die Figuren in besonders dramatischen Momenten anfingen zu singen: Blues, Gospel, große Chorstücke. In dem Augenblick, in dem ich den Pilotfilm zum ersten Mal sah, wusste ich, dass es nicht funktionieren und möglicherweise eine legendär schlechte Serie werden würde, aber ich hoffte auch, es gäbe vielleicht eine Chance, dass ich mich irrte. Ich bewunderte Stevens Talent sehr, und auf jeden Fall dachte ich, dass ich keine halben Sachen machen konnte, wenn ich mich schon darauf einließ.

Cop Rock hatte seine Premiere im September 1990. Wenn neue Serien anlaufen, bitte ich unseren Leiter der Recherche in New York normalerweise, mich in L.A. anzurufen und mir die vorläufigen Einschaltquoten mitzuteilen. Dieses Mal sagte ich ihm: »Wenn die

Einschaltquoten gut sind, dann ruf mich an. Wenn sie schlecht sind, schick mir einfach ein Fax.« Um 5 Uhr morgens wachte ich auf, weil ich das Faxgerät rattern hörte. Dann schloss ich die Augen und schlief weiter.

Die Rezensionen waren übrigens nicht alle ausnahmslos schlecht. Ich erinnere mich, dass in einer der »Wagemut« der Serie gelobt wurde. Andere sagten, wenn man die Musik weglassen würde, wäre es eine großartige Steven-Bochco-Polizeiserie. Die meisten anderen fanden sie peinlich. Im Dezember desselben Jahres zogen wir nach nur elf Folgen die Reißleine. Steven schmiss eine Art Leichenparty im Studio, um gemeinsam das Ende der Serie zu feiern und zu beklagen. Am Ende seiner Grabrede sagte er: »Das Stück ist erst zu Ende, wenn die dicke Frau gesungen hat.« Und dazu schwebte eine korpulente Sängerin auf einem fliegenden Trapez über unseren Köpfen.

Ich stand auf und richtete mich an die Darsteller und das Studioteam. »Wir haben etwas Großes versucht, und es hat nicht funktioniert«, sagte ich. »Allerdings ist es mir lieber, große Risiken zu wagen und gelegentlich zu scheitern, als niemals Risiken einzugehen.«

»Allerdings ist es mir lieber, große Risiken zu wagen und gelegentlich zu scheitern, als niemals Risiken einzugehen.«

So habe ich es damals wirklich empfunden. Ich bereute nicht, es versucht zu haben. Und dasselbe empfand ich auch einige Monate später, als wir bei *Twin Peaks* den Stecker zogen. Ich wollte nicht immer auf Nummer sicher gehen, sondern Möglichkeiten bieten, um Großartiges zu erschaffen. Von allen Lektionen, die ich in meinem ersten Jahr beim Primetime-Programm lernte, war die wichtigste, Misserfolge hinnehmen zu können. Damit meine ich nicht, sich damit zu arrangieren, dass man sich nicht genügend angestrengt hat, sondern die unvermeidliche Wahrheit zu akzeptieren, dass man Raum für Misserfolg lassen muss, wenn man Neues schaffen will – und das sollte man.

Steven und ich waren gemeinsam für den Flop der Serie *Cop Rock* verantwortlich. Wir betrachteten das Ganze mit einem gewissen Humor, und mir war es wichtig, mich nie von der Entscheidung zu distanzieren, diese Serie ins Programm aufgenommen zu haben. Ich empfand diese Lektion als wesentlich

Man kann seine Fehler nicht einfach ausradieren oder die eigenen schlechten Entscheidungen anderen anhängen.

bedeutsamer als die, die ich Jahre zuvor bei ABC Sports in jenem Raum gelernt hatte, in dem ich vor versammelter Mannschaft einen Fehler eingestanden hatte. Man kann seine Fehler nicht einfach ausradieren oder die eigenen schlechten Entscheidungen anderen anhängen. Man muss sich zu seinen Fehlern bekennen. Und man verdient sich genauso viel Respekt und Wohlwollen, wenn man jemandem nach einem Misserfolg den Rücken stärkt, wie wenn man ihn für seine Erfolge lobt.

Sobald die Wunden von *Cop Rock* ein wenig verheilt waren, sagte mir Steven, er wolle »die erste nicht jugendfreie Serie in der Fernsehgeschichte machen«. Ich erwiderte: »Steven, du hast *Hill Street Blues* und *L.A. Law* für NBC gemacht. Wo sind solche Serien für uns? Ich bekomme eine Polizeiserie, und es ist *Cop Rock*. Und jetzt willst du etwas machen, das unsere Werbekunden in die Flucht schlägt?« Was ich in dem Moment nicht erkannte, war, dass Steven das Gefühl hatte, er habe dieses ganze konventionelle Zeug schon x-mal gemacht und wolle jetzt einfach etwas anderes machen. Ebenso wenig erkannte ich, wie sehr er damit auf die sich verändernde TV-Landschaft reagierte. Er hatte das Gefühl, HBO würde uns schon bald das Wasser abgraben, weil deren Serienautoren keine Rücksicht auf die prüden Fernsehzensoren der großen Sender oder die Empfindlichkeiten von Werbekunden nehmen mussten. Also pitchte er *NYPD Blue* als erste Serie mit dem sogenannten R-Rating (A. d. Red. also mit Altersfreigabe ab 17 Jahren) für das Fernsehen.

Ich teilte Stevens Auffassung über die veränderte TV-Landschaft und die Unbeweglichkeit der großen Fernsehnetzwerke, aber ich wusste auch, dass ich niemals die Genehmigung erhalten würde, eine Serie mit R-Rating im Fernsehen zu zeigen. Der Vertrieb machte mich darauf aufmerksam, und ich gab es Steven weiter. Für eine Weile nahmen wir Abstand von der Idee. Ich glaubte jedoch, dass wir etwas machen konnten, dass sich im Grenzbereich bewegte, also nicht wirklich in die Kategorie R-Rating fiel. Schließlich erwärmte sich Steven für diesen Vorschlag. »Aber wie würde eine solche Serie aussehen?«, fragte er.

Wir berieten uns mit den Zensoren und entwickelten ein Schema für die Dinge, die wir in einer Serie mit der Einstufung PG 13 (A. d. Red. also eine Altersfreigabe ab 13 Jahren) zeigen und sagen durften. Wir erstellten ein Glossar über alle Worte, die technisch betrachtet in

Ordnung waren. (*Arschgesicht* war in Ordnung; *Arschloch* nicht. *Wichser* war okay als abwertende Beschreibung einer Person, aber nicht im Sinne von masturbieren.) Dann zeichneten wir nackte Figuren in Notizbücher, um festzulegen, in welchem Winkel wir ein wenig Nacktheit – aber nicht zu viel – zeigen konnten.

Als Nächstes mussten wir das Konzept Dan Burke verkaufen. Dan kam nach L.A., und wir trafen uns zu dritt in der Nähe von Stevens Büro zum Mittagessen. Wir zeigten ihm unser Glossar und unsere Zeichnungen und erklärten, warum uns diese Serie wichtig war. »Ihr könnt es machen«, sagte Dan schließlich. »Aber wenn das Ganze hochkocht, und das wird es, dann sind meine Rockschöße nicht weit genug, als dass *Sie*« – und da zeigte er auf mich – »sich dahinter verstecken könnten.«

Dies war ein weiteres Beispiel meiner Bereitschaft, Risiken zu wagen, die zum Teil dem Umstand geschuldet war, dass Dan und Tom so großes Vertrauen in mich hatten. Sie hatten mir diese Verantwortung übertragen, und ich hatte in kurzer Zeit Erfolge geliefert. Das verschaffte mir große Toleranzspielräume bei ihnen. Ich konnte nicht machen, was ich wollte, aber ich besaß eine ziemlich große Entscheidungsfreiheit. Das war ein Vertrauen, das sich mein Vorgänger Brandon Stoddard nie erarbeitet hatte. Er verweigerte Dan und Tom den Respekt und daher respektierten sie ihn auch nicht. Das bedeutete im Umkehrschluss, dass sie ihm die rote Karte zeigten, wenn er sie unbedingt zu etwas überreden wollte, das ihm wichtig war, von dem Dan und Tom aber nicht überzeugt waren.

Nachdem wir von Dan grünes Licht erhalten hatten, folgte eine lange, mühselige Entwicklungsphase, in der Steven in eine Richtung drängte und die Jungs von ABC, die für die Unternehmensstandards und -praktiken verantwortlich waren, in eine andere, bis schließlich ein Kompromiss erzielt wurde. Im Herbst 1993 ging die Serie auf Sendung – eine ganze Saison später, als wir geplant hatten. Der amerikanische Familienverband rief zum Boykott auf, zahlreiche Werbekunden machten einen Bogen um die Serie, und mehr als 50 der 225 angeschlossenen TV-Sender unseres Netzwerkes strahlten nicht einmal die erste Folge aus. Von der Kritik wurde die Serie jedoch außerordentlich positiv aufgenommen und in der zweiten Staffel schaffte sie es sogar in die Top Ten der Fernsehserien. Sie hatte zwölf Jahre lang einen festen Platz in der Hauptsendezeit, gewann

20 Emmys und galt als eines der besten Dramen, die je für das Fernsehen geschaffen wurden.

Während meiner Zeit als Verantwortlicher für die Hauptsendezeit waren wir bei der begehrten Zielgruppe der Zuschauer zwischen 18 und 49 Jahren in vier von fünf Jahren die Nummer eins. Wir konnten sogar Brandon Tartikoff vom Thron stoßen, der NBC über 68 aufeinanderfolgende Wochen auf dem Spitzenplatz des Nielsen-Rankings gehalten hatte. (Als die Rankings mit ABC an der Spitze veröffentlicht wurden, rief Brandon an, um mich zu beglückwünschen. Er hatte Klasse; das wird niemand je wiederholen. »Ich bin ein wenig traurig darüber«, sagte ich ihm. »Es ist so, als würde sich die große Zeit von Joe diMaggio* zum Ende neigen.«)

Unser Erfolg war stets das Ergebnis einer Teamleistung, aber es war auch der erste Erfolg in meiner Karriere, der mir öffentlich zugeschrieben wurde. Auf der einen Seite fühlte es sich seltsam an, für Dinge gepriesen zu werden, die andere gemacht hatten. Ich war als totales Greenhorn zur Unterhaltungssparte gekommen, und diese unglaublich fähigen Leute teilten ihr gesamtes Wissen mit mir. Sie arbeiteten hart und fühlten sich nicht durch den Umstand bedroht, dass man mich ihnen vor die Nase gesetzt hatte. Aufgrund ihrer Großzügigkeit erreichten wir gemeinsame Erfolge, und dennoch wurden die Verdienste zum größten Teil mir zugeschrieben.

Ich denke allerdings, dass man fairerweise auch sagen kann, dass wir nicht zur Nummer eins im Bereich Primetime aufgestiegen wären, wenn ich die Sparte nicht geleitet hätte. Dan und Toms Vertrauen gab mir den Mut, große Risiken zu wagen. Und wenn ich eine Stärke besaß, dann war es meine Fähigkeit, kreative Leute einerseits dazu zu bringen, dass sie ihr Bestes gaben und etwas wagten, ihnen aber andererseits auch wieder auf die Füße zu helfen, wenn sie einen Misserfolg produzierten. Mein Team und ich, wir haben uns immer gemeinsam angestrengt, und meine Jahre als Verantwortlicher von ABC Entertainment vermittelten mir eine neue Wertschätzung für die Voraussetzungen, die dafür sorgen, dass eine Gruppe fähiger Leute Höchstleistung erbringt.

* Baseball-Legende aus der ersten Hälfte des 20. Jahrhunderts; war unter anderem kurz mit Marilyn Monroe verheiratet. (A. d. Ü.)

Genugtuung darüber zu empfinden, dass echte Leistungen anerkannt wurden, und gegenüber dem Hype der Öffentlichkeit eine gewisse Gleichgültigkeit an den Tag zu legen, war ein Balanceakt, der in meinen Jahren als CEO wichtiger denn je war. Oft fühle ich mich im Beisein anderer Leute, mit denen ich zusammenarbeite, schuldig, wenn sich so viel Aufmerksamkeit und Lob auf mich richtet. Das manifestiert sich auf merkwürdige Weise. Bei Besprechungen mit Leuten, die nicht zum Unternehmen gehören, passiert es oft, dass sie nur mich ansehen, selbst wenn Kollegen mit mir am Tisch sitzen. Ich weiß nicht, ob andere CEOs das auch so empfinden, aber mir ist es unangenehm, und in diesen Momenten achte ich besonders darauf, meinen Kollegen und Mitarbeitern Lob und Aufmerksamkeit zukommen zu lassen. Wenn ich umgekehrt an einer Besprechung außerhalb von Disney teilnehme, achte ich stets darauf, dass ich mich an jede Person am Tisch wende und alle Anwesenden einbeziehe. Das ist eine kleine Geste, aber ich erinnere mich noch zu gut daran, wie es sich anfühlte, die übersehene Randfigur zu sein – und alles, das einen daran erinnert, dass man nicht der Mittelpunkt des Universums ist, ist gut.

AM THANKSGIVING-WOCHENENDE im Jahr 1992 rief mich Dan Burke an, um mir mitzuteilen, dass der Präsident von ABC in den Ruhestand ging. Sie wollten, dass ich nach New York zurückkehrte und seinen Platz einnahm. Das kam nicht völlig überraschend. Als sie mich zum Leiter der Sparte Entertainment ernannten, hatten Tom und Dan bereits angedeutet, dass sie letztlich wollten, dass ich das Fernsehnetzwerk leiten sollte. Die Überraschung war das Datum, das mir Dan auf meine Frage nannte, wann ich beginnen sollte. »Am 1. Januar«, sagte er – also in wenig mehr als einem Monat.

Ich freute mich, nach New York zurückkehren zu können, nicht nur wegen meines neuen Jobs. Susan und ich hatten uns in diesem Jahr getrennt, und sie war mit den Kindern nach New York zurückgezogen. Susan hatte sich nie mit L.A. anfreunden können, und nach unserer Trennung mochte sie es noch weniger. In New York fühlte sie sich zu Hause, und ich konnte ihr das nicht verübeln. Ich flog, so oft ich konnte, nach New York, um meine Töchter zu sehen, aber insgesamt war es ein schreckliches Jahr.

Kurzerhand verkaufte ich das Haus in Los Angeles, packte meine Sachen und zog ins Mark Hotel auf der Upper East Side. Am 1. Januar wurde ich mit 43 Jahren Präsident des Fernsehnetzes ABC. Ich wusste schon seit einiger Zeit, dass diese Beförderung bevorstand, aber als sie eintraf, fühlte es sich dennoch etwas unwirklich an. Meine früheren Mentoren – Roone in der Nachrichtensparte und Dennis Swanson in der Sportsparte – berichteten nun an mich. Ted Harbert, der mich zusammen mit Stu Bloomberg in das Geschäft einer Führungskraft im Unterhaltungsfernsehen eingeführt hatte, übernahm meinen Job bei ABC Entertainment. Weniger als ein Jahr später, gegen Ende des Jahres 1993, rief mich Tom Murphy in sein Büro. »Dan geht im Februar in den Ruhestand«, verkündete er. »Sie müssen seinen Job übernehmen.«

»Das geht nicht«, sagte ich. »Ich habe gerade erst mit meiner Arbeit begonnen. Wer soll das Netzwerk führen? Sie müssen noch warten.« So sehr mich mein Instinkt auch dazu drängte, zu jeder Chance Ja zu sagen, empfand ich diesen Wechsel als übereilt.

Acht Monate später kam Tom erneut auf mich zu. »Ich brauche Sie in dieser Position«, wiederholte er. »Ich brauche Hilfe bei der Leitung dieses Unternehmens.« Im September 1994 wurde ich Präsident und COO (Vorstand für das operative Geschäft) von Capital Cities/ABC – ein Jahr und neun Monate, nachdem ich zum Präsidenten des Fernsehnetzes von ABC ernannt worden war. Das Ganze war ein schwindelerregender und bisweilen destabilisierender Aufstieg. Normalerweise würde ich nicht empfehlen, jemanden so schnell zu befördern, wie sie mich beförderten. Allerdings will ich eine Sache noch einmal wiederholen, weil ich es gar nicht oft genug sagen kann: Die Art und Weise, wie sie mir in jeglicher Hinsicht ihr Vertrauen aussprachen, wirkte sich stark auf meinen Erfolg aus.

Die Art und Weise, wie sie mir in jeglicher Hinsicht ihr Vertrauen aussprachen, wirkte sich stark auf meinen Erfolg aus.

Kurz nachdem ich zum COO ernannt worden war, streckte Michael Eisner, CEO von The Walt Disney Company im Frühjahr 1995 bezüglich einer möglichen Übernahme von Cap Cities/ABC seine Fühler aus. Die ersten Vorstöße führten zu nichts, und ungefähr zur gleichen Zeit sagte mir Tom, er plane, mit dem Verwaltungsrat darüber zu sprechen, dass ich seine Nachfolge als CEO antreten sollte. Im Juli 1995 befanden wir uns in

Sun Valley, Idaho, auf der jährlichen Allen-&-Company-Konferenz. Ich stand auf dem Parkplatz, sprach mit Tom und konnte sehen, dass sich Warren Buffett, unser größter Aktionär, in der Nähe mit Michael Eisner unterhielt. Sie winkten Tom zu sich herüber, und bevor er ging, sagte ich: »Tun Sie mir einen Gefallen. Falls Sie sich entscheiden, an Michael zu verkaufen, geben Sie mir einen Wink, okay?«

Es sollte nicht lange dauern. Einige Wochen später kam Michael ganz offiziell auf Tom zu, um die Verhandlungen über eine Übernahme von Capital Cities/ABC durch Disney zu beginnen.

KAPITEL 4

DISNEY KOMMT INS SPIEL

ÜBER UNSERE ÜBERNAHME DURCH DISNEY ist so viel gesagt und geschrieben worden, dass ich dem wenig hinzuzufügen habe, außer, was meine eigene Perspektive betrifft – angesichts meiner Position bei ABC und der Tatsache, dass man mir damals sagte, es sei für Michael Eisner von ausschlaggebender Bedeutung, dass ich einen Fünf-Jahres-Vertrag unterschrieb und im fusionierten Unternehmen blieb. Michael war seit 1984 CEO von Disney gewesen und hatte den Konzern seit mehr als einem Jahr ohne eine Nummer zwei geleitet, nachdem sein COO Frank Wells im Frühjahr 1994 bei einem Hubschrauberabsturz ums Leben gekommen war. Wenn die Übernahme genehmigt würde, würde Disney beinahe auf die doppelte Größe anwachsen, und Michael wusste, dass er unmöglich ganz allein die beiden Unternehmen integrieren und gleichzeitig den fusionierten Konzern leiten konnte. Ich musste in sehr kurzer Zeit viele Wechsel verkraften. An einem Tag wurde ich als zukünftiger CEO von Cap Cities/ABC gehandelt, und am nächsten wurde ich aufgefordert, Disneys Mediensparte für mindestens fünf Jahre zu leiten. Zwar war der letztgenannte ein faszinierender Job, aber damals empfand ich es als eine bittere Pille.

Ich wusste, dass ich höchstwahrscheinlich wieder zurück nach Los Angeles ziehen musste, wenn ich zusagte, und das wollte ich nicht. Ich hasste den Gedanken, wieder so weit weg von meinen Töchtern zu sein.

Außerdem lebten meine Eltern, die inzwischen auch nicht mehr die jüngsten waren, auf Long Island; ich wollte in ihrer Nähe sein. Und ich hatte mich inzwischen mit Willow Bay verlobt, mit der ich seit etwas mehr als einem Jahr zusammen war. Willow hatte eine großartige Stelle in New York; sie war die Moderatorin der Wochenendausgabe von *Good Morning America* sowie die Ersatzmoderatorin für Joan Lunden, die die Sendung unter der Woche moderierte, und wurde als ihre Nachfolgerin gehandelt. Ich wollte räumlich weder von ihr getrennt sein, noch wollte ich sie bitten, ihren Job aufzugeben, um mit mir an die Westküste zu ziehen.

In der einen Waagschale häuften sich also die persönlichen Gründe für eine Absage. In der anderen Waagschale türmten sich die beruflichen Gründe dafür, es zu wagen, allerdings genauso hoch. Ich kannte Michael nicht gut, aber ich mochte und respektierte ihn. Viele Jahre zuvor war er ebenfalls kurz bei ABC gewesen, doch ich war damals noch ein rangniederer Mitarbeiter und unsere Wege hatten sich nie gekreuzt. Jahre später hatten er und Jeffrey Katzenberg, den Michael für die Leitung der Walt Disney Studios ins Unternehmen geholt hatte, nachdem er selbst zum CEO ernannt worden war, versucht mich abzuwerben. Zum damaligen Zeitpunkt war ich für ABC Entertainment verantwortlich. Dass er nun sagte, der Deal würde ohne mich nicht stattfinden, deutete für mich darauf hin, dass er mich vielleicht bitten würde, die Rolle des COO zu übernehmen, die seit Frank Wells Tod vakant war. Ich habe zwar immer versucht, mich auf den Job zu konzentrieren, den ich gerade mache, und nicht auf Jobs, die ich vielleicht eines Tages machen werde, aber der Gedanke, ich könnte eines Tages die Chance erhalten, Disney zu führen, ließ sich schlecht ignorieren.

Willow war mir eine große Unterstützung. Sie sagte, ich hätte nichts zu verlieren und viel zu gewinnen, wenn ich im Unternehmen bliebe, und dass sie darauf vertraute, dass wir unser Privatleben schon entsprechend organisieren könnten. Ich beriet mich auch mit Tom Murphy. Tom war zwiegespalten (er wollte mich als Teil des Deals gerne an Michael weiterreichen), aber er war durchaus in der Lage, seine eigenen Interessen zu ignorieren, um mir einen ehrlichen Rat zu geben; er war stets ein solider Feedbackpartner für mich gewesen. Ich wusste, dass er absolut aufrichtig war, als er mir sagte: »Mann, wenn Sie Ihre Karten richtig ausspielen, werden Sie eines Tages den Konzern leiten.«

An einem Freitagnachmittag einigten sich Disney und Capital Cities/ ABC auf die finanziellen Bedingungen. Zwar mussten einige Details der Übernahme noch geklärt werden, aber die einzige große Frage, die noch nicht beantwortet war, lautet, ob ich blieb oder nicht. Noch am selben Abend hatten Willow und ich ein Abendessen mit dem Jesuitenpater vereinbart, der uns trauen sollte. (Ich bin jüdisch und Willow ist katholisch, daher engagierten wir Pater Ghirlando und einen jüdischen Kantor aus New Jersey, die die Trauung vollziehen sollten.) Da saß ich nun, ein geschiedener Jude, der hoffte, den Pastor beeindrucken zu können, der unsere Trauung vornehmen würde – und musste alle paar Minuten aufstehen und mich kurz entschuldigen, um Telefonate anzunehmen, die mit dem bevorstehenden Deal zu tun hatten. Ich begann mir Sorgen zu machen, ich könnte Pater Ghirlando respektlos erscheinen, daher entschuldigte ich mich schließlich für die vielen Unterbrechungen und sagte: »Ich weiß, ich bin jüdisch, aber ich möchte Ihnen etwas sagen und muss Sie darum bitten, das Beichtgeheimnis zu wahren.«

»Natürlich«, erwiderte er.

»Wir sind kurz davor, die größte Fusion in der Geschichte der Unterhaltungsindustrie anzukündigen, und ich versuche mich zu entscheiden, ob ich bei dem fusionierten Unternehmen bleibe oder nicht. Das ist der Grund für all diese Telefonate.«

Pater Ghirlando bot mir keinen kirchlichen Rat an, aber er segnete jede Entscheidung, die ich treffen würde. Wir setzten unser Gespräch über die Trauung fort, aber jedes Mal, wenn ich mich entschuldigen musste, um einen weiteren Anruf anzunehmen, schien er leicht aufgeregt zu sein, in dem Wissen, dass er vor der restlichen Welt von der größten Übernahme in der Geschichte der amerikanischen Unternehmenswelt erfahren hatte.

Auf Tom Murphys Empfehlung engagierte ich einen Anwalt namens Joe Bachelder. An einem Samstagmorgen begab ich mich in seine Kanzlei mitten in Manhattan und sagte ihm, dass diese Angelegenheit schnell geklärt werden müsse. Ich war geneigt zu bleiben, daher beauftragte ich Joe im Wesentlichen damit, mit Disneys damaligem Chefjustiziar Sandy Litvack einen Deal mit guten Bedingungen für mich auszuhandeln. Am folgenden Abend kamen die Mitglieder der Verwaltungsräte von ABC und Disney in den Räumlichkeiten der Anwaltsfirma Dewey Ballantine zusammen, die Disney repräsentierte. Es war eine angespannte Situation. Während die Verwaltungsräte der beiden Unternehmen die Einzelheiten dieser Megafusion austüftelten, beklagte sich Sandy Litvack, die ganze Sache würde platzen, weil Joe zu wenig kompromissbereit sei. An einem bestimmten Punkt nahm Michael Eisner Tom Murphy zur Seite und flehte ihn an, einzugreifen und mich dazu zu bringen, das Angebot von Disney anzunehmen. Michael sprach mich ein wenig später direkt an. »Bob«, sagte er, »es ist leichter, über diese 19,5-Milliarden-Dollar-Transaktion zu verhandeln als über Ihre Konditionen. Können Sie bitte einfach Ja sagen?«

»Bob«, sagte er, »es ist leichter, über diese 19,5-Milliarden-Dollar-Transaktion zu verhandeln als über Ihre Konditionen. Können Sie bitte einfach ja sagen?«

Der letzte kniffelige Punkt war die Frage, an wen ich berichten sollte. Joe drängte auf eine formale Vereinbarung, dass ich direkt an Michael berichten würde, aber Michael lehnte ab. Er wollte die Freiheit, einen Präsidenten zu ernennen, der eine Position zwischen ihm und mir einnehmen würde, und er wollte sichergehen, dass mir klar war, dass er das tun konnte. Zwar hätte ich gerne von ihm gehört, dass ich formal betrachtet die Nummer zwei war, aber mir gefiel, wie direkt er mir gegenüber war. Schließlich bat ich Joe, später an diesem Abend zuzusagen. Ich hoffte auf einen Weg, der mir die Chance eröffnen würde, eines Tages CEO von Disney zu werden (wohl wissend, dass es für nichts im Leben eine Garantie gibt), aber es war einfach nicht der richtige Zeitpunkt, um darum zu kämpfen. Ich wollte, dass die Fusion reibungslos verlief, und ich wollte sicherstellen, dass Disney das Team von Capital Cities gut behandelte. Ohne mich – da war ich mir ziemlich sicher – würde unser Team auf potenziell entmutigende Art und Weise untergebuttert werden.

Am folgenden Tag kamen wir alle im Morgengrauen in der Konzernzentrale von ABC in der 66. Straße zusammen. Das vereinbarte Vorgehen lautete, dass wir erst die Fusion ankündigen und dann in einem der Studios von ABC eine Pressekonferenz abhalten würden (nämlich im Studio TV-1, in dem 1960 im Rahmen des Präsidentschaftswahlkampfes eine der Debatten zwischen den Kandidaten Kennedy und Nixon stattgefunden hatte). Anschließend würden Michael und Tom nach nebenan ins Studio TV-2 gehen und in der Live-Übertragung der Sendung *Good Morning America* ein Interview geben. Das würde eine echte Sensationsmeldung werden. Niemand von ABC News war im Vorfeld darüber informiert worden, dass eine solche Transaktion bevorstand. Zufälligerweise moderierte Willow an diesem Tag für Joan Lunden. Als ihr Co-Moderator Charlie Gibson die Aufregung im Nachbarstudio bemerkte, fragte er sie: »Wie würdest du die Geschehnisse im Studio nebenan auf einer Skala von null bis zehn bewerten?« Willow, die natürlich wusste, was los war, aber Stillschweigen gelobt hatte, antwortete: »Ich würde sagen, zwölf, Charlie.«

Mit der Fusion wurde meine Vertragsverlängerung um weitere fünf Jahre verkündet. Anschließend setzte ich umgehend ein Meeting mit allen Spitzenführungskräften von Cap Cities/ABC an. Niemand von ihnen hatte diesen Deal kommen sehen, und sie standen immer noch unter Schock. Einige Leute am Tisch hatten ihr gesamtes Leben für Tom und Dan gearbeitet; nun blickten sie mich hilfesuchend an und fragten: »Was passiert jetzt? Was sollen wir machen?«

Ich war so aufrichtig zu ihnen, wie ich konnte. Disney hatte eine völlig andere Unternehmenskultur als wir, Tom hatte jedoch die Interessen des gesamten Unternehmens im Sinn, als er der Fusion zustimmte. Es würde eine schwierige Übergangsphase werden; es gab allerdings keine Alternative. Ich wollte ihnen deutlich machen, dass ich wusste, wie beunruhigend diese sensationelle Neuigkeit war. Die Unternehmenskultur, mit der wir vertraut waren, würde es in Kürze nicht mehr geben. Disney war aggressiver, kreativer und stärker von Hollywood geprägt als unser Unternehmen. Ich war jedoch in der Position, ihnen den Übergang zu erleichtern, und ich wollte ihnen die Sicherheit geben, dass sie sich auf mich verlassen konnten, wenn sie meine Hilfe brauchten.

Was die Fusion selbst anging, waren viele Leute über die Summe von 19,5 Milliarden Dollar schockiert. Andere fanden, Tom hätte länger standhaft bleiben und für eine weitaus höhere Summe verkaufen sollen. Man weiß es nicht. Wie sich herausstellte, war die Summe für Disney ein Klacks; so viel ist sicher. Michael wurde nie besonders dafür gelobt, den Mut zu dieser Transaktion gehabt zu haben, aber sie war ein enormes

Risiko und zahlte sich für die kommenden Jahre aus. Diese Übernahme verhalf Disney zu der Größe, um unabhängig zu bleiben, während andere Unterhaltungskonzerne schmerzerfüllt erkennen mussten, dass sie zu klein waren, um in einer veränderten Welt weiterhin wettbewerbsfähig zu sein. Die Ressourcen, auf die Disney im Rahmen der Übernahme Zugriff erhielt – vor allem ESPN –, erwiesen sich auf Jahre hinaus als Wachstumsmotoren und bildeten fast ein Jahrzehnt lang einen wichtigen Puffer, als Disney Animation unter einer Reihe von Kassenflops litt.

EINIGE WOCHEN, NACHDEM wir die Fusion verkündet hatten, flog ich nach Aspen, um ein Wochenende mit Michael und seiner Frau Jane in ihrem Domizil in Snowmass zu verbringen. Ich war sehr von dessen Schönheit beeindruckt – eingebettet in ein Tal zwischen den imposanten Berggipfeln von Aspen stand dort ein riesiges Holzchalet, das der Architekt Bob Stern designt hatte, der auch ein Mitglied von Disneys Verwaltungsrat war. Jedes Detail dieses Chalets ließ einen exquisiten Geschmack erkennen.

Disney hatte die Ressourcen, die es einkaufte, sorgfältig geprüft, aber sie konnten unmöglich alle Komplexitäten des Unternehmens verstehen, das nun zu ihrem Konzern gehören sollte. Ich brachte zahlreiche Aktenordner zu den ebenso zahlreichen Geschäftsfeldern von Capital Cities mit – einschließlich ABC, seine verschiedenen Fernsehstationen, ESPN, ein florierendes Radiogeschäft, ein riesiges Verlagsgeschäft mit Zeitungen und Zeitschriften, weitere Kabelkanäle und eine Sammlung anderer kleiner Geschäftszweige. »Ihr Team hat die Einschätzung sehr schnell vorgenommen«, sagte ich ihm. »Es gibt aber noch eine Menge Dinge, die Sie nicht wissen.«

In den folgenden zwei Tagen ging ich mit Michael jeden Aspekt unseres Unternehmens durch. Er mochte glauben, er habe einen Fernsehkonzern gekauft, aber es war weitaus komplexer als das. Es gab tausend Details, von ESPNs eingekauften Rechten bis zu den anstehenden Verhandlungen zwischen ABC und NFL. Ich gab ihm einen Überblick über unser Radiogeschäft, das von Countrymusik bis Talkradio reichte, und sprach mit ihm darüber, wie

Ich wollte, dass Michael die Realität verstand, und ich wollte ihm auch zeigen, dass ich alles unter Kontrolle hatte.

man mit einem Talkshow-Moderator umgeht, der sich in der Sendung polemisch oder hetzerisch geäußert hat. Es gab heikle Fragen im Zusammenhang mit dem Vertrag von Fernsehmoderatorin Barbara Walters, der bald auslief, und den Schwierigkeiten, die das Management eines Nachrichtennetzwerkes mit sich brachten – es war enorm vielschichtig. Ich wollte, dass Michael die Realität verstand, und ich wollte ihm auch zeigen, dass ich alles unter Kontrolle hatte.

Michael war echt erschüttert. Er war damals erst 52 Jahre alt, aber hatte in jenem Jahr bereits eine Bypass-Operation hinter sich, und Jane wachte mit Argusaugen über seine Ernährung, seinen Terminkalender und seine sportlichen Aktivitäten. Mir war damals nicht bewusst, wie sehr sie ihn zu einer Änderung seines Lebensstils gedrängt hatte und wie groß die Nervosität war, die sie wegen dieser Fusion empfand. Sie wollte, dass er weniger arbeitete, und nun saß ich ihnen in ihrem Zuhause gegenüber und sagte: »Das ist eine wesentlich größere Sache, die Sie hier stemmen müssen, als Sie sich vorstellen, und einige Probleme sind wesentlich dringlicher, als Sie ahnen.«

Am Ende dieses Wochenendes fuhr mich Michael zum Flughafen. Unterwegs fuhren wir bei Michael Ovitz und seiner Familie vorbei, die in der Nähe ein Haus besaßen. Jane, Michael und die Familie Ovitz wollten gemeinsam eine Wanderung unternehmen. Ich wusste nicht, dass sich diese beiden Familien nahestanden, aber ich konnte an jenem Nachmittag sehen, dass die Chemie zwischen ihnen stimmte. Ovitz hatte kurz zuvor versucht, von der damals mächtigsten und einflussreichsten Talent- und Sportagentur Creative Artists Agency (CAA), die er mitbegründet und in eine der einflussreichsten Talentagenturen verwandelt hatte, als CEO zu Universal Studios zu wechseln. Daraus wurde aber nichts, und er suchte nach einer Chance, ein neues Kapitel in seiner Hollywood-Karriere aufzuschlagen. Als ich am Flughafen ausstieg, um nach New York zurückzufliegen, dämmerte mir, dass Michael möglicherweise ihn als Nummer zwei auserkoren hatte.

Eine Woche später bestätigte sich meine Vermutung. Michael rief an und sagte: »Ihr Briefing hat mir die Augen geöffnet. Es wird gewiss nicht einfach, dieses neue Unternehmen zu steuern.« Jane sei ebenfalls besorgt, ließ er mich wissen. Dann kam er direkt auf Ovitz zu sprechen.

»In den Verhandlungen über die Übernahme habe ich die Möglichkeit offengelassen, jemanden ins Unternehmen zu holen, der zwischen uns sitzen wird.« Ja, sagte ich, ich wüsste, dass nichts garantiert sei. »Sie sollen wissen, dass ich Michael Ovitz engagiert habe, und Sie werden an ihn berichten.«

Ovitz würde Präsident der Walt Disney Corporation werden, nicht COO. Gemäß der Konzernstruktur bedeutete das, dass er mein Vorgesetzter sein würde, aber nicht zwangsläufig, dass er zum Kronprinzen auserkoren war. Ich empfand eine kurze Enttäuschung, war aber auch froh, dass Michael während der Verhandlungen so unverblümt und nun so ehrlich mit mir gewesen war. Er versuchte nicht, seine Entscheidung schönzufärben oder vorzugeben, dieses Arrangement sei etwas anderes, als es tatsächlich war. Ich war 44 Jahre alt und musste noch immer viel lernen, und auf jeden Fall ließ sich nichts damit gewinnen, mit einem oder beiden von ihnen auf dem linken Fuß zu beginnen. Ich wollte, dass es rund lief. Nach der Verkündung der Neuigkeit über Michael Ovitz sagte ich zu einem Reporter der *New York Times*: »Wenn Mike Eisner glaubt, dass dies das Richtige für das Unternehmen ist, dann vertraue ich seinem Instinkt.« An dem Tag, an dem dieses Zitat in der *Times* veröffentlicht wurde, steckte mir eine Führungskraft von Disney, Michael hasse es, »Mike« genannt zu werden. Ich hatte noch gar nicht begonnen und bereits meinen ersten Fauxpas begangen.

Bald erfuhr ich, dass andere noch wesentlich intensivere Gefühle über die Ernennung von Michael Ovitz hatten als ich. So wurde mir zugetragen, Joe Roth, Chairman des Studios, sei außer sich, und Disneys Chefjustiziar Sandy Litvack und der Finanzvorstand Steve Bollenbach seien unglücklich über die neue Konzernstruktur und hätten sich geweigert, an Ovitz zu berichten. Aus einer Entfernung von fast 5000 Kilometern konnte ich in New York bereits spüren, dass sich bei »Disney Corporate« Unmut aufzustauen begann. Die Ernennung von Michael Ovitz hatte von dem Moment ihrer Verkündung an für internen Zwist gesorgt. Ich hatte allerdings keine Idee, wie angespannt die Situation noch werden würde.

WÄHREND WIR IN DEN folgenden Monaten auf die Genehmigung der Kartellrechtsbehörde FCC warteten, pendelte ich jede Woche nach Los Angeles und lernte die verschiedenen Spitzenführungskräfte von Disney kennen, die schon bald meine Kollegen werden würden. Willow und ich wussten, dass wir keine Chance auf Flitterwochen hätten, sobald die Fusion genehmigt wäre, daher verkürzten wir unsere Verlobung radikal und heirateten bereits Anfang Oktober 1995. Wir verbrachten unsere Flitterwochen in Südfrankreich im todschicken Grand Hôtel du Cap Ferrat. Eines Morgens traf eine riesige Schachtel ein, die bis zum Rand mit Micky-Maus-Artikeln gefüllt war: aufeinander abgestimmte Micky-Maus-Pyjamas, jeweils ein Braut- und Bräutigam-Micky-Maus-Hut, Donald-Duck-Pantoffeln. Es war so viel Zeug und so unglaublich übertrieben, dass wir gar nicht wussten, wohin damit. Wir beschlossen, die Sachen bei unserer Abreise zurückzulassen, und dachten, vielleicht könne jemand etwas damit anfangen oder habe Kinder, die Spaß daran hätten, aber bis zum heutigen Tag winde ich mich innerlich bei dem Gedanken, dass das Zimmermädchen nach unserer Abreise hereinkam und all diesen Micky-Maus-Krimskrams sah. Ich erinnere mich, dass ich die ganzen Fan-Artikel betrachtete und dann zu Willow sagte: »Ich arbeite jetzt für ein ganz anderes Unternehmen.« (In all den Jahren, die ich für Michael Eisner arbeitete, sah ich ihn tatsächlich höchst selten mit einer Krawatte, auf der keine Micky-Maus abgebildet war. Alle Spitzenführungskräfte wurden aufgefordert, sie ebenfalls zu tragen, allerdings tat ich immer so, als hätte ich dieses eine Memo nie erhalten.)

Es gab aber noch bedeutendere Unterschiede als Merchandise-Bekleidung. Die gesamte Unternehmenskultur war einfach völlig anders. Tom und Dan waren herzliche, zugängliche Vorgesetzte gewesen. Wenn man ein Problem hatte, konnte man immer zu ihnen kommen. Brauchte man einen Rat, waren sie da. Als Geschäftsleute konzentrierten sie sich intensiv auf Kostenkontrolle und Gewinnsteigerung und umgaben sich mit Führungskräften, die auf ewig für sie arbeiten konnten, solange sie die gleichen Prinzipien vertraten. Außerdem glaubten sie an eine dezentrale Unternehmensstruktur. Wenn man das Budget einhielt und sich ethisch akzeptabel verhielt, gewährten sie einem Raum für unabhängige Entscheidungen. Abgesehen vom Finanzvorstand und dem Justiziar gab es kein Konzernpersonal, keine zentralisierte Verwaltung und kaum Einmischung in die Unternehmenseinheiten.

Disney war genau das Gegenteil davon. Schon in der ersten Zeit ihrer Unternehmensführung hatten Michael und Frank Wells eine zentrale Konzerneinheit mit der Bezeichnung Strategische Planung eingerichtet, in der eine Gruppe aggressiver, sehr gut ausgebildeter Führungskräfte saß (alle besaßen einen MBA-Abschluss, viele von Elite-Unis wie Harvard und Stanford). Sie waren ausgezeichnete Analysten und hochkompetent, was die Lieferung von Daten und »Erkenntnissen« anging, die Michael brauchte, um sich bei jedem geschäftlichen Schritt, den der Konzern machte, sicher zu fühlen, während er alle kreativen Entscheidungen selbst traf. Die strategische Abteilung hatte eine erhebliche Macht über das restliche Unternehmen und übte sie ungehindert über alle Spitzenführungskräfte aus, die die verschiedenen Konzernsparten leiteten.

Ich kam ungefähr nach der Hälfte von Michaels 21-jähriger Amtszeit als CEO ins Unternehmen. Er gehörte zu den am meisten gefeierten und erfolgreichsten CEOs der amerikanischen Unternehmenswelt; insbesondere die ersten zehn Jahre waren außerordentlich erfolgreich verlaufen. Er trieb eine aggressive Erweiterung der Themenparks voran und führte eine wesentlich profitablere Preisstrategie ein. Außerdem startete er das Kreuzfahrtgeschäft, das im Vergleich zu anderen Geschäftsfeldern relativ klein, aber sehr profitabel war. Ende der 1980er- und Anfang der 1990er-Jahre produzierte Disney Animation einen Kassenschlager nach dem anderen: *Arielle, die Meerjungfrau, Die Schöne und das Biest, Aladdin* und *Der König der Löwen*. Das führte zu einer Explosion des Geschäfts mit Konsumprodukten und hohen Einnahmeströmen aus den Disney Stores, dem Lizenzgeschäft und allen Formen des globalen Merchandising. Der Disney Channel, der in den Vereinigten Staaten gestartet wurde, war schon nach kurzer Zeit erfolgreich, und Walt Disney Studios, die für die Realfilme verantwortlich waren, produzierten eine Reihe von Kinoerfolgen.

Als wir von Disney übernommen wurden, zeigten sich allerdings bereits die ersten Risse. Die Lücke, die Frank Wells' Tod hinterlassen hatte, führte zu Verbitterung und großer Schärfe zwischen Michael und Jeffrey Katzenberg, der einen Großteil des Verdienstes für den Erfolg von Disney Animation in den ersten zehn Jahren von Michaels Amtszeit für sich beanspruchte. Jeffrey war verstimmt darüber, dass Michael ihn nach

Franks Tod nicht zur Nummer zwei befördert hatte. Michael wiederum war wütend darüber, dass Jeffrey versuchte, ihn dazu zu drängen. Im Jahr 1994, nicht lange nach seiner Bypass-Operation am offenen Herzen, zwang Michael Jeffrey zum Rücktritt – ein Schritt, der in einem sehr erbitterten und kostspieligen Rechtsstreit endete. Zur Krönung des Ganzen geriet die Sparte Disney Animation ins Straucheln. Die folgenden Jahre waren von einer ganzen Reihe teurer Flops durchsetzt: *Hercules*, *Atlantis*, *Der Schatzplanet*, *Fantasia 2000*, *Bärenbrüder*, *Die Kühe sind los* und *Himmel und Huhn*. Andere – *Der Glöckner von Notre Dame*, *Mulan*, *Tarzan* und *Lilo & Stitch* – waren mäßige Erfolge, aber weit von den kreativen oder kommerziellen Erfolgen des vorhergehenden Jahrzehnts entfernt. Man muss Michael allerdings zugutehalten, dass er die Weisheit besaß, in dieser Zeit eine Partnerschaft mit Pixar einzugehen. Das Ergebnis waren einige der großartigsten animierten Filme aller Zeiten.

Von Beginn an nutzte das Disney-Team – zum größten Teil die Jungs von »Strat Planning« wie die Strategische Planung intern genannt wurde – den Umstand, dass wir die Newcomer im Unternehmen waren, zu ihrem Vorteil aus. Es war nicht so, dass alles, was sie taten, schlecht war. Es war nur einfach das Gegenteil von dem, woran alle diejenigen gewöhnt waren, die für Tom und Dan gearbeitet hatten. Disney war ein vollkommen zentralisiertes, prozessorientiertes Unternehmen, und uns sträubten sich instinktiv die Nackenhaare, als wir sahen, wie dort gearbeitet wurde. Zudem hatte Disney noch nie zuvor ein anderes Unternehmen übernommen, und sie machten sich überhaupt keine Gedanken darüber, sensibel und behutsam vorzugehen. Meinungsverschiedenheiten, die man mit Diplomatie hätte lösen können, wurden stattdessen in einem Ton geschlichtet, der oft autoritativ und fordernd war. Sie taten so, als hätten wir uns für immer ihrem Willen zu beugen, nur weil sie uns übernommen hatten. Das kam bei vielen ehemaligen Leuten von Cap Cities nicht gut an. Ich stand hoch genug auf der Karriereleiter, um geschützt zu sein, aber viele Leute unter mir machten sich Sorgen, was aus ihnen werden würde. Ich verbrachte unendlich viel Zeit und Energie damit, in ihrem Interesse zu intervenieren und zu beschwichtigen.

Disney war ein vollkommen zentralisiertes, prozessorientiertes Unternehmen, und uns sträubten sich instinktiv die Nackenhaare, als wir sahen, wie dort gearbeitet wurde.

Ich hatte allerdings meine eigenen Konfrontationen. Schon bald nach der Übernahme trennte sich Disney klugerweise von unserem gesamten Zeitungsgeschäft – Jahre bevor diese Branche in unglaubliche Schwierigkeiten geriet. Allerdings hielten wir an einigen Zeitschriften fest, darunter auch das Modemagazin W. Kurz nach der Fusion erwähnte der Verleger und Herausgeber des Magazins mir gegenüber, dass Jane Pratt, Gründerin des Magazins *Sassy* und eine frühe Mitwirkende von VH-1 und MTV, eine Idee für »eine hippe *Cosmopolitan*« mit dem Titel *Jane* habe.

Jane kam herein und stellte ihre Idee vor, die mir gefiel, weil wir damit eine jüngere, weniger biedere Zielgruppe erschließen konnten. Ich prüfte den Geschäftsplan, der mir solide erschien, und gab dem Team grünes Licht. Kurz darauf erhielt ich einen Anruf von Tom Staggs, der später mein CFO werden sollte und damals noch in der Strategischen Planung arbeitete. Tom kontaktierte mich im Namen seines Vorgesetzten Larry Murphy, der die die Gesamtverantwortung für die Einheit Strategische Planung trug. Etwas verlegen teilte er mir mit, Larry erlaube keiner Geschäftseinheit zu expandieren, zu investieren oder irgendeine neue Initiative zu starten, ohne dass seine Gruppe das Vorhaben nicht gründlich analysiert habe. Und wenn sie ihre Analysen abgeschlossen hätten, würden sie Michael eine entsprechende Empfehlung aussprechen.

Ich merkte, dass Tom sich in seiner Rolle als Überbringer der schlechten Nachrichten unwohl fühlte, daher sagte ich höflich, er möchte Larry mitteilen, ich würde dieses Projekt fortsetzen und benötigte seine Analyse nicht.

Das führte dazu, dass Larry mich kurz darauf anrief, um zu erfahren, was zur Hölle ich vorhatte. »Sie bringen diese neue Zeitschrift heraus?«

»Ja.«

»Wissen Sie, wie viel dieses Projekt kosten wird?«

»Ja.«

»Und Sie halten es für eine gute Idee?«

»Ja.«

»So arbeiten wir nicht bei Disney«, sagte er.

Am Ende gab er seine Zustimmung zu diesem Projekt. Er wollte so kurz nachdem ich ins Unternehmen gekommen war, eine Auseinandersetzung mit mir vermeiden, aber das Signal war eindeutig – von da an würde es keine unabhängigen Entscheidungen bei Disney mehr geben.

Fairerweise muss man sagen, dass es eine *kleine* Idee war, die möglicherweise weder die Zeit noch die Investition lohnte (wenngleich wir W und *Jane* schließlich mit Gewinn an Si Newhouse von Condé Nast verkauften). Allerdings gibt es einen Weg, diese Botschaft zu vermitteln, und gleichzeitig zu demonstrieren, dass man den eigenen Leuten vertraut, damit man ihren Unternehmergeist wahrt. Genau diese Lektion brachte mir Dan Burke schon sehr früh bei, und das auf eine Weise, die nicht unterschiedlicher hätte sein können als das Vorgehen der Leute aus der Strategischen Planung. Ich weiß nicht mehr, bei welcher Gelegenheit es war, aber in einem unserer Gespräche über irgendeine Initiative, die ich erwog, hatte mir Dan eine Notiz gereicht, auf der Folgendes stand: »Hüten Sie sich vor der Herstellung von Posaunenöl. Möglicherweise werden Sie der größte Hersteller von Posaunenöl der Welt, aber am Ende braucht die Welt davon nur wenige Milliliter pro Jahr!« Er wollte mir damit vermitteln, dass ich nicht in Projekte investieren sollte, die die Ressourcen meines Unternehmens absorbieren, aber keinen nennenswerten Gewinn einbringen würden. Das war eine überaus positive Form der Übermittlung einer sehr weisen Botschaft, und ich habe diese Notiz in meinem Schreibtisch aufbewahrt. Gelegentlich ziehe ich sie hervor, wenn ich mit Führungskräften von Disney darüber spreche, welche Projekte sie verfolgen und auf welche Dinge sie ihre Energie verwenden sollten.

»Hüten Sie sich vor der Herstellung von Posaunenöl. Möglicherweise werden Sie der größte Hersteller von Posaunenöl der Welt, aber am Ende braucht die Welt davon nur wenige Milliliter pro Jahr!«

WÄHREND ICH VERSUCHTE, mich an die Kultur von Disney zu gewöhnen, wurde ich Zeuge der rapiden Verschlechterung der Beziehung zwischen meinem neuen Vorgesetzten Michael Ovitz und Michael Eisner. Es war äußerst unangenehm, das mitzuerleben, und überdies fand es vor den Augen vieler Leute im Unternehmen statt.

Michael Ovitz' Amtszeit als CEO begann offiziell im Oktober 1995. Von Anfang an war klar, dass er der falsche Mann am falschen Ort und zur falschen Zeit war. Er hatte CAA verlassen und in einem Kopf-an-

Kopf-Rennen um die Führung von Universal den Kürzeren gezogen. Man konnte förmlich spüren, wie wichtig es ihm war, an der Spitze der Hollywood-Pyramide zu bleiben. Das Angebot, Michael Eisners Nummer zwei zu werden, war der rettende Fallschirm, den er zu brauchen glaubte.

Der Entscheidungsprozess in einer Agentur unterscheidet sich jedoch grundlegend von dem Entscheidungsprozess in einem großen Konzern, vor allem in einem so strukturierten wie Disney. Anstatt Michael dabei zu helfen, die vielen Geschäftseinheiten zu führen, was einen großen Teil der Aufgabe einer Nummer zwei ausmacht, kam Ovitz mit tausend Ideen, von denen die meisten mit den überlebensgroßen Persönlichkeiten zu tun hatten, die er kannte. Als ehemaliger Chairman von CAA, einer privat geführten Agentur, war er daran gewöhnt, tonnenweise Ideen aus dem Hut zu ziehen, die sich sofort umsetzen ließen. Er ging davon aus, dass er das Gleiche bei Disney tun konnte. Er war ein Agent mit Leib und Seele und daran gewöhnt, stets für seine Kunden ansprechbar zu sein und alles stehen und liegen zu lassen, um ihnen zur Verfügung zu stehen. Diese Gewohnheiten funktionierten bei Disney aber nicht. Er wollte Leuten wie Tom Clancy, Magic Johnson, Martin Scorsese und Janet Jackson (und vielen anderen) alle möglichen Deals anbieten, die sich über sämtliche Geschäftsfelder von Disney erstreckten. Ständig erzählte er ihnen, was Disney alles für sie tun könne. Solche Deals mögen in einer Pressemitteilung großartig klingen, aber sie gehen selten gut aus. Eine Spitzenführungskraft muss die Schirmherrschaft dafür übernehmen und Zeit und Energie investieren, um jeden Aspekt des Deals durch jedes Geschäft und jede Initiative zu begleiten. Außerdem senden solche Angebote die Botschaft an den jeweiligen Künstler, dass er praktisch über einen Blankoscheck verfügt. In Unternehmen wie Disney, in dem jede Idee sorgfältig geprüft wird, kann das ein Desaster sein.

Ich arbeitete von New York aus, flog aber jede Woche zu Michael Eisners montäglichen Arbeitsmittagessen. Dabei konnte ich das Debakel aus der ersten Reihe miterleben. Ovitz tauchte auf, mit seiner Energie und seinen Ideen, und jedem am Tisch war klar, dass Michael Eisner, der es besser wusste, kein Interesse daran hatte. Dann ließ sich Michael pflichtbewusst von den einzelnen Geschäftsbereichen auf den neuesten Stand bringen und informierte sich über neue Strategien – und Ovitz, der sich despektierlich behandelt fühlte, klinkte sich auf aggressive Weise aus und gab allen seinen Mangel an Interesse zu verstehen. In jedem Meeting wiederholte sich vor unser aller Augen jedes Mal das Gleiche. Allein die Körpersprache war schmerzhaft zu beobachten, und das Unbehagen begann das gesamte Topmanagement-Team zu beeinträchtigen. Wenn die beiden Personen an der Spitze eines Unternehmens eine schlechte Beziehung zueinander haben, hat das Auswirkungen auf das übrige Unternehmen. Das ist so, als würden sich die eigenen Eltern ständig in den Haaren liegen. Die Kinder spüren die Belastung, beginnen, die Feindseligkeiten zurück auf ihre Eltern zu reflektieren und gehen sich gegenseitig an den Kragen.

Ich versuchte, während dieser ganzen Zeit freundlich und höflich gegenüber Ovitz zu bleiben und zu respektieren, dass er mein Vorgesetzter war. Ich unternahm einen Versuch, ihm Wissen über die Geschäftsbereiche zu vermitteln, die an mich berichteten. Außerdem gab ich ihm oft kurze Briefings, die ihm helfen sollten, die Details und Besonderheiten der Einschaltquoten von Fernsehnetzwerken oder von ESPN-Vertriebsvereinbarungen oder von Verträgen mit profilierten Moderatoren und Kommentatoren zu verstehen. Doch Ovitz reagierte jedes Mal entweder abschätzig und desinteressiert oder war von Telefonaten abgelenkt. Einmal nahm er – in meinem Büro – einen Anruf von US-Präsident Clinton entgegen und sprach mit ihm ganze 45 Minuten, während ich draußen saß und wartete. Ein Anruf von Tom Cruise unterbrach ein anderes Meeting. Martin Scorsese beendete ein drittes, kaum dass es begonnen hatte. Meeting für Meeting wurde entweder abgesagt, verlegt oder verkürzt, und schon bald flüsterte jeder Topmanager von Disney hinter Ovitz' Rücken, was für eine Katastrophe er war. Das Management der eigenen Zeit und der Respekt für die Zeit anderer Menschen ist eines der wichtigsten Dinge, die ein Manager tun kann. Ovitz war auf diesem Gebiet einfach fürchterlich.

Das Management der eigenen Zeit und der Respekt für die Zeit anderer Menschen ist eines der wichtigsten Dinge, die ein Manager tun kann.

Nachdem er mit seinen Ideen nicht landen konnte und Michael Eisner ihn im Wesentlichen auf Eis gelegt hatte und ihn von allen wichtigen Dingen fernhielt, wurde Ovitz wütend und beschämt. Ich glaube, selbst wenn ihm die Autorität gewährt worden wäre, seine Rolle wirklich auszufüllen, wäre er bei Disney trotzdem gescheitert, weil er einfach nicht für eine Konzernkultur gemacht war. Vor einem Meeting gab ich ihm stapelweise Unterlagen, und am nächsten Tag kam er herein und hatte nicht eine Seite gelesen. Stattdessen forderte er mich auf: »Geben Sie mir die Fakten«, und dann äußerte er schnell seine Meinung. Es war nicht so, dass er schnell handelte, weil er alle Informationen bereits verarbeitet hatte. Genau das Gegenteil war der Fall. Er versuchte zu vertuschen, dass er sich nicht vorbereitet hatte, und in einem Unternehmen wie Disney merken die Leute um Sie herum sofort, wenn Sie Ihre Hausaufgaben nicht gemacht haben, und das mindert ihren Respekt vor Ihnen. Sie müssen aufmerksam sein und aufpassen. Oft sitzt man in einem Meeting, an dem man vielleicht lieber nicht teilnehmen würde, wenn man die Wahl hätte. Man muss lernen und alles aufsaugen wie ein Schwamm. Man muss sich die Probleme anderer Leute anhören und dazu beitragen, eine Lösung zu finden. Das gehört zu der Herausforderung, ein erstklassiger Manager zu sein. Das Problem war, dass Michael Ovitz kein Manager war, sondern nach wie vor ein Agent. Das Agenturgeschäft kannte er wie seine eigene Westentasche, aber es war nicht das Geschäft, in dem wir uns bewegten.

IM APRIL 1996 BESUCHTE MICH Michael Eisner in meinem Büro in New York. Er trat ein, schloss die Tür und sagte: »Ich weiß, es funktioniert nicht mit Michael. Es war eine katastrophale Fehlentscheidung, ihn zu engagieren.« Er wusste, dass andere Topführungskräfte wie Joe Roth, Leiter der Disney Studios, aus lauter Frustration mit dem Gedanken spielten, zu kündigen, und er bat mich, das nicht zu tun. Ich hatte nicht vor, zu gehen. Es gefiel mir nicht – die ersten sechs Monate bei Disney waren die entmutigendsten und unproduktivsten Monate meiner gesamten Karriere –, aber ich war immer noch neu im Unternehmen, und da ich in New York arbeitete, konnte ich den unangenehmen Situationen oft entgehen. In erster Linie dachte ich an Michael: Er hatte ein schwieriges Problem, das er lösen musste, und ich wollte seine Belastung nicht noch vergrößern.

»Ich weiß noch nicht genau, wann, aber ich werde ihn feuern«, teilte Michael mir mit. Er bat mich, mit niemandem darüber zu sprechen, und ich gab ihm mein Wort. Ich war mir nie sicher, ob er nicht noch mit anderen darüber gesprochen hatte, aber ich erwartete, dass Michael innerhalb weniger Wochen nach diesem Gespräch mit Ovitz sprechen würde. Stattdessen schleppten sich die Monate dahin und die Spannungen und Störungen nahmen ständig weiter zu. Alle – Michael und Ovitz, das gesamte Topmanagement und jeder, der für Ovitz arbeitete – waren höchst unzufrieden. Es war Zeit, dem Ganzen ein Ende zu setzen.

Im Dezember, mehr als acht Monate, nachdem er mir gegenüber angekündigt hatte, sich von Ovitz zu trennen, entließ Michael Eisner Ovitz und beendete dieses schmerzliche Kapitel in der Geschichte des Unternehmens. (Die Schmerzen dauerten allerdings an, und zwar in Form einer Aktionärsklage über das Abfindungspaket in Höhe von mehr als 100 Millionen Dollar, mit dem Ovitz verabschiedet wurde.) Ich habe inzwischen eine freundliche Beziehung zu Michael Ovitz. Er ist sehr großzügig, was Disneys Erfolg während meiner Zeit als CEO angeht. Wenn ich an jene Zeit zurückdenke, betrachte ich Ovitz nicht als schlecht, sondern als Beteiligten an einem großen Fehler. Der Kulturschock war einfach zu groß für ihn.

Er und Michael wollten beide, dass es funktionierte, jeder aus seinen eigenen mächtigen Gründen. Michael erwartete, dass Ovitz von Anfang an wusste, was er tun musste, und Ovitz hatte keine Vorstellung, wie sehr er sich anpassen musste, um in der Kultur eines gigantischen, börsennotierten Konzerns erfolgreich zu agieren.

Sie hätten beide wissen sollen, dass es nicht funktionieren konnte, aber sie hatten ganz bewusst vermieden, die unangenehmen Fragen zu stellen, weil jeder von seinen eigenen Bedürfnissen geblendet war. Es ist sehr schwierig, vor allem in dem jeweiligen Moment. Doch in Situationen, in denen man darauf hofft, dass eine Lösung funktionieren wird, ohne sich selbst erklären zu können, *wie* sie funktionieren wird, sollte eine kleine Alarmglocke läuten. Und dann sollte man sich einige schonungslose Fragen stellen: Welches Problem muss ich lösen? Ist diese Lösung sinnvoll? Wenn ich Zweifel verspüre, welches sind die Gründe dafür? Mache ich das aus einem soliden Grund, oder bin ich von einem persönlichen Aspekt motiviert?

KAPITEL 5

DIE NUMMER ZWEI

IN DEN FOLGENDEN DREI JAHREN führte Michael den Konzern ohne eine Nummer zwei. Nach Ovitz' Ausscheiden wurde unsere Beziehung enger, von Zeit zu Zeit verspürte ich allerdings eine gewisse Reserviertheit auf Michaels Seite – ein Misstrauen, dass ich auf seine Position spekulierte und an seinem Stuhl sägen wollte. Er konnte mir nicht voll und ganz trauen. Das führte zu einem ständigen Wechselbad zwischen Annäherung und Distanz. Gelegentlich beteiligte mich Michael an seinen Entscheidungen und dann wieder hielt er mich auf Abstand.

Es stimmte, dass ich nach der Fusion zum Teil deswegen geblieben war, weil ich dachte, dass ich eines Tages vielleicht eine Chance haben könnte, Michael als CEO zu beerben. Dennoch hieß das nicht, dass ich aktiv versuchte, ihn zu verdrängen. Ich konzentrierte mich voll und ganz auf meinen Job und versuchte, über alle Aspekte des Unternehmens so viel wie möglich zu lernen. Wie es in meiner Karriere schon immer gewesen war, wollte ich einfach vorbereitet sein, wenn der Zeitpunkt kam, an dem Michael für einen Rückzug bereit war.

Ich wurde in all den Jahren oft gefragt, wie man am besten mit Ehrgeiz umgeht – sowohl dem eigenen als auch dem der Leute, für die man verantwortlich ist. Als Führungskraft will man, dass die eigenen Mitarbeiter aufsteigen und mehr Verantwortung übernehmen wollen, solange der Traum von dem ersehnten Job sie nicht von ihren aktuellen Aufgaben ablenkt. Man darf nicht zulassen, dass der Ehrgeiz die Chancen überholt. Ich habe viele Menschen erlebt, die ihren Blick auf eine bestimmte Position oder ein Projekt in der Zukunft gerichtet hatten, obwohl die Chance, dass ihr Traum in Erfüllung gehen würde, sehr gering war. Ihre Fixierung auf ein weit entferntes Ziel wurde schließlich zum Problem, weil sie ungeduldig mit ihrer gegenwärtigen Situation wurden. Das führte dazu, dass sie ihre aktuelle Verantwortung vernachlässigten, weil sie sich so sehr nach etwas anderem sehnten. Ihr Ehrgeiz wirkte schließlich kontraproduktiv. Es ist wichtig zu wissen, wie man das richtige Gleichgewicht findet: Man muss seine vorliegenden Aufgaben so gut wie möglich erledigen; gleichzeitig muss man Geduld haben; man muss nach Chancen Ausschau halten, um zu wachsen und sich weiterzuentwickeln; und man muss mit der richtigen Haltung und entsprechender Energie und Fokussierung eine der Personen sein, die in Betracht gezogen wird, wenn sich eine Chance auftut. Umgekehrt, wenn man selbst der Vorgesetzte ist, sind genau das die Mitarbeiter, die man fördern muss – nicht diejenigen, die nach Beförderung schreien und sich beklagen, dass ihr Potenzial nicht erkannt wird, sondern diejenigen, die sich tagein, tagaus unersetzlich machen.

Ich wurde in all den Jahren oft gefragt, wie man am besten mit Ehrgeiz umgeht – sowohl dem eigenen als auch dem der Leute, für die man verantwortlich ist.

Wie auf so vielen anderen Gebieten waren Tom und Dan auch in dieser Hinsicht vorbildlich. Sie förderten mein Wachstum, vermittelten mir, wie sehr sie an meinem Erfolg interessiert waren, und sorgten dafür, dass ich lernen konnte, was ich lernen musste, um in der Unternehmenshierarchie weiter aufzusteigen und irgendwann den ganzen Konzern leiten zu können. Auf jeder Stufe der Karriereleiter gab ich mein Bestes, um so viel aufzunehmen, wie ich konnte, in dem Wissen, dass sie Größeres mit mir vorhatten, wenn ich die erwartete Leistung erbrachte. Ich empfand ihnen gegenüber daher eine tiefe Loyalität.

Die Dynamiken, die zwischen einem CEO und seiner Nummer zwei und damit seinem potenziellen Nachfolger bestehen, sind allerdings oft ausgeprägt. Jeder möchte gerne glauben, er sei unersetzlich. Der Trick ist, eine so gute Selbstwahrnehmung zu haben, dass man sich nicht an die Vorstellung klammert, man sei der Einzige, der diesen Job machen kann. Im Wesentlichen hat gute Führung nichts damit zu tun, unverzichtbar zu sein. Es geht darum, anderen dabei zu helfen, möglicherweise in Ihre Fußstapfen zu treten, indem Sie sie in Ihre Entscheidungsprozesse einbinden, Entwicklungsziele definieren und ihnen dabei helfen, sich zu verbessern. Gleichzeitig geht es darum, ehrlich zu sein – so, wie ich es gelegentlich sein musste –, wenn Sie das Gefühl haben, jemand sei nicht bereit für den nächsten Karriereschritt.

> **Der Trick ist, eine so gute Selbstwahrnehmung zu haben, dass man sich nicht an die Vorstellung klammert, man sei der Einzige, der diesen Job machen kann.**

Michaels Beziehung zu mir war kompliziert. Manchmal hatte ich das Gefühl, er stellte meine Kompetenzen infrage, zu anderen Gelegenheiten war er großzügig und ermutigend und nahm meine Unterstützung in Anspruch, um sich selbst zu entlasten. Ein Höhepunkt unserer Beziehung ergab sich Ende 1998, als Michael in mein New Yorker Büro hereinkam und mir sagte, er wolle, dass ich eine neue internationale Organisation aufbaue und leite. Ich war zu diesem Zeitpunkt Chairman der ABC Group, was bedeutete, dass ich das Fernsehnetzwerk ABC, ESPN und Disney TV leitete. Eine neue Organisation aufzubauen, würde eine gewaltige zusätzliche Belastung darstellen, aber ich wollte es unbedingt machen und war Michael dankbar, dass er sich an mich gewandt hatte.

Disney war damals überraschend provinziell. Wir hatten Niederlassungen in der ganzen Welt, von Lateinamerika über Indien bis zu Japan, aber wir hatten keine kohärente globale Strategie oder wenigstens globale Strukturen. In Japan zum Beispiel hatten wir in dem einen Stadtviertel von Tokio ein Studio, in einem anderen eine Fernsehstation und in einem dritten ein Merchandising-Geschäft. Und zwischen all diesen Einheiten gab es weder eine Kommunikation noch koordinierte Back-Office-Funktionen wie Buchhaltung oder IT. Diese Art Redundanz herrschte überall. Vor allem aber hatten wir in keinem der anderen Länder jemanden mit Markenverantwortung, der unsere Marke vor Ort steuerte und nach vielversprechenden Chancen Aussicht hielt. Insgesamt verfolgte Disney einen sehr passiven, im kalifornischen Burbank zentrierten Ansatz.

Michael erkannte das Problem und wusste, dass sich das ändern musste. Er wusste, dass wir international wachsen mussten. Schon Jahre zuvor hatte er die Idee, einen Themenpark in China aufzubauen. Frank Wells, Michaels Nummer zwei in den ersten zehn Jahren seiner Amtszeit als CEO von Disney, hatte Anfang der 1990er-Jahre bereits bei chinesischen Regierungsbehörden die Fühler ausgestreckt. Doch er war mit seinen Bemühungen nicht weit gekommen. Aus diesen ersten Gesprächen wusste China jedoch, dass wir an einem Themenpark in der Volksrepublik interessiert waren, und in jüngster Vergangenheit hatten sie signalisiert, dass sie für dieses Projekt bereit waren.

Ich war eine der wenigen ranghohen Führungskräfte mit internationaler Erfahrung – die ich in meiner Zeit bei ABC Sports und *Wide World of Sports* gesammelt hatte. Zudem war ich der Einzige, der etwas über China wusste, weil es mir in den Tagen vor der Fusion gelungen war, einige von ABCs Kinderprogrammen nach China zu verkaufen. Michael machte mich also zum Präsidenten von Walt Disney International und beauftragte mich, nicht nur eine internationale Strategie zu entwickeln, sondern auch einen Ort in China zu finden, an dem wir einen Themenpark bauen konnten.

Eine erste Diskussion über mögliche Standorte brachte Shanghai ins Spiel und aufgrund verschiedener Faktoren – Wetter, Bevölkerung, verfügbare Fläche – kamen wir schon bald zu dem Schluss, dass Shanghai die einzige Option war. Im Oktober 1998, als Willow mit unserem ersten gemeinsamen Kind im neunten Monat schwanger war, reiste ich zum ersten Mal im Auftrag von Disney nach Shanghai, wo ich herumgeführt wurde und mir drei mögliche Standorte ansah. »Sie können eines von diesen Arealen haben«, sagten die chinesischen Regierungsvertreter. »Aber Sie müssen sich schnell entscheiden.«

Wir entschieden uns für ein Grundstück in Pudong, am Stadtrand von Shanghai. Allerdings fiel es uns bei unserem ersten Besuch etwas schwer, uns dort ein Disney-Schloss inmitten eines voll ausgestatteten Disneylands vorzustellen: Pudong war damals lediglich ein kleines Bauerndorf am Rand einer rasant wachsenden Großstadt. Es war von Kanälen durchzogen, und durch die Straßen stromerten kleine Kinder und Straßenhunde. Zwischen den baufälligen Hütten und den wenigen kleinen Lebensmittelgeschäften waren kleine Gemüsefelder verstreut. Es gab weitaus mehr Fahrräder als Autos, aber nichts, das wir auch nur im Entferntesten als »Modernität« bezeichnen würden. Das Areal lag jedoch perfekt zwischen Shanghais neuem internationalen Flughafen, der in Kürze eröffnet werden sollte, und der zukünftigen »Innenstadt« einer der größten und dynamischsten Städte der Welt. Das war der Auftakt zu einer 18 Jahre dauernden Reise, die mich mehr als 40 Mal nach Pudong führen sollte.

WÄHRENDDESSEN TRAT ABC in die erste Phase einer langen Abwärtsentwicklung ein. Den erfolgreichen Serien, die wir entwickelt hatten, als ich noch für das Primetime-Programm verantwortlich war, war inzwischen die Luft ausgegangen, und unser Entwicklungsprozess war selbstgefällig und fantasielos geworden. *NYPD Blue* befand sich immer noch unter den Top 20, und wir hatten auch noch einige andere erfolgreiche Serien – *Home Improvement* und *The Drew Carey Show* bewährten sich gut –, aber der Rest unserer Serien mit Ausnahme des ewigen Renners *Monday Night Football* war ziemlich langweilig.

Im Jahr 1999 erholten wir uns kurz, als wir *Wer wird Millionär?* starteten. Zunächst hatten wir die Sendung abgelehnt, hatten unsere Meinung aber geändert, als der Erschaffer der Gewinnshow mit Regis Philbin im Schlepptau zurückkehrte, einem der bekanntesten Moderatoren des amerikanischen Fernsehens. Zu diesem Zeitpunkt war die Sendung ein Geschenk des Himmels; später war sie unsere Stütze. Die Einschaltquoten der ersten Folge waren erstaunlich, und zwar nicht nur für eine Gewinnshow, sondern für jede Sendung. In der ersten Saison lockte sie dreimal die Woche 30 Millionen Zuschauer an, eine Zahl, die für einen Fernsehsender damals unvorstellbar hoch war. In der Saison 1999/2000 hatte sie die höchsten Einschaltquoten überhaupt und war unser Rettungsanker. Allerdings konnte sie unsere tieferliegenden Probleme nicht vollständig verdecken.

In jenem Jahr gab es aber auch noch einen anderen Anlass zu Optimismus. Mitte 1998 hatte ich begonnen, intensiv über unsere Berichterstattung zum Millenniumswechsel nachzudenken. Ich war mir sicher, dass die Menschen auf der ganzen Welt von diesem Moment fasziniert sein würden und dass das gesamte Unternehmen, angeführt von ABC News, seine Aufmerksamkeit und seine Ressourcen darauf richten sollte. Achtzehn Monate vor der Jahrtausendwende berief ich eine Besprechung mit den Topführungskräften der Sparten News, Entertainment und Sports ein und sagte ihnen, was wir vorhatten: Wir würden eine nahtlose 24-Stunden-Berichterstattung bieten und dabei mit den Zeitzonen gehen und den Eintritt jeder Region der Welt in das neue Jahrtausend live verfolgen. Ich erinnere mich, dass ich voller Enthusiasmus sagte, wir müssten uns »das Event zu eigen machen«. Dann sah ich Roone an und merkte, dass er still und ausdruckslos am Tisch saß. Ganz eindeutig war ihm diese Idee zuwider. Nachdem die Besprechung zu Ende war, nahm ich ihn beiseite. »Halten Sie mich für verrückt?«, fragte ich.

»Wie wollen sie einen Jahreswechsel über 24 Stunden visuell spannend darstellen?«, fragte er zurück.

Ich hätte darauf zahlreiche Antworten geben können (es war übrigens eine interessante Herausforderung), aber irgendetwas an Roones Ton und Körpersprache sagte mir, dass sein Problem nicht die visuelle Herausforderung war. Sein Problem war, dass er aufgefordert wurde, eine großartige Idee umzusetzen, die nicht auf seinem Mist gewachsen war, sondern von dem Mann stammte, der immer gefragt hatte »Wie hoch?«, wenn Roone gesagt hatte »Spring.«

Seit meiner Ernennung zum Präsidenten von ABC im Jahr 1993 war ich Roones Vorgesetzter. Wir hatten in all den Jahren gut zusammengearbeitet. Er war stolz, dass ich es bis an die Spitze des Unternehmens geschafft hatte, aber er betrachtete mich noch immer als seinen Schützling, der unter ihm seine ersten Erfahrungen gesammelt hatte und sein Verbündeter im Front-Office war. Und er betrachtete sich selbst als denjenigen, der mich vor Einmischung von oben geschützt und mir erlaubt hatte, mein Ding zu machen. Ich war ihm weniger blind ergeben, als er glaubte, aber es konnte nicht schaden, dass er so dachte, und ich hatte keinen Grund, ihm die Augen zu öffnen. Roone war am besten, wenn sein Ego möglichst nicht bedroht wurde.

Allerdings war ich darauf angewiesen, dass er die Dinge umsetzte, um die ich ihn bat. Es ist eine heikle Angelegenheit, Menschen auf seine Seite zu bringen und ihr begeistertes Engagement zu wecken. Manchmal lohnt es sich, über ihre Vorbehalte zu sprechen und geduldig ihre besorgten Fragen zu beantworten. Bei anderen Gelegenheiten muss man einfach klar kommunizieren, dass man selbst der Boss ist und dass man erwarte, dass die Anordnungen ausgeführt werden. Es ist nicht so, dass ein Ansatz »netter« wäre als der andere. Es ist vielmehr so, dass der eine Ansatz eher subtil und der andere unverblümt und nicht verhandelbar ist. Letztlich geht es darum, was man in dem betreffenden Augenblick für das Richtige hält. Sie allein entscheiden, wann ein demokratischerer Ansatz hilfreich ist, um das beste Ergebnis zu erzielen und die Moral zu stärken, und wann Sie die nötige Sicherheit besitzen, um autokratisch zu handeln, selbst wenn Sie damit Unmut auslösen.

Es ist eine heikle Angelegenheit, Menschen auf seine Seite zu bringen und ihr begeistertes Engagement zu wecken.

In diesem Fall war ich absolut davon überzeugt, dass ich mit meiner Idee richtiglag, und ich wollte nicht zulassen, dass irgendjemand, auch nicht der vielgerühmte Roone Arledge, versuchte, mich davon abzubringen. Natürlich hätte er mein Vorhaben durch einen Mangel an Anstrengung und Enthusiasmus und eine entsprechende Kommunikation an seine Leute sabotieren können. Wie viele Menschen, mit denen ich im Verlauf der Jahre zusammengearbeitet oder mit denen ich verhandelt habe, konnte Roone es nicht ausstehen, wenn ihm jemand vorschrieb, was er zu tun hatte. Daher griff ich zu einer Art »sanfter Autorität« und zeigte Respekt, kommunizierte aber auch, dass das, was ich wollte, auf jeden Fall geschehen würde.

»Roone«, sagte ich, »wenn es je eine Idee gegeben hat, von der die Leute annehmen würden, dass sie von Ihnen stammt, ist es diese. Sie ist groß und kühn. Vielleicht ist sie unmöglich umzusetzen, aber wann hat Sie das je aufgehalten?«

Ich war mir nicht hundertprozentig sicher, ob er die Idee nicht mochte oder ob er an diesem Punkt das Gefühl hatte, er habe keine Energie mehr für ein so großes Vorhaben. Aber ich wusste, dass er keine Herausforderung scheuen würde, daher appellierte ich an seinen Stolz, um ihn an Bord zu holen. Er sagte nichts, aber er lächelte und nickte, so als würde er sagen: *Okay, ich habe verstanden.*

Am Ende schufen wir etwas ganz Großes. Es nahm Monate an Vorbereitungen durch Roones Team in Anspruch, und wie immer schneite er in der letzten Minute hinein und hob die gesamte Produktion auf eine andere Ebene. Peter Jennings moderierte unsere Berichterstattung zur Jahrtausendwende vom Times Square aus. Wir waren Punkt Mitternacht Ortszeit in Vanuatu auf Sendung, der ersten Zeitzone, die das neue Jahrtausend begrüßte. In den folgenden 24 Stunden sendeten wir live aus China, Paris, Rio de Janeiro, aus Walt Disney World und vom Times Square und ganz am Ende aus Los Angeles. Peter, der im Smoking in einem Studio saß und von oben auf die vielen Tausend Feiernden herabblickte, war brillant; er führte die Zuschauer durch dieses Erlebnis, das von allen Menschen auf der ganzen Welt geteilt wurde und sich zu unseren Lebzeiten nicht wiederholen würde. Kein Fernsehnetzwerk investierte so umfangreiche Ressourcen wie wir und niemand hatte auch nur annähernd so viele Zuschauer.

Am Ende schufen wir etwas ganz Großes.

Ich besuchte das Studio mehrmals im Verlauf des Tages. Schon früh während der Ausstrahlung wurde klar, dass unser Programm ein Riesenerfolg werden würde. Man konnte die Aufregung und Spannung im Studio spüren, als der Tag voranschritt. Der befriedigendste Augenblick war für mich der Moment, in dem ich sah, wie Roone über die gesamte Produktion wachte, den Teams an den jeweiligen Sendestandorten Anweisungen erteilte, in Peters Kopfhörer sprach, um eine Storyline in die Berichterstattung einzufügen, verschiedene Kameraperspektiven verlangte und die Übergänge zwischen den Sendestandorten antizipierte. Es war, als würde ich den Meisterregisseur beobachten, den ich ein 25 Jahre zuvor erstmalig beim Frank-Sinatra-Konzert in Madison Square Garden gesehen hatte.

Gegen 20 Uhr traf ich Roone im Regieraum. Ein breites Lächeln stand ihm im Gesicht. Er ergriff meine Hand und schüttelte sie lange und herzlich. Er war stolz auf sich selbst und stolz auf mich und dankbar, dass ich ihm die Chance geboten hatte, dieses Projekt durchzuziehen. Er war zu diesem Zeitpunkt fast 70 Jahre alt, und es war das letzte große Event, das er in seinem Leben voller großer Events produzieren sollte.

Zwei Jahre später starb Roone nach einem langen Kampf gegen den Krebs. In der Woche, bevor er starb, war ich für das Thanksgiving-Wochenende nach New York gekommen, und an jenem Samstagabend war ich zu Hause und sah mir das Spiel USC-Notre Dame auf ABC an. Um 22 Uhr klingelte mein Telefon. Ich nahm ab und ein Mitarbeiter der Telefonzentrale von ABC sagte: »Mr. Iger, Roone Arledge will Sie sprechen.« Wenn man die Telefonnummer hatte und es sich um einen Notfall handelte, konnte man bei der Telefonzentrale anrufen und ein Mitarbeiter suchte die Person heraus, mit der man sprechen wollte. Roone hatte die Nummer noch und offenbar irgendein dringendes Anliegen.

Der Mitarbeiter der Telefonzentrale verband uns. »Roone?«

»Bob, sitzen Sie vor dem Fernseher?«

»Sie meinen das Football-Spiel?«

»Ja, das Football-Spiel! Haben Sie gemerkt, dass da überhaupt kein Ton ist?«

Was die Sprecher sagten, ergebe keinen Sinn, meinte Roone, alles sei ein einziger Wortsalat. Ich wusste, dass sich Roones Zustand verschlechtert hatte und dass er im Krankenhaus lag. Ich war mir sicher, dass er Halluzinationen hatte, aber ein altes, sentimentales Pflichtgefühl rief mich. Roone sagte, etwas stimme nicht, und ich musste versuchen, es zu korrigieren.

Ich war mir sicher, dass er Halluzinationen hatte, aber ein altes, sentimentales Pflichtgefühl rief mich.

»Roone, ich werde es überprüfen«, sagte ich. »Ich rufe Sie zurück.«

Ich rief im Regieraum an und fragte, ob es irgendwelche Beschwerden über den Ton gab. »Nein, Bob, nichts«, war die Antwort des Master Control Centers von ABC in New York.

»Können Sie in der Telefonzentrale anrufen und sich erkundigen, ob sie Beschwerden bekommen haben?«

Nach einigen Augenblicken bekam ich die Antwort: »Nein, nichts.«

Ich rief Roone an. »Ich habe gerade mit dem Regieraum gesprochen. Sie haben sich vergewissert, dass alles in Ordnung ist.« Bevor wir weiter darüber sprechen konnten, was er zu hören glaubte, fragte ich: »Roone, wie geht es Ihnen?«

Seine Stimme war ein Flüstern. »Ich liege im Sloan Kettering Hospital«, sagte er. »Was glauben Sie, wie es mir geht?«

Ich fragte, ob er Besuch empfangen würde, und am folgenden Tag ging ich ins Krankenhaus. Als ich seinen Raum betrat, lag er im Bett. In dem Moment, in dem ich ihn erblickte, wusste ich, dass er nicht mehr lange leben würde. Im Fernsehen lief ein Eiskunstlaufwettbewerb, den er aufmerksam verfolgte. Ich ging an sein Bett. Er blickte zu mir auf und dann auf den Eiskunstläufer auf dem Bildschirm. »Es ist nicht mehr so, wie es war«, sagte er. »Stimmt's?«

Ich weiß nicht, ob er an die alte Zeit zurückdachte, in der er tun und lassen konnte, was er wollte, als es keine Topmanager gab, die ihn wegen der Summen, die er ausgab, an den Ohren zogen. Oder ob er an die Zeit dachte, in der er eine Legende war und niemand es wagte, seine Autorität anzuzweifeln. Vielleicht war seine Bemerkung aber auch existenziellerer Natur. Das Geschäft hatte sich verändert – der Boden unter seinen Füßen war ein anderer. Die Welt hatte sich verändert. Ihm blieb nicht mehr viel Zeit. Ich blickte auf ihn hinunter, wie er in seinem Bett lag, und wusste, dass ich ihn zum letzten Mal sah. »Nein, Roone«, sagte ich. »Es ist nicht mehr dasselbe.«

Das Geschäft hatte sich verändert – der Boden unter seinen Füßen war ein anderer.

NACH DER GELUNGENEN BERICHTERSTATTUNG zur Jahrtausendwende verließ ABC das Glück. *Wer wird Millionär?* war in der Saison 2000/2001 immer noch populär, aber hatte längst nicht mehr die sensationellen Einschaltquoten wie in der Saison zuvor. Wir konnten die schwindenden Renditen sehen, aber wir hatten keine gute neue Serie in der Entwicklung. Anstatt umfassende Veränderungen vorzunehmen, um der Unterhaltungssparte neues Leben einzuhauchen, stützten wir uns noch mehr auf diese eine Gewinnshow als Quotenbringer und Gewinnquelle. Wir sendeten die Show inzwischen an fünf Abenden die Woche. Wir mussten irgendwie gegen NBC konkurrieren, das mit seinem Donnerstagabendprogramm extrem erfolgreich war, und gegen CBS, das mit Sendungen wie *Survivor* und *CSI* wieder an Boden gewonnen hatte.

Innerhalb von wenigen Jahren waren wir von dem Fernsehnetzwerk mit den meisten Zuschauern an die letzte Stelle der »großen Drei« gerutscht. Und selbst diese Position konnten wir nur mit Mühe verteidigen, denn auch Fox wurde immer größer. Ich übernehme einen Teil der Verantwortung für diese Entwicklung. Ich leitete ABC und unterstützte die Entscheidung, *Wer wird Millionär?* an mehreren Abenden die Woche auszustrahlen. Zunächst war das eine einfache Methode, um die Probleme von ABC zu flicken. Als die Serie aber an Popularität verlor, kamen unsere zugrunde liegenden Probleme wieder an die Oberfläche.

Gegen Ende 1999 forderte die Belastung, die Verantwortung für den gesamten Konzern ganz allein zu schultern, ihren Tribut von Michael. Er isolierte sich immer stärker und wurde immer misstrauischer. Er ließ an niemandem ein gutes Haar. Er wusste, dass er jemanden brauchte, um die Last auf zwei Schultern zu verteilen, und er spürte den Druck des Verwaltungsrats, der ihm signalisierte, nach 16 Jahren an der Spitze des Konzerns möge er allmählich über die Nachfolgeplanung nachdenken. Das fiel ihm nicht leicht. Nach dem Fiasko mit Ovitz hatte Michael Vorbehalte dagegen, eine Nummer zwei zu ernennen. Ihm war klar, dass er die Dinge nicht so weiterlaufen lassen konnte, aber er wollte sich nicht den Komplikationen stellen, die eine geteilte Verantwortung, gemeinsame Entscheidungsprozesse und die Einweihung einer anderen Person in seine Vorhaben unweigerlich mit sich bringen würden.

Michaels mangelnde Bereitschaft, eine Nummer zwei zu ernennen, hatte Konsequenzen für das gesamte Unternehmen. Es war eindeutig, dass er Entlastung brauchte, aber da er die Position der Nummer zwei vakant ließ, versuchten andere, die Lücke zu füllen. Sandy Litvack, unser damaliger Chefjustiziar, wurde zum Vice Chairman befördert und begann sich als De-facto-COO zu betrachten. Die Abteilung Strategische Planung, die inzwischen von Peter Murphy geleitet wurde (keine Querverbindungen zu seinem Vorgänger Larry Murphy), mischte sich immer stärker in die Entscheidungsprozesse aus dem Tagesgeschäft ein, anstatt sich auf die langfristige Strategie zu konzentrieren. Jeder versuchte, sein Claim abzustecken beziehungsweise auszudehnen, die Grenzen und Verantwortlichkeiten begannen zu verschwimmen, und das hatte negative Auswirkungen auf die allgemeine Stimmung.

Über Monate tauchte mich Michael in heiße und kalte Wechselbäder. Mal verließ er sich auf mich und ich dachte, es wäre nur noch eine Frage der Zeit, bis er mich zum COO ernennen würde. Dann wieder hielt er mich auf Abstand und ich fühlte mich wieder unsicher, was meine Zukunft anging. Im August 1999 machte ich zum ersten Mal zwei Wochen Urlaub und mietete mit Willow und unserem fast zweijährigen Sohn Max ein Haus auf Martha's Vineyard. An unserem ersten Abend rief mich Tom Murphy an. Er war in Los Angeles mit Michael und einigen anderen Mitgliedern des Verwaltungsrats bei einem Dinner gewesen, und in einer Diskussion über die Nachfolgeplanung habe Michael gesagt, ich würde niemals sein Nachfolger werden. Tom sagte, er sei »total entsetzt«, wie er es ausdrückte, vor allem, weil er mich Jahre zuvor während der Fusionsverhandlungen angefleht hatte zu bleiben. »Mann«, sagte er, »ich hasse es, Ihnen die schlechten Nachrichten zu überbringen, aber Sie müssen Disney verlassen. Michael glaubt nicht an Sie, und er hat dem Verwaltungsrat mitgeteilt, dass Sie nicht sein Nachfolger werden können. Sie müssen Ihre Kündigung einreichen.«

Ich war am Boden zerstört. In den vergangenen Jahren hatte ich die konstante Frustration und Ablenkung ertragen, an Michael Ovitz berichten zu müssen. Ich hatte unglaublich hart gearbeitet, um ABC in Disney zu integrieren, und darauf geachtet, dass unsere Leute Respekt und Wertschätzung erfuhren. Ich hatte dazu beigetragen, einen Verschmelzungsprozess zu initiieren, der von Disney nie zu Ende gedacht worden war. Ich hatte eine internationale Struktur für ein Unternehmen entworfen und eingeführt, für die ich das ganze Jahr auf Reisen war und ein ums andere Mal meine Familie zurücklassen musste. Bei allem hatte ich Michael stets verteidigt und war loyal, und nun musste ich mir fast 25 Jahre nachdem mir mein erster Vorgesetzter mitgeteilt hatte, ich sei »nicht beförderungsfähig«, erneut sagen lassen, dass ich am Ende der Fahnenstange angekommen war.

Ich teilte Tom mit, ich dächte gar nicht daran, zu kündigen. Am Ende des Jahres stünde mir ein Bonus zu, auf den ich gewiss nicht verzichten würde. Wenn Michael mich feuern wollte, sollte er es mir direkt ins Gesicht sagen. Dann legte ich auf und rang um Fassung. Ich beschloss, Willow während unseres Urlaubs nichts davon zu erzählen. Sie war eine prominente Moderatorin bei CNN und Co-Moderatorin von *Moneyline*, einer einstündigen Sendung über Finanznachrichten. Ihre Karriere verlief prächtig, aber der Job war sehr anstrengend, und neben den beruflichen Anforderungen hatte sie irgendwie noch die Zeit und Energie gefunden, eine wunderbare Mutter für Max zu sein. Sie brauchte eine Verschnaufpause, daher behielt ich meine Empfindungen für mich, bis wir wieder zurück in New York waren.

Dann wartete ich auf den Eklat. Im September befand ich mich in der Konzernzentrale in Burbank, als Michael mit mir sprechen wollte. Ich war mir sicher, dass dies das Ende war, begab mich in sein Büro und stählte mich innerlich für das, was kommen sollte. Ich setzte mich ihm gegenüber und wartete. »Glauben Sie, dass Sie bereit sind, dauerhaft nach L.A. zu ziehen und mir dabei zu helfen, diesen Konzern zu führen?«, fragte er.

Ich brauchte einen Moment, bis ich begriffen hatte, was er sagte. Ich war verwirrt, dann erleichtert und dann unsicher, ob ich dieser Ankündigung trauen konnte. »Michael«, sagte ich schließlich. »Haben Sie auch nur die leiseste Vorstellung davon, wie unbeständig Sie mir gegenüber gewesen sind?« Er bat mich, mit meiner gesamten Familie nach Kalifornien zu ziehen, und implizit bat er Willow, einen großartigen Job aufzugeben – und das keine vier Wochen nachdem er vor versammelter Runde verkündet hatte, dass ich niemals sein Nachfolger werden würde. »Sie müssen aufrichtig zu mir sein, worum es hier eigentlich geht«, sagte ich.

Seine Reaktion war aufrichtiger, als ich erwartet hatte. Er sagte, er sei sich nicht sicher gewesen, ob ich zurück nach L.A. ziehen wollte, das sei eine Befürchtung gewesen. Das größere Problem sei jedoch, dass er »gegen sich selbst konkurrieren« würde, wenn er mich zur Nummer zwei machen würde. Ich glaube, er meinte, dass der Verwaltungsrat dann jemanden haben würde, mit dem er ihn ersetzen könnte, falls sie das wollten, aber ich war mir nie wirklich sicher.

»Michael«, sagte ich. »Ich habe nicht die geringste Absicht, an Ihrem Stuhl zu sägen oder irgendetwas zu tun, um Sie zu untergraben.« Ich sagte ihm, dass ich für mein Leben gern die Chance hätte, eines Tages den Konzern zu leiten, aber dass ich das auf absehbare Zeit nicht sehen würde. »Ich konnte mir nie vorstellen, dass Sie aufhören würden«, sagte ich. »Und ich kann mir auch nicht vorstellen, dass der Verwaltungsrat möchte, dass Sie aufhören.« Es stimmte, ich konnte es mir nicht vorstellen. Die Zeiten waren zwar nicht ganz einfach, aber es gab nie eine Vertrauenskrise, was Michael betraf. Er war nach wie vor einer der am meisten respektierten CEOs der Welt.

Das Meeting endete ohne ein klares Ergebnis. Michael bot mir keine Position an und setzte auch keinen formalen Plan in Bewegung.

Ich flog zurück nach New York und wartete darauf, mehr zu hören, aber es wurde erst einen Monat später wieder Thema. Wir besuchten die Bühnenpremiere von *Der König der Löwen* in London, und Michael regte an, ich solle mit ihm zusammen nach L.A. zurückfliegen, um über meine Zukunft zu sprechen. Ich sollte aber eigentlich von London aus nach China fliegen, und so kamen wir überein, dass ich einige Wochen später nach L.A. kommen würde, um die Einzelheiten zu besprechen.

Anfang Dezember machte Michael schließlich den offiziellen Vorschlag, mich zum Präsidenten und COO und Mitglied des Verwaltungsrats zu ernennen. Das war ein unleugbares Vertrauensvotum und war gewissermaßen ein Schock, wenn man das Telefonat bedenkt, dass ich nur wenige Monate zuvor mit Tom geführt hatte.

Ich handelte – diesmal ohne anwaltliche Vertretung – sehr schnell meinen Vertrag mit Sandy Litvack aus, der neben seiner Rolle als Quasi-COO immer noch unser Chefjustiziar war. Sandy war nicht glücklich über meine Beförderung. Am Tag vor der öffentlichen Bekanntmachung rief er mich an, um die Vereinbarung zu ändern. Im Vertrag sollte Executive Vice President stehen und nicht Präsident und COO. Zudem wollte er den Sitz im Verwaltungsrat streichen. Ich sagte Sandy, meine Position sei Präsident, COO und Mitglied des Verwaltungsrats oder gar nichts. Eine Stunde später rief er mich zurück und bestätigte alle drei Titel, und so wurde es auch am nächsten Tag veröffentlicht.

Beruflich betrachtet war es eine außerordentliche Chance. Es gab keine Garantie, dass ich eines Tages CEO werden würde, aber zumindest hatte ich die Gelegenheit, mich zu beweisen. Auf der privaten Ebene war es ein weiterer schwieriger Schritt. Meine Eltern waren Ende 70 und benötigten mehr Unterstützung als zuvor. Meine Töchter waren 21 und 18 Jahre alt, und ich wollte nicht schon wieder so weit weg von ihnen auf der anderen Seite des Landes leben. CNN willigte ein, dass Willow ihre Sendung von L.A. aus moderierte, und zwar mit Fokus auf die Technologie- und Unterhaltungsindustrie, aber die Umsetzung war schwierig. Zwar war Willow unglaublich anpassungsbereit, wie sie es zu jedem Zeitpunkt gewesen ist, aber mir war sehr wohl bewusst, dass ich

Es gab keine Garantie, dass ich eines Tages CEO werden würde, aber zumindest hatte ich die Gelegenheit, mich zu beweisen. Auf der privaten Ebene war es ein weiterer schwieriger Schritt.

nun, zehn Jahre nach dem ersten Mal, eine zweite Ehefrau darum bat, ihre eigene Karriere für mich zu opfern, damit wir zugunsten meiner Karriere nach Los Angeles ziehen konnten.

Nicht in Millionen Jahren hätte ich mir vorstellen können, was die Zukunft bereithielt – für Disney, für Michael und für mich. Wie es im Leben so oft geschieht, hatte sich der Traum, den ich so lange herbeigesehnt hatte, endlich erfüllt, und nun sollten harte Zeiten anbrechen.

KAPITEL 6

EIN AUFSTIEG MIT KLIPPEN

ICH HABE OFT GESAGT, Michael habe Walts Unternehmen »neu gegründet«. Als er 1984 CEO von Disney wurde, waren die glorreichen Zeiten des Konzerns nur noch eine entfernte Erinnerung. Seit Walt im Jahr 1966 gestorben war, hatte das Unternehmen Probleme. Die Sparten Walt Disney Studios und Animation befanden sich in sehr schlechter Verfassung. Disneyland und Walt Disney World erfreuten sich immer noch großer Beliebtheit, aber sie mussten auch fast drei Viertel der Konzerneinnahmen erwirtschaften. In den letzten beiden Jahren, bevor Michael die Führung übernahm, sanken Disneys Nettoeinnahmen um 25 Prozent. Im Jahr 1983 versuchte der Unternehmensjäger Saul Steinberg, Disney zu übernehmen – der letzte Anlauf in einer Reihe feindlicher Übernahmeversuche, die das Unternehmen mit Mühe abwehren konnte.

Im Jahr darauf holten Walts Neffe Roy Disney und Disneys größter Aktionär Sid Bass Michael als CEO und Chairman und Frank Wells als Präsident ins Unternehmen, um den Turnaround zu schaffen und die Unabhängigkeit des Unternehmens zu erhalten. (Michael hatte zuvor Paramount geleitet und Frank war ehemaliger Chef von Warner Bros.) Dann engagierten sie Jeffrey Katzenberg, der bei Paramount unter Michael gearbeitet hatte, und übertrugen ihm die Leitung der Disney Studios. Gemeinsam gelang Jeffrey und Michael die Wiederbelebung von Disney Animation, und sie konnten auf diese Weise die Popularität der Marke wiederherstellen, womit auch der Bereich Konsumprodukte kräftig wuchs. Außerdem investierten sie verstärkte Aufmerksamkeit und Ressourcen in die konzerneigene Filmgesellschaft Touchstone Films, die mehrere Filme wie *Die unglaubliche Entführung der verrückten Mrs. Stone* und *Pretty Woman* produziert hatte – Filme, die nach amerikanischer Klassifizierung als nicht jugendfrei gelten.

Michaels größter Geniestreich war wahrscheinlich jedoch seine Erkenntnis, dass Disney unglaublich wertvolle Ressourcen besaß, deren Potenzial nicht ausgeschöpft wurde. Eine war die große Beliebtheit der Themenparks. Selbst mit einer geringen Anhebung der Eintrittspreise ließe sich eine erhebliche Umsatzsteigerung erzielen, ohne dass es negative Auswirkungen auf die Besucherzahlen haben würde. Eine weitere ungenutzte Chance war der Bau neuer Hotels in Walt Disney World. In den ersten zehn Jahren von Michaels Amtszeit als CEO eröffneten zahlreiche neue Hotels. Mit der Eröffnung der MGM-Hollywood Studios (heute: Hollywood Studios) in Florida und Euro Disney (heute: Disneyland Paris) kam dann die Erweiterung der Themenparks.

Noch profitabler war die Schatztruhe des geistigen Eigentums in Form von großartigen klassischen Disney-Filmen – das nur darauf wartete, in klingende Münze verwandelt zu werden. Michael und Jeffrey begannen Videokassetten der klassischen Disney-Filme an Eltern zu verkaufen, die diese Filme als Kinder im Kino gesehen hatten und sie nun ihren Kindern zu Hause zeigen wollten. Das wurde ein milliardenschweres Geschäft. Im Jahr 1995 folgte die Übernahme von Cap Cities/ABC, die Disney Zugang zu einem großen Fernsehnetzwerk verschaffte, vor allem aber zu ESPN und seinen fast 100 Millionen Abonnenten. All das illustriert, dass Michael ein bemerkenswert kreativer Geschäftsmann und Denker war, der Disney in einen modernen Unterhaltungsgiganten verwandelte.

Nachdem er mich zur Nummer zwei gemacht hatte, teilten wir uns die Verantwortung, wobei er Aufsicht über die Walt Disney Studios und die Themenparks und Hotelanlagen führte, während ich mich auf die Mediennetzwerke, Konsumprodukte und Walt Disney International konzentrierte. Abgesehen von der Sparte Disney Animation, bei der er mich nicht wirklich in die Karten gucken ließ, beteiligte mich Michael an einem Großteil seiner Gedanken und Entscheidungen. Es ist keine Übertreibung, wenn ich sage, dass er mich lehrte, auf eine Weise zu *sehen*, zu der ich zuvor nicht in der Lage gewesen war. Ich hatte keine Erfahrung mit dem kreativen Prozess, der in den Bau und Betrieb eines Themenparks einfließt, und ich hatte mich nie in die Situation eines Besuchers versetzt und mir sein Erlebnis bildlich vorgestellt. Michael ging durch die Welt mit dem Blick eines Designers, und wenngleich er kein geborener Mentor war, empfand ich es als eine Art Lehre, ihm auf Schritt und Tritt zu folgen und ihn bei der Arbeit zu beobachten.

Es ist keine Übertreibung, wenn ich sage, dass er mich lehrte, auf eine Weise zu sehen, zu der ich zuvor nicht in der Lage gewesen war.

In meiner Zeit als Michaels Nummer zwei eröffneten wir Disneys Animal Kingdom in Florida, Hong Kong Disneyland sowie California Adventure in Anaheim. Vor der Eröffnung der jeweiligen Parks legte ich mit Michael kilometerlange Strecken zurück – virtuell und real –, um ein Gespür für seine Sicht der Dinge zu bekommen und um zu verstehen, was er ständig verbessern wollte. Wenn er einen Pfad entlanglief, blickte er in die Ferne und dabei fielen ihm sofort minimale Details auf, zum Beispiel, dass die Bepflanzung nicht üppig genug war, oder Zäune, die eine wichtige Aussicht verstellten, oder Gebäude, die irgendwie am falschen Ort zu stehen schienen oder deren Stil nicht in das Ensemble passte.

Das waren äußerst erkenntnisreiche Momente für mich. Ich lernte so viel über das Management dieser Art des Geschäfts, aber vor allem lernte ich, wie die kreativen und designerischen Grundlagen der Parks beschaffen sein sollten. Michael erlaubte mir auch, ihn bei seinen zahlreichen Besuchen bei Walt Disney Imagineering zu begleiten, das sich auf dem weitläufigen Gelände im kalifornischen Glendale befand, nur wenige Kilometer von unserem Studiogelände in Burbank entfernt. Imagineering ist das Thema zahlreicher Bücher und Artikel gewesen. Die einfachste Weise, es zu beschreiben, ist, dass es das kreative und technische Herz aller Dinge fernab von Filmen, TV-Sendungen oder Konsumprodukten ist, die wir aufgebaut haben. Alle unsere Themenparks, Hotelanlagen und Attraktionen, die Kreuzfahrtschiffe, Immobilienentwicklungen, alle Live-Performances, Lichtshows und Paraden, jedes Detail vom Design der

Kostüme der Darsteller bis zur Architektur der Disney-Schlösser stammte von Imagineering. Man kann die kreative und technische Brillanz der Disney Imagineers gar nicht genug betonen. Sie sind Künstler, Ingenieure, Architekten und Techniker, und sie nehmen einen Platz und eine Rolle ein, wie es sie nirgendwo sonst auf der Welt gibt.

Bis heute bin ich immer wieder tief beeindruckt von ihrer Fähigkeit, sich fantastische Dinge auszudenken und sie dann Wirklichkeit werden zu lassen – und das oft in gewaltigen Dimensionen. Wenn ich Imgineering zusammen mit Michael besuchte, beobachtete ich, wie er kleine und große Projekte kritisierte und alles genau überprüfte – von den Storyboards, die das Erlebnis einer unserer Attraktionen bis ins Kleinste beschrieben, bis zum Design der Kabinen für ein neues Kreuzfahrtschiff. Er hörte sich Präsentationen über bevorstehende Paraden an oder prüfte das Design der Lobby eines neuen Hotels. Was mich dabei besonders beeindruckte und für meinen eigenen Lernprozess von unschätzbarem Wert war, war seine Fähigkeit, sowohl das Gesamtbild als auch gleichzeitig die unzähligen kleinen Details zu sehen und zu erkennen, wie sie sich gegenseitig beeinflussten.

Als er in den folgenden Jahren immer kritischer wurde und vieles bemängelte, wurde ihm oft vorgeworfen, er sei ein Mikromanager und perfektionistischer Schinder. Er quittierte diese Vorwürfe mit der trockenen Feststellung: »Mikromanagement wird unterschätzt.« Grundsätzlich neige ich dazu, ihm recht zu geben, aber nur bis zu einem gewissen Punkt. Dank der Jahre, die ich für Roone Arledge gearbeitet hatte, musste man mich nicht davon überzeugen, dass der Erfolg oder Misserfolg oft im Detail liegt. Michael sah oft Dinge, die andere nicht sahen, und dann verlangte er, dass sie korrigiert wurden. Darin lag die Quelle eines Großteils seines persönlichen Erfolgs und des Unternehmenserfolgs. Ich hatte einen immensen Respekt vor Michaels Angewohnheit, größte Sorgfalt auf die Einzelheiten zu legen. Daran zeigte sich, wie wichtig ihm seine Arbeit und das Unternehmen waren, und das machte den großen Unterschied. Er wusste, dass »großartig« oft die Summe vieler Kleinigkeiten war, und er half mir, diesen Umstand noch besser zu würdigen.

Michael war stolz auf sein Mikromanagement. Allerdings ließ ihn die Art und Weise, wie er seinen Stolz zum Ausdruck brachte und die Leute daran erinnerte, dass er sich selbst auf kleinste Details konzentrierte, gelegentlich wie einen pingeligen Kleingeist wirken. Einmal bekam ich mit, wie er in der Lobby eines Hotels ein Interview gab und dem Reporter sagte: »Sehen Sie die Lampen da? Die habe ich ausgesucht.« Das macht sich nicht gut bei einem CEO. (Ich muss gestehen, dass ich mich selbst dabei ertappt habe – oder besser gesagt, ich wurde dabei ertappt –, wie ich das Gleiche gemacht habe. In ihrer unnachahmlichen Art sagte Zenia Mucha zu mir: »Bob, Sie wissen, dass Sie das getan haben, aber die Welt braucht das nicht zu wissen, also halten Sie die Klappe!«)

Anfang 2001 spürte jedes Unternehmen aus der Medien- und Unterhaltungsbranche, dass der Boden unter seinen Füßen ins Wanken geriet. Doch niemand wusste, in welche Richtung er laufen sollte. Die Technologie machte rasante Fortschritte und ihre disruptiven Effekte wurden immer offensichtlicher und besorgniserregender. Im März 2001 startete Apple seine Kampagne »Rip. Mix. Burn.« und teilte der Welt mit, wer Musik einmal erworben habe, dem gehöre sie und der könne sie nach Belieben vervielfältigen und nutzen. Viele Leute, darunter auch Michael, betrachteten diesen Vorstoß als eine tödliche Gefahr für die Musikindustrie. Sie glaubten, dass dieses Konzept schon bald auch eine Gefahr für die Film- und Fernsehindustrie darstellen würde. Michael war stets ein eiserner Verfechter des Copyrights gewesen und äußerte sich oft zur Piraterie. Die Apple-Werbung verärgerte ihn sehr – so sehr, dass er Apple öffentlich aufs Korn nahm und vor dem Handelsausschuss des Senats aussagte, Apple verletze auf eklatante Weise die Copyright-Gesetze und rufe zu Piraterie auf. Das kam bei Steve Jobs gar nicht gut an.

Das war eine interessante Zeit und markierte in meinen Augen den Anfang vom Ende der traditionellen Medien, wie wir sie kannten. Von besonders großem Interesse war für mich die Tatsache, dass fast alle traditionellen Mediengesellschaften, die versuchten, ihren Platz in einer sich verändernden Welt zu finden, eher aus Angst vor dem Wandel agierten, anstatt mit Mut und Zuversicht. Sie versuchten hartnäckig, ein Bollwerk um alte Geschäftsmodelle zu bilden, die den kommenden Gezeitenwechsel sowieso nicht überleben würden.

Das war eine interessante Zeit und markierte in meinen Augen den Anfang vom Ende der traditionellen Medien, wie wir sie kannten.

Niemand verkörperte diesen Wandel stärker als Steve Jobs, der neben Apple auch CEO von Pixar war, unserem wichtigsten und erfolgreichsten kreativen Partner. Mitte der 1990er-Jahre hatte Disney mit Pixar eine Vereinbarung zur gemeinsamen Produktion, Vermarktung und dem Vertrieb von fünf Filmen ausgehandelt. *Toy Story* wurde 1995 im Rahmen einer früheren Vereinbarung herausgebracht. Das war der erste digital animierte Langfilm für das Kino – ein kreativer und technischer Quantensprung –, der weltweit fast 400 Millionen Dollar brutto einspielte. Auf *Toy Story* folgten zwei weitere Erfolge: *Das große Krabbeln* im Jahr 1998 und *Die Monster AG* im Jahr 2001. Zusammengenommen spielten diese drei Filme weltweit mehr als 1 Milliarde Dollar brutto ein und etablierten Pixar zu einem Zeitpunkt, da Disney Animation ins Straucheln geriet, als zukunftsweisender Akteur auf dem Gebiet der Animation.

Trotz des künstlerischen und finanziellen Erfolgs der Pixar-Filme bauten sich Spannungen zwischen den beiden Unternehmen auf (eigentlich zwischen Michael und Steve). Als die Partnerschaft begründet wurde, war Pixar noch ein Start-up, und Disney machte sich das zunutze. Pixar hatte in dieser Vereinbarung zahlreiche Zugeständnisse gemacht, einschließlich des Verzichts auf alle Folgerechte aus den gemeinsam produzierten Filmen.

Im Zuge von Pixars zunehmenden Erfolgen und seiner steigenden Bekanntheit begann die ungleiche Dynamik zwischen den beiden Partnern an Steve zu nagen, denn er hasste es, wenn irgendjemand versuchte, ihn herumzuschubsen. Michael war stärker auf die konkreten Details der Vereinbarung konzentriert und schien sich Steves Befindlichkeiten entweder nicht bewusst zu sein, oder sie interessierten ihn nicht. Mit der Entstehung von *Toy Story* 2 spitzte sich die Situation zu. Die Fortsetzung des Ersterfolgs sollte ursprünglich gleich als Video erscheinen anstatt als Kinofilm, aber als die ersten Durchläufe des Films mehr Produktionsressourcen erforderten, beschlossen die beiden Unternehmen, den Film doch zuerst als Kinoversion zu produzieren. Der Film spielte weltweit fast 500 Millionen Dollar brutto ein – und dann kam es zu einem Vertragsstreit. Pixar vertrat die Auffassung, *Toy Story* 2 solle als eigenständiger Film auf die vereinbarten fünf gemeinsamen Filme angerechnet werden, Michael dagegen befand, es handele sich lediglich um eine Fortsetzung des ersten Films. Das wurde ein weiterer Zankapfel zwischen ihm und Steve.

In dem Maße, wie Pixars Reputation und Einfluss mit jedem Film zunahmen, wuchsen auch die Spannungen mit Disney. Nach Steves Auffassung verdienten er und Pixar mehr Respekt von Disney, und er wollte, dass sich das veränderte Gewicht zwischen beiden im Vertrag widerspiegelte. Außerdem fand er, da Pixar Disney sowohl auf kreativer als auch auf kommerzieller Ebene in den Schatten stellte, hätte Disney sich zur kreativen Unterstützung an Pixar wenden müssen. Stattdessen hatte er das Gefühl, Michael behandele ihn und Pixar stets wie einen Juniorpartner und ein reines Mietstudio, was er als große Beleidigung empfand.

Michael fühlte sich ebenfalls nicht genügend respektiert. Er und andere bei Disney glaubten, sie seien wesentlich mehr als nur stille Teilhaber an der Entstehung der Filme, und Steve verweigere Disney die Anerkennung, die ihm gebühre. In meiner Zeit als COO war ich nicht an dieser Partnerschaft mit Pixar beteiligt, aber es war klar, dass Pixar an Gewicht und Bedeutung gewann und Disneys Bedeutung schwand. Es wurde offensichtlich, dass diese beiden Platzhirsche im Kampf um die Vormacht aneinandergeraten würden.

Das war das Panorama, das sich zu einem großen Teil des Jahres 2001 bot: unsere Branche, die sich in Lichtgeschwindigkeit veränderte; wachsende Spannungen zwischen Michael und Steve, die die Zukunft einer lebenswichtigen Partnerschaft bedrohten; eine Serie an Kassenflops, die zu einem öffentlichen Verlust des Ansehens und der Glaubwürdigkeit von Disney Animations führten; sinkende Einschaltquoten bei ABC; und ein Verwaltungsrat, der begann, sich Gedanken zu machen und Michaels Führungskompetenz infrage zu stellen.

Dann kam der 11. September, der die Welt auf den Kopf stellte und uns auf eine Weise herausforderte, wie wir es uns nie hatten vorstellen können. An jenem Morgen war ich schon sehr früh aufgestanden und hatte zu Hause ein wenig trainiert, als ich auf den Fernsehbildschirm blickte und einen Bericht sah, in dem es hieß, ein Flugzeug sei soeben in einen der beiden Zwillingstürme des World Trade Centers geflogen. Ich unterbrach mein Training, ging in einen anderen Raum und schaltete den

Fernseher gerade rechtzeitig ein, um zu sehen, wie ein weiteres Flugzeug in den zweiten Turm flog. Sofort rief ich den Präsidenten von ABC News, David Westin, an, um zu erfahren, was er wusste und wie wir über die Ereignisse berichten würden, die sich vor unseren Augen abspielten. David hatte nur wenig Informationen, aber wie alle großen Nachrichtenorganisationen schickten wir unsere Leute in alle Richtungen – zum Pentagon, zum Weißen Haus und nach Lower Manhattan –, um zu versuchen, zu begreifen, was da eigentlich gerade passierte.

Dann kam der 11. September, der die Welt auf den Kopf stellte und uns auf eine Weise herausforderte, wie wir es uns nie hatten vorstellen können.

Ich begab mich eilig ins Büro und rief von unterwegs Michael an. Er hatte die Nachrichten noch nicht gesehen, aber als er den Fernseher einschaltete, hatten wir beide nur eine Sorge, nämlich dass Disney möglicherweise auch zur Zielscheibe werden könnte. Wir beschlossen, Walt Disney World in Orlando sofort zu schließen und Disneyland gar nicht erst zu öffnen. Den Rest des Tages verbrachte ich damit, unsere Reaktion an verschiedenen Fronten zu koordinieren, indem ich Stunden am Telefon mit ABC News verbrachte und dafür sorgte, dass alle unsere Leute in Sicherheit waren. Ich entwarf Strategien, um die Sicherheit in unseren Parks in den folgenden Tagen zu gewährleisten. Letzten Endes versuchte ich ganz generell, die Leute in dieser absoluten Ausnahmesituation zu beruhigen.

Zu den zahlreichen Welleneffekten der Terroranschläge gehörte der weltweite Einbruch des Tourismus, der noch lange nach dem 11. September anhielt und verheerende Auswirkungen auf das Geschäft von Disney hatte. Die Börsenkurse sackten in den Keller, und Disney büßte innerhalb weniger Tage fast ein Viertel seines Wertes ein. Schließlich war unser größter Aktionär, die Familie Bass, gezwungen, ein gewaltiges Aktienpaket von Disney – 135 Millionen Aktien mit einem Wert von rund 2 Milliarden Dollar – zur Deckung eines Margin Calls zu verkaufen, was zu einem weiteren Kurseinbruch führte. Auf der ganzen Welt hatten die Unternehmen noch eine Zeitlang zu kämpfen, bis sie sich von den Folgen erholt hatten. Unsere Probleme nahmen dagegen zu. Das war der Beginn einer langen Talfahrt in eine Zeit der Konflikte und des Zwistes – für Disney und für Michael.

IN VIELERLEI HINSICHT ging Michael mit den Problemen, die auf ihn zurollten, auf bewundernswerte Weise und mit stoischer Gelassenheit um. Dennoch war es unmöglich, angesichts der wachsenden Belastungen nicht in Pessimismus und Paranoia zu verfallen. Gelegentlich rief mich Michael an und sagte, er habe gerade geduscht, sitze im Flugzeug oder habe bei einem Arbeitsmittagessen gesessen und sei zu der Überzeugung gelangt, irgendetwas, das wir täten, würde zu einem Misserfolg, jemand würde eine feindliche Übernahme starten oder ein Deal würde ins Wasser fallen. Buchstäblich sagte er: »Uns fällt der Himmel auf den Kopf.« Mit der Zeit begann eine Weltuntergangsstimmung das Unternehmen zu beherrschen.

Michael hatte viele gute Gründe, um pessimistisch zu sein, aber als Unternehmensführer darf man diesen Pessimismus nicht an die Umgebung verbreiten. Das ruiniert die Moral, ist ein Energiefresser und tötet jede Inspiration ab. Letztlich werden dann Entscheidungen nur noch aus einer defensiven, auf Selbstschutz fokussierten Haltung heraus getroffen.

Michael hatte viele gute Gründe, um pessimistisch zu sein, aber als Unternehmensführer darf man diesen Pessimismus nicht an die Umgebung verbreiten.

Michaels natürlicher Pessimismus wirkte bis zu einem gewissen Punkt oft zu seinen Gunsten. Zum Teil war er von der Angst vor Katastrophen motiviert, und genau das war der Motor seines Perfektionismus und seines Erfolgs, wenngleich das kein sehr gutes Instrument zur Motivierung der Mitarbeiter ist. Manchmal waren seine Befürchtungen gerechtfertigt, und es war gut, sich um die Probleme zu kümmern, aber dann wieder hatten ihn unkontrollierbare Befürchtungen im Griff. Das war selbstverständlich kein Dauerzustand. Michael besaß auch einen natürlichen Überschwang, der sehr ansteckend war. Aber in seinen späteren Jahren, als die Belastungen für ihn immer größer wurden, war sein Pessimismus eher die Regel als die Ausnahme. Das führte letztendlich dazu, dass er sich immer mehr einigelte.

Der Stress, der auf Michael lastete, wäre an niemandem spurlos vorbeigegangen. Doch bei einer Führungskraft ist Optimismus unverzichtbar, vor allem in schweren Zeiten. Pessimismus führt zu Paranoia; Paranoia führt zu einer Verteidigungshaltung – und die macht risikoscheu.

Optimismus setzt einen vollkommen anderen Motor in Gang. Insbesondere in schwierigen Momenten brauchen die Menschen, die Sie führen, das Vertrauen, dass Sie die Fähigkeit besitzen, sich auf die wirklich wichtigen Dinge zu konzentrieren, anstatt aus einer Haltung der Verteidigung und des Selbsterhalts zu agieren. Das soll nicht heißen, dass Sie behaupten sollen, alles laufe gut, wenn es nicht gut läuft, oder dass Sie das blinde Vertrauen ausstrahlen sollten, »alles werde gut«. Es geht darum, die Überzeugung zu vermitteln, dass Sie und Ihre Leute das beste Ergebnis anstreben, anstatt das Gefühl zu verbreiten, alles sei verloren, wenn sich die Dinge nicht so entwickeln, wie sie sollen. Der Ton, den Sie als Führungskraft angeben, hat eine enorme Wirkung auf Ihre Mitarbeiter. Niemand möchte einem Pessimisten folgen.

Der Ton, den Sie als Führungskraft angeben, hat eine enorme Wirkung auf Ihre Mitarbeiter. Niemand möchte einem Pessimisten folgen.

IN DEN JAHREN NACH dem 11. September begannen zwei Mitglieder des Verwaltungsrats, Roy E. Disney und Stanley Gold, Roys Rechtsanwalt, ihr schwindendes Vertrauen in Michaels Führungskompetenz offen zu äußern. Roy hatte eine lange, komplizierte Geschichte mit Michael. Im Wesentlichen ging Michaels Ernennung als CEO und Chairman auf seine Initiative zurück, und er – wie auch alle anderen Aktionäre – hatte unter Michaels Ägide außerordentlich profitiert. Zwischen 1984 und 1994 hatten sich Disneys Jahresgewinne vervierfacht und sein Aktienkurs war um 1300 Prozent gestiegen.

Michael gab sich in diesen Jahren alle Mühe, Roy freundlich zu begegnen und ihm Respekt und Ehrerbietung zu erweisen. Das war nicht leicht, denn Roy konnte bisweilen sehr schwierig sein. Er sah sich in der Rolle des Hüters des Disney-Vermächtnisses. Er lebte und atmete Disney und gerierte sich, als sei jeder Bruch mit der Tradition eine Verletzung irgendeines geheiligten Paktes, den er mit Walt höchstpersönlich geschlossen hatte (der zu Lebzeiten angeblich nie viel von seinem Neffen gehalten hatte). Roy neigte dazu, schwärmerisch in der Vergangenheit zu schwelgen, anstatt sie zu respektieren. Als Ergebnis fiel es ihm schwer, mit Veränderungen, egal welcher Art, zurechtzukommen. Er war strikt gegen Michaels Übernahme von Capital Cities/ABC gewesen, weil es für ihn bedeutete, Disney-fremde Marken in den Blutstrom des Unternehmens einzuführen. Ein bagatellhaftes, aber sehr illustratives Beispiel war seine große Verärgerung, als wir in einer Vorweihnachtssaison beschlossen, in unseren Disney Stores rein weiße Micky-Maus-Plüschfiguren zu verkaufen. »Micky gibt es nur in den Farben schwarz, weiß, rot und gelb, und mehr nicht!«, tobte Roy in E-Mails an Michael und mich. Er wollte, dass wir die »Albino-Mickys«, wie er sie nannte, aus dem Regal nahmen, was wir natürlich nicht taten. Aber es war eine sehr große Ablenkung.

Außerdem hatte er ein Alkoholproblem. Zu seinen Lebzeiten erwähnten wir das bei Disney nie, aber Jahre später sprach eines seiner Kinder ganz offen mit mir über die Alkoholprobleme seiner Eltern. Roy und seine Frau Patti konnten nach einigen Drinks sehr in Rage geraten, und das resultierte oft in bösen spätabendlichen E-Mails (mehrere davon gingen an meine Adresse), in denen von Fehlern die Rede war, die wir als Hüter des Disney-Vermächtnisses seiner Ansicht nach machten.

Als unsere Probleme zunahmen, begann Roy, offen Kritik an Michael zu äußern, und wandte sich schließlich völlig gegen ihn. Im Jahr 2002 sandten Roy und Stanley einen Brief an den Verwaltungsrat, in dem sie verlangten, Michael solle auf ihre Bedenken eingehen, und davon gab es nicht wenige: die schlechten Einschaltquoten bei ABC, der Streit mit Steve Jobs und Pixar, Meinungsverschiedenheiten über die Themenpark-Strategie und Schwierigkeiten mit Michaels problematischem Mikromanagement, wie sie es nannten. Die Vorwürfe in diesem Brief waren so konkret, dass wir keine andere Wahl hatten, als es ernst zu nehmen. Der Brief führte zu einer umfassenden Präsentation vor dem Verwaltungsrat, bei dem auf jedes angesprochene Problem eingegangen und die Lösung dafür vorgestellt wurde.

Es schien keine Rolle zu spielen. Roy und Stanley verbrachten den größten Teil des Jahres mit dem aktiven Versuch, den Verwaltungsrat von Michaels Ablösung zu überzeugen, und im Herbst 2003 kam es zum finalen Showdown. Michaels Strategie war, sich im Hinblick auf die Amtszeit der Ratsmitglieder auf die Governance-Richtlinien des Unternehmens zu berufen, denen zufolge ein Ratsmitglied sein Amt mit 72 Jahren niederlegen musste. Diese Regel war noch nie angewendet worden, aber Roy setzte Michael so extrem zu, dass dieser beschloss,

Zuflucht zu ihr zu nehmen. Anstatt es Roy jedoch selbst mitzuteilen, sorgte er dafür, dass der Nominierungsausschuss des Chairman ihn davon in Kenntnis setzte, dass er nicht mehr für eine Wiederwahl kandidieren konnte und mit der nächsten Aktionärsversammlung im März 2004 in den Ruhestand verabschiedet würde.

Unsere nächste Verwaltungsratssitzung sollte am Dienstag nach Thanksgiving in New York stattfinden. Am Sonntagnachmittag waren Willow und ich auf dem Weg in ein Museum und hatten uns später zum Abendessen verabredet, als Michaels Assistentin mich zu einer Krisensitzung in Michaels Apartment im Pierre Hotel in der East Sixty-first Street rief. Als ich dort eintraf, hielt Michael einen Brief von Roy und Stanley hoch, den man ihm unter der Tür durchgeschoben hatte.

Er überreichte mir das Schreiben, und ich begann zu lesen. In diesem Brief verkündete Roy, er und Stanley würden aus dem Verwaltungsrat ausscheiden, gefolgt von einem dreiseitigen Verriss von Michaels Unternehmensführung. Die ersten zehn Jahre seien zugegebenermaßen ein Erfolg gewesen, aber die letzten Jahre seien von mehreren großen Misserfolgen geprägt gewesen, die Roy Punkt für Punkt aufzählte:

1) das Scheitern daran, die Einschaltquoten von ABC Prime Time wieder aus dem Abgrund zu holen; 2) das »ständige Mikromanagement aller Leute in Ihrer Umgebung mit dem Ergebnis einer miesen Stimmung im gesamten Unternehmen«; 3) das Fehlen angemessener Investitionen in die Themenparks, die »auf billig getrimmt« seien, mit dem daraus resultierenden Rückgang der Besucherzahlen; 4) »die Wahrnehmung aller unserer Aktionäre …, dass das Unternehmen raubtierhaft, seelenlos und immer auf das ›schnelle Geld‹ erpicht ist anstatt auf langfristigen Wert, mit der Folge, dass das öffentliche Vertrauen leidet«; 5) der massive Verlust an kreativen Köpfen aufgrund von Missmanagement und Mikromanagement; 6) das Versäumnis, eine gute Beziehung zu den Disney-Partnern zu pflegen, insbesondere Pixar; und 7) »Ihre standhafte Weigerung, einen klaren Nachfolgeplan zu erarbeiten«.

Roy schloss mit den Worten: »Michael, ich bin der ehrlichen Überzeugung, dass Sie das Unternehmen verlassen sollten, und nicht ich. Infolgedessen fordere ich Sie erneut zum Rücktritt auf.«

Einige seiner Vorwürfe waren bis zu einem gewissen Grad berechtigt, viele andere waren aber vollkommen überzogen. Es spielte jedoch keine Rolle. Wir alle wussten, dass wir uns nun auf einem sehr rauen Gelände befanden. Folglich begannen wir, eine Strategie für den unvermeidlichen PR-Albtraum zu entwickeln.

Der Brief war nur der Anfang. Schon bald starteten Roy und Stanley die Kampagne »Rettet Disney«, wie sie sie nannten. In den folgenden drei Monaten vor der Jahreshauptversammlung in Philadelphia im März 2004 ließen sie keine Gelegenheit aus, Michael öffentlich zu kritisieren. Sie bearbeiteten andere Verwaltungsratsmitglieder, um sie auf ihre Seite zu ziehen und sie gegen Michael aufzuhetzen. Sie richteten eine »Rettet Disney«-Website ein und wirkten aggressiv auf die Aktionäre ein, damit sie Michael bei der Jahreshauptversammlung die Stimme verweigerten und ihn aus dem Verwaltungsrat warfen.

Währenddessen kochten die schwelenden Auseinandersetzungen zwischen Michael und Steve Jobs schließlich über. Disney versuchte, seine Fünf-Filme-Abmachung mit Pixar zu verlängern, aber Steve legte einen neuen Vorschlag auf den Tisch, der vollkommen inakzeptabel war. Pixar würde die Produktion kontrollieren und alle Folgerechte behalten, und Disney würde zum reinen Vertriebspartner degradiert. Michael lehnte ab, und Steve weigerte sich, sich auf irgendein Gegenangebot einzulassen. Inmitten der zähen Verhandlungen sickerte ein internes Memo, das Michael vor der Premiere des Zeichentrickfilms *Findet Nemo* an den Verwaltungsrat geschrieben hatte, an die Presse durch. In diesem Memo schrieb Michael, er sei vom Rohschnitt nicht sehr beeindruckt, und glaube, Pixar würde als Folge seiner, wie er meinte, unverdienten Arroganz einen »Realitätsschock« erleiden. Falls *Nemo* ein Reinfall werde, sei das aber nicht zwangsläufig schlecht, da es Disneys Verhandlungsposition stärken würde.

Es gab nichts, was Steve mehr hasste, als wenn jemand versuchte, ihn unter Druck zu setzen. Wenn man das versuchte, drehte er buchstäblich durch. Auch Michael hasste alles, was er als Schikane seiner Person oder des Unternehmens betrachtete. Die Kombination dieser beiden kontroversen Charaktere machte einen sowieso schon äußerst anstrengenden Verhandlungsprozess beinahe unmöglich. An irgendeinem

Punkt erwähnte Steve die Serie an »peinlichen Blindgängern« die Disney Animations produziert hatte, und im Januar 2004 verkündete er öffentlich und unverhohlen, er würde nie wieder irgendeinen Deal mit Disney machen. »Nach zehn Monaten intensiver Anstrengungen, zu einer Einigung zu kommen, stellen wir die Gespräche ein«, sagte er. »Es ist schade, dass Disney nicht an Pixars zukünftigen Erfolgen teilhaben wird.« Michael reagierte darauf, indem er sagte, es spiele keine Rolle, wir könnten von den Pixar-Filmen so viele Fortsetzungen machen, wir wir wollten, sie könnten nichts dagegen tun.

Dann meldeten sich Roy und Stanley zu Wort und gaben eine eigene Pressemitteilung heraus, in der sie sagten: »Vor mehr als einem Jahr haben wir den Verwaltungsrat von Disney gewarnt, dass Michael Eisner nach unserer Überzeugung die Partnerschaft mit Pixar falsch managt. Wir haben unserer Besorgnis darüber Ausdruck verliehen, dass diese Beziehung in Gefahr war«, womit sie ihr Argument bekräftigten, Michael habe die Kontrolle über das Unternehmen verloren.

Tatsächlich hatte Michael recht daran getan, Steves Bedingungen abzulehnen. Alles andere wäre fiskalisch unverantwortlich gewesen. Die Kosten für Disney waren zu hoch und die Nutzen zu gering. Der allgemeine Eindruck, der von der Medienberichterstattung über die gescheiterten Verhandlungen und den Zwist mit Steve Jobs verstärkt wurde, war jedoch, dass Michael schwere Fehler gemacht hatte, und das setzte ihm sehr zu.

Zwei Wochen später hielten wir eine Investorenkonferenz in Orlando ab. Der Plan war, die Branchenanalysten über die Zukunft des Unternehmens zu beruhigen und den jüngsten Schaden einzudämmen. Unser Gewinnbericht für das erste Quartal sollte an diesem Tag erscheinen, und die Zahlen waren gut. Die Filme *Findet Nemo* und *Fluch der Karibik*, die im Mai und Juni des vorhergehenden Jahres angelaufen waren, waren beide große Kassenschlager, und unser Gesamtumsatz war um 19 Prozent gestiegen. Zum ersten Mal seit Langem sahen wir blauen Himmel und freuten uns darauf, überzeugend darlegen zu können, dass der Konzern wieder auf dem richtigen Kurs war.

Es kam jedoch anders. An einem kühlen, bewölkten Morgen in Florida verließ ich gegen 7 Uhr morgens mein Hotelzimmer und machte mich auf den Weg zur Konferenz, als ich einen Anruf von unserem Kommunikationsvorstand Zenia Mucha erhielt. »Comcast hat ein feindliches Übernahmeangebot gemacht!«, polterte sie ins Telefon. »Sie müssen sofort in Michaels Suite kommen!«

Comcast war der größte Kabelanbieter der USA, aber sein CEO Brian Roberts wusste, dass sein Unternehmen in ganz neue Dimensionen vorstoßen konnte, wenn ihm Disney gehörte. Dann könnte Comcast die Inhalte von Disney mit seinem gewaltigen Kabelnetz zusammenbringen, und das wäre eine sehr machtvolle Kombination. (Comcast war vor allem an ESPN interessiert, das damals der teuerste Kabelfernsehkanal war.)

Einige Tage zuvor hatte Brian Michael angerufen und ein Kaufangebot unterbreitet. Michael hatte ihm gesagt, er sei nicht an Verhandlungen interessiert, aber falls er, Brian, ein offizielles Angebot abgeben wolle, sei der Verwaltungsrat verpflichtet, es zu prüfen. »Wir stehen allerdings nicht zum Verkauf«, sagte Michael. Seine Ablehnung führte zu einem feindlichen öffentlichen Übernahmeangebot an den Verwaltungsrat von Disney und die Aktionäre, das beinhaltete, Disney für 64 Milliarden Dollar zu kaufen, und zwar in Form von Comcast-Aktien. (Für jeden Anteilsschein von Disney würden die Aktionäre einen Anteil in Höhe von 0,78 an einer Comcast-Aktie erhalten.)

Als ich Michaels Suite betrat, hörte ich als Erstes die Stimmen von Brian Roberts und Steve Burke, Präsident von Comcast, die auf CNBC ein Live-Interview gaben. Ich kannte Steve gut. Er hatte zwei Jahre für mich gearbeitet, von 1996 bis 1998, und war zu diesem Zeitpunkt bereits seit zehn Jahren beim Unternehmen, zuletzt in Disneyland Paris. Als Michael ihn dort ersetzte und nach New York zurückholte, arbeitete Steve für mich bei ABC. Er ist der älteste Sohn meines früheren Vorgesetzten, Dan Burke, den ich zutiefst respektierte und achtete. Steve besaß zwar nicht Dans natürliche Herzlichkeit, aber er war sehr intelligent und witzig und lernte schnell. Ich brachte ihm viel über das Radio- und Fernsehgeschäft bei, und er brachte mir viel über die Details von Disney bei.

Im Jahr 1998 brauchte ich unbedingt jemanden, der die Führung von ABC übernahm, sodass ich mich auf andere Aspekte meiner Rolle konzentrieren konnte, und ich sagte Steve, dass ich ihn zum Präsidenten des Fernsehnetzwerks befördern wollte. Er sagte, er wolle nicht nach L.A. ziehen (Michael hatte damals vor, ABC komplett nach L.A. zu verlegen), und kurz danach teilte er uns mit, er verlasse Disney und gehe zu Comcast. Ich hatte so viel in ihn investiert, und in den zwei Jahren unserer Zusammenarbeit war eine solche Nähe zwischen uns entstanden, dass es sich anfühlte, als hätte mir jemand ein Messer in den Rücken gerammt. Jetzt, bei seinem Fernsehauftritt, drehte er das Messer weiter ins Fleisch. Auf die Frage, was er tun würde, um ABC wieder auf Gewinnkurs zu bringen, sagte er: »Leute hereinholen, die es besser führen können.«

Zenia und unser Chefjustiziar Alan Braverman** sowie Peter Murphy, Leiter der Strategischen Planung, hatten sich bereits in Michaels Suite eingefunden und starrten wie gebannt auf den Fernseher. Das Übernahmeangebot hatte uns alle auf dem linken Fuß erwischt. Unverzüglich machten wir uns daran, eine Antwort zu formulieren. Wir mussten eine Pressemitteilung herausgeben, aber zunächst mussten wir herausfinden, wie der Verwaltungsrat zu dem Angebot stand. Gleichzeitig versuchten wir zu enträtseln, was Brian die Sicherheit gab, dass Disney verkaufen würde. Schon bald wurde deutlich, dass ein Mitglied des Verwaltungsrats oder jemand, der diesem Gremium nahestand, ihm verraten haben musste, dass Michael angezählt war und sich Disney in derart schlechter Verfassung befand, dass der Verwaltungsrat bei einem Kaufangebot sofort zugreifen würde. Auf diese Weise konnte der Verwaltungsrat Michael auf elegante Weise loswerden. (Jahre später bestätigte Brian mir gegenüber, dass ein Mittelsmann, der angegeben hatte, der Repräsentant eines Verwaltungsratsmitglieds zu sein, ihn dazu ermutigt hatte, eine Offerte abzugeben.)

Während wir noch versuchten, unsere Haltung wiederzugewinnen, wurden wir von einer anderen Welle getroffen, die wir nicht hatten kommen sehen. Das Unternehmen Institutional Shareholder Services (ISS) ist die größte Aktionärsberatung der Welt und nimmt die Performance von Unternehmensvorständen unter die Lupe und gibt institutionellen Investoren – zumeist mittelgroße Fonds – Empfehlungen, wie sie auf Hauptversammlungen über wichtige Themen abstimmen sollten;

** Sandy Litvack verließ Disney im Jahr 2000. (A. d. Ü.)

man nennt sie auch Stimmrechtsberater. Üblicherweise beeinflusst ISS mehr als ein Drittel der stimmberechtigten Anteilseigner in einer Stimmrechtsvertretung, und an jenem Morgen gaben sie Roys und Stanleys Kampagne unterstützend die öffentliche Empfehlung, gegen Michael zu stimmen. Die Stellvertreterstimmen würden erst im März bekannt gegeben, aber wir konnten uns bereits ausrechnen, dass viele davon ein Misstrauensvotum sein würden.

Als wir Michaels Suite verließen, um uns zur Investorenkonferenz zu begeben, waren wir nun mit zwei massiven Krisen konfrontiert. Ich erinnere mich, dass ich in dem Moment dachte, die Situation ähnele einem konventionellen Krieg, den wir gegen Ron, Stanley und Steve führten, und in dem plötzlich eine bisher nicht beteiligte Partei eine Atombombe abgeworfen hätte. Unter diesen Umständen taten wir unser Bestes, um uns vor den Investoren zu verteidigen, aber inzwischen waren in der Öffentlichkeit sehr laute Befürchtungen über die Zukunft des Konzerns geäußert worden. Erhobenen Hauptes priesen wir unsere jüngsten Renditen, besprachen mit den Investoren unsere Zukunftspläne und argumentierten so gut, wie es die Umstände eben zuließen. Es war jedoch ein hartes Meeting, und eines war völlig klar: Es würde noch viel schlimmer kommen.

IN DEN FOLGENDEN WOCHEN brach Comcasts Übernahmeangebot zusammen. Brian Roberts war davon ausgegangen, dass Disneys Verwaltungsrat seine erste Offerte ohne zu zögern annehmen würde. Als dies nicht geschah, kamen weitere Faktoren zu Hilfe, die das Angebot schließlich zunichtemachten. Erstens führte die Bekanntgabe unserer gestiegenen Gewinne zu einem Anstieg unseres Aktienkurses, mit der Folge, dass Disney augenblicklich erheblich teurer wurde. Zweitens reagierten die Aktionäre von Comcast negativ auf die Offerte. Sie unterstützten Brians Vorstoß nicht, mit der Folge, dass Comcasts Aktienkurs einbrach, womit das Übernahmeangebot noch unattraktiver wurde und seine gesamte Kalkulation über den Haufen geworfen wurde. Und zu guter Letzt war da der Einfluss der allgemeinen öffentlichen Ablehnung der Übernahme, die ihren Widerhall in den Medien fand: nämlich dass der Name »Disney« als amerikanische Marke nach wie vor emotionale Strahlkraft besaß, und die Vorstellung, sie können von einem riesigen Kabelanbieter geschluckt werden, für die Verbraucher undenkbar war. Am Ende zog Comcast sein Angebot zurück.

Damit waren Michaels Probleme aber nicht gelöst. Im folgenden Monat kamen 3000 Disney-Aktionäre zur Hauptversammlung nach Philadelphia. Am Abend vor der Versammlung veranstalteten Roy, Stanley und die Rettet-Disney-Gemeinde eine große öffentliche Zusammenkunft in einem Hotel in der Innenstadt. Die Medien berichteten umfangreich über diese Veranstaltung, in der Roy und Stanley Michael scharf kritisierten und nach einem Führungswechsel riefen. An irgendeinem Punkt kam Zenia zu mir und sagte: »Sie müssen rausgehen und mit der Presse reden. Wir müssen mit unserer Seite der Geschichte dagegenhalten.« Michael weigerte sich standhaft – es wäre zu aufgeheizt und konfrontativ gewesen –, also musste ich an die Front.

Zenia informierte in Windeseile einige Journalisten, dass ich herauskommen würde, um mit ihnen zu sprechen. Anschließend gingen wir zu zweit in die Lobby des Kongresszentrums, in dem am folgenden Tag unsere Jahreshauptversammlung stattfinden sollte. Fünfundsiebzig überlebensgroße unterschiedliche Micky-Maus-Statuen waren von Orlando herbeigeschafft worden, und ich stand zwischen ihnen und beantwortete eine Stunde lang die Fragen der Pressevertreter. Ich hatte keine Notizen vorbereitet und kann mich auch an keine konkrete Frage erinnern, aber ich bin sicher, dass sie sich alle um die Jahreshauptversammlung und darum drehten, wie wir auf die Kritik von Roy und Stanley reagieren wollten. Ich erinnere mich allerdings noch daran, dass es niederschmetternd war. Ich verteidigte das Unternehmen, unterstützte Michael und verlieh meiner ehrlichen Skepsis über Roys und Stanleys Motive und ihr Vorgehen Ausdruck. Zum ersten Mal in meiner Karriere war ich dem prüfenden Blick so vieler Journalisten ausgesetzt. Zwar gab es keine Möglichkeit, die Flutwelle aufzuhalten, die über uns hereinbrechen sollte, aber wenn ich auf diesen Moment zurückblicke, bin ich stolz, dass es mir gelang, den Kopf oben zu behalten und mich zu behaupten.

Zum ersten Mal in meiner Karriere war ich dem prüfenden Blick so vieler Journalisten ausgesetzt.

AM FOLGENDEN Tag begannen die Aktionäre, sich ab 5 Uhr morgens vor dem Kongresszentrum zu versammeln. Als Stunden später die Türen geöffnet wurden, strömten Tausende von Menschen herein, von denen viele in einen großen Ausweichsaal verwiesen wurden, in dem sie die Hauptversammlung per Live-Videoübertragung verfolgen konnten. Michael und ich sagten einige einleitende Sätze, und dann hielt jeder Leiter unserer Geschäftssparten eine Präsentation über die aktuelle Lage und die Zukunftspläne seines Bereichs.

Wir hatten uns darauf geeinigt, dass wir Roy und Stanley jeweils 15 Minuten Redezeit gewähren würden, aber nicht auf der Bühne. Als sie ihre Zeit überzogen, ließen wir sie aus Höflichkeit ihren Vortrag beenden. Ihre Äußerungen waren harsch und wurden von vielen Anwesenden mit Beifall bedacht. Nachdem sie fertig waren, standen wir den Teilnehmern eine Stunde lang Rede und Antwort. Michael wusste, dass es von Anfang an ein Totalangriff werden würde, aber er bewahrte eine bewundernswerte Haltung. Er erkannte zahlreiche unserer Schwierigkeiten an, verwies aber auch auf unsere verbesserten Ergebnisse und den gestiegenen Aktienkurs. Und er sprach über seine Leidenschaft für das Unternehmen, aber es war sonnenklar, dass er den Tag nicht überleben würde.

Als die Stellvertreterstimmen schließlich ausgezählt waren, ergab sich, dass 43 Prozent der Aktionäre Michael die Unterstützung verweigerten. Das war eine so verheerende Misstrauensbekundung, dass wir das Auszählungsergebnis in absoluten Zahlen und nicht in Prozent bekannt gaben, in der Hoffnung, es würde weniger katastrophal klingen. Dennoch konnte man hören, wie die Anwesenden bei der Bekanntgabe des Ergebnisses nach Luft schnappten.

Unmittelbar nach der Jahreshauptversammlung trat der Verwaltungsrat zu einer sogenannten Executive Session zusammen, an der nur die aufsichtsführenden Mitglieder des Verwaltungsrats teilnahmen. Alle wussten, dass sie als Reaktion auf das verheerende Abstimmungsergebnis handeln mussten. Sie entließen Michael als Chairman, aber beließen ihn in seiner Position als CEO. George Mitchell, der aus Maine stammende ehemalige Mehrheitsführer im US-Senat, der auch zum Verwaltungsrat gehörte, wurde einstimmig zum neuen Chairman gewählt. Michael unternahm halbherzige Anstrengungen, den Verwaltungsrat davon abzuhalten, aber eigentlich hatte er sich in die Unvermeidlichkeit geschickt.

Der Tag endete mit einer letzten Unwürdigkeit. Die Nachricht war eine derartige Sensation, dass unsere eigene Nachrichtensendung, *Nightline*, diese Ausgabe der Rettet-Disney-Bewegung und den Abstimmungsergebnissen widmen wollte. Wir beschlossen gemeinsam, dass es in Michaels bestem Interesse und auch im besten Interesse des Unternehmens war, in die Sendung zu gehen und sich den Fragen des Moderators Ted Koppel zu stellen, was die Situation für Michael und für die Zukunft von Disney bedeutete. Es war für Michael eine schreckliche Situation, sich dem prüfenden Blick seiner eigenen Nachrichtenleute zu stellen, aber er tat es und schlug sich tapfer.

Die Jahreshauptversammlung von März und Michaels Verlust seiner Position als Chairman waren der Anfang vom Ende, und allmählich setzte sich diese Erkenntnis auch bei ihm durch. Anfang September 2005 sandte er ein Schreiben an den Verwaltungsrat und kündigte an, er werde 2006, wenn sein Vertrag auslaufe, nicht mehr als CEO antreten. Zwei Wochen später trat der Verwaltungsrat zusammen und nahm Michaels Angebot an. Hinterher kam George Mitchell auf mich zu und sagte mir, sie würden eine Pressemitteilung herausgeben, in der es hieß, Michael werde seinen Vertrag nach Auslaufen nicht erneuern, und die Suche nach einem Nachfolger würde unverzüglich beginnen, mit der Absicht, bis Juni 2005 einen Kandidaten zu finden. Sobald sie einen gefunden hätten, so George, würden sie den Übergang aktiv vorantreiben – in anderen Worten: Sie hatten vor, Michael bereits im Herbst 2005 abzulösen, ein Jahr vor Auslaufen seines Vertrags.

Ich fragte George, was sie über die Suche nach einem Nachfolger sagen wollten.

»Dass wir intern und extern nach Kandidaten Ausschau halten«, erwiderte George.

»Welche internen Kandidaten außer meiner Person gibt es noch?«

»Keinen«, antwortete er. »Sie sind der einzige.«

»Dann müssen Sie das schreiben«, sagte ich. »Ich bin der COO, und ab heute machen Sie Michael zu einer ›lahmen Ente‹. Das heißt, dass ich in die Bresche springen und wesentlich mehr Autorität ausüben muss.«

Ich wusste, dass es keine Garantie gab, dass ich Michaels Nachfolger werden würde, aber die Leute im Unternehmen mussten wissen, dass zumindest die Möglichkeit bestand.

Ich hatte das Gefühl, dass sehr viel von diesem Augenblick abhing. Wenn das übrige Unternehmen nicht glaubte, dass ich ein ernsthafter Kandidat war, dann hätte ich keine echte Autorität und wäre die gleiche »lahme Ente« wie Michael. Wenn sich Menschen zu viele Sorgen über die öffentliche Wahrnehmung ihrer Macht machen, liegt das oft daran, dass sie unsicher sind. In diesem Fall musste mir der Verwaltungsrat aber eine gewisse Macht verleihen, wenn ich das Unternehmen durch diese turbulenten Zeiten steuern und irgendeine Chance haben sollte, der nächste CEO zu werden.

Ich hatte das Gefühl, dass sehr viel von diesem Augenblick abhing.

»Was möchten Sie?«, fragte George.

»Ich würde Sie bitten, in der Pressemitteilung zu erwähnen, dass ich der einzige interne Kandidat bin.«

George verstand genau, warum ich darum bat, und ich werde ihm dafür immer dankbar sein. Das hieß, dass ich das Unternehmen aus einer Position … nicht wirklich der Stärke, aber zumindest auch nicht der Schwäche führen konnte. Zwar hatten sie formal darauf hingewiesen, dass ich ein Kandidat war, aber ich glaube nicht, dass irgendjemand im Verwaltungsrat, vielleicht nicht einmal George, daran glaubte, dass man mich ernennen würde. Viele vertraten klar die Auffassung, ich solle es nicht werden.

In den folgenden Monaten wurde viel darüber diskutiert, dass Disneys Probleme nur von einem sogenannten Change Agent gelöst werden könnten, der von außen ins Unternehmen geholt würde. »Change Agent« ist eigentlich ein leerer Begriff und ein Unternehmensklischee, aber es war eben das bestimmende Gefühl. Was die Situation verschärfte, war der Eindruck der Verwaltungsratsmitglieder, ihre Reputation sei in Mitleidenschaft gezogen worden. Zwar waren sie weitaus weniger betroffen als Michael, aber sie waren von dem ganzen Drama erschöpft und wollten ein klares Signal aussenden, dass die Dinge von nun an anders laufen würden. Dem Mann das

Dem Mann das Zepter zu überreichen, der in den fünf schwierigsten Jahren in der Unternehmensgeschichte Michaels Nummer zwei war, war nicht gerade ein Zeichen für einen Neuanfang.

Zepter zu überreichen, der in den fünf schwierigsten Jahren in der Unternehmensgeschichte Michaels Nummer zwei war, war nicht gerade ein Zeichen für einen Neuanfang.

KAPITEL 7

ES GEHT UM DIE ZUKUNFT

FÜR MICH LAUTETE die Herausforderung: Wie kann ich den Verwaltungsrat davon überzeugen, dass ich für die Veränderung stehe, die sie anstreben, ohne Michael dabei zu schaden? Es hatte einige Entscheidungen gegeben, mit denen ich nicht einverstanden war, und ich glaubte auch, dass das Unternehmen nach all der Unruhe eine Veränderung brauchte, aber ich respektierte Michael und war ihm dankbar für die Chancen, die er mir geboten hatte. Außerdem war ich fünf Jahre lang COO gewesen, und es wäre ganz eindeutig eine Heuchelei gewesen, wenn ich versucht hätte, die gesamte Schuld auf jemand anderes abzuladen. Auf jeden Fall wäre es nicht richtig gewesen, mich auf Michaels Kosten zu profilieren. Ich schwor mir, das nicht zu tun.

Nach dem Versand der Pressemitteilung verbrachte ich einige Tage damit, mir eine Strategie zu überlegen, wie ich über die Vergangenheit sprechen konnte, ohne mich in einen zu engen Zusammenhang mit Entscheidungen zu bringen, die ich nicht getroffen hatte, aber gleichzeitig nicht zu sehr ins andere Extrem zu geraten und mich in die harschen Kritiker bezüglich Michaels Amtsführung einzureihen. Die Lösung für dieses Dilemma kam aus unerwarteter Ecke. Ungefähr eine Woche nach der Ankündigung des Verwaltungsrats erhielt ich einen Anruf von einem sehr angesehenen politischen Berater und Markenmanager namens Scott

Miller. Vor vielen Jahren hatte Scott ABC sehr gut beraten, daher war ich enorm erpicht darauf, mit ihm zu sprechen, als er sagte, er sei in L.A. und würde sich gerne mit mir treffen.

Wenige Tage später kam er in mein Büro und legte einen zehnseitigen Foliensatz auf den Tisch. »Das ist für Sie«, sagte er. »Kostenlos.« Ich fragte ihn, was das sei. »Das Drehbuch für Ihre Kampagne«, antwortete er.

»Kampagne?«

»Was Sie jetzt vor sich haben, ist eine politische Kampagne«, sagte er. »Das ist Ihnen klar, oder?«

Auf abstrakter Ebene verstand ich es, aber ich hatte nicht in dem buchstäblichen Sinne darüber nachgedacht, den Scott meinte. Ich brauche eine Strategie, um auf Stimmenfang zu gehen, sagte er, und das bedeute, sich zu überlegen, welche Verwaltungsratsmitglieder noch keine eindeutige Meinung zu dem Thema hätten, und auf die müsse ich mich konzentrieren und meine Botschaft auf sie abstimmen. Dann stellte er mir eine Reihe von Fragen: »Auf wen können Sie fest zählen?«

»Ich bin mir nicht sicher, ob irgendjemand auf meiner Seite ist.«

»Okay, wer wird Ihnen unter keinen Umständen eine Chance geben?« Sofort tauchten drei oder vier Namen und Gesichter vor meinem geistigen Auge auf. »Und wer sind die Unentschiedenen?« Es gab eine Handvoll, von denen ich glaubte, dass ich sie möglicherweise davon überzeugen konnte, mir eine Chance zu geben. »Das sind die, auf die Sie sich zuerst konzentrieren müssen«, sagte Scott.

Er verstand auch, dass mir ein wenig die Hände gebunden waren, was die Art und Weise betraf, wie ich über Michael und die Vergangenheit sprach. Das hatte er bereits vorweggenommen. »Als Repräsentant der Vergangenheit können Sie hier nicht gewinnen«, stellte er fest. »In der Defensive können Sie keine Punkte machen. Es geht nur um die Zukunft, nicht um die Vergangenheit.«

Das mag auf der Hand liegen, für mich war es aber eine Offenbarung. Ich musste mich nicht an der Vergangenheit abarbeiten, ich musste Michaels Entscheidungen nicht verteidigen, und ich musste ihn auch nicht zu meinem eigenen Vorteil kritisieren. Es ging nur um die Zukunft. Immer wenn die Frage aufkam, was in den vergangenen Jahren bei Disney schiefgelaufen war, welche Fehler Michael gemacht hatte und warum ich glaubte, dass ich es anders machen würde, konnte meine Antwort schlicht und ergreifend lauten: »Ich kann die Vergangenheit nicht ändern. Wir können über Lektionen sprechen, die wir daraus ziehen, und wir können dafür sorgen, dass diese Lektionen in Zukunft angewendet werden. Aber wir können die Vergangenheit nicht ändern. Sie wollen wissen, was ich mit dem Unternehmen in der Zukunft vorhabe, und nicht, was in der Vergangenheit gemacht wurde. Hier ist mein Plan.«

»Sie müssen denken, planen und handeln wie ein Aufrührer«, mahnte Scott. »Sie sollten Ihren Plan mit einem ganz klaren Gedanken entwickeln: Dies ist ein Kampf um die Seele unserer Marke. Sprechen Sie über die Marke; darüber, wie Sie ihren Wert steigern werden und wie Sie sie schützen wollen.« Dann fügte er hinzu: »Sie müssen strategische Prioritäten setzen.« Ich hatte intensiv darüber nachgedacht und nannte ihm eine Liste mit Punkten. Nachdem ich fünf oder sechs genannt hatte, schüttelte er den Kopf und sagte: »Stopp. Wenn Sie so viele Punkte haben, dann sind sie keine Prioritäten mehr.« Prioritäten sind die wenigen Dinge, auf die Sie einen Großteil Ihrer Zeit und einen Großteil des Kapitals verwenden. Wenn man zu viele Dinge gleichzeitig bewegen will, nimmt man ihnen die Bedeutung, und niemand wird sich an alle erinnern. »Sie laufen Gefahr, unfokussiert zu wirken«, warnte mich Scott. »Beschränken Sie sich auf drei Punkte. Ich kann Ihnen nicht sagen, welche das sein sollen. Das müssen wir auch nicht heute festlegen. Sie müssen mir auch gar nicht sagen, welche es sind, wenn Sie nicht wollen. Aber es dürfen nicht mehr als drei sein.«

Wenn man zu viele Dinge gleichzeitig bewegen will, nimmt man ihnen die Bedeutung, und niemand wird sich an alle erinnern.

Er hatte recht. In meinem Eifer, zu demonstrieren, dass ich eine Strategie zur Lösung aller Probleme des Konzerns hatte, hatte ich keines priorisiert. Es gab keinen Hinweis darauf, welches die wichtigsten Themen waren, und ich hatte keine leicht verständliche, umfassende Vision. Meiner Vision mangelte es an Inspiration und Klarheit.

Die Kultur eines Unternehmens wird von vielen Dingen geprägt, aber auf eine Sache kommt es besonders an: Die Prioritäten müssen klar formuliert und immer wieder neu ausgesprochen werden. Nach meiner Erfahrung ist das der wesentliche Unterschied zwischen herausragenden

Unternehmensführern und dem Rest. Wenn Führungskräfte ihre Prioritäten nicht eindeutig kommunizieren, wissen ihre Teams auch nicht, welche Prioritäten sie setzen sollen. Das führt zur Verschwendung von Zeit, Geld und Energie, und die Menschen im Unternehmen verspüren unnötige Ängste, weil sie nicht wissen, worauf sie sich konzentrieren sollen. Die Folge ist Ineffizienz, Frustration und eine sinkende Moral.

Sie können viel tun, um die Moral Ihrer Teams (und damit die Moral der Mitarbeiter in den Teams) zu stärken, indem Sie Klarheit schaffen. Ein CEO muss dem Unternehmen und seinem Führungsteam eine klare Richtung geben. Ein Großteil der Arbeit ist komplex und erfordert sehr viel Energie und Fokussierung. Mit einer einfachen, klaren Botschaft geben Sie Orientierung: Das ist das Ziel, das wir anstreben, und so werden wir es erreichen. Wenn diese beiden übergeordneten Dinge feststehen, fällt jede weitere Entscheidung leichter, und man kann die Ängste und Unsicherheit in der Belegschaft abbauen.

Nach meinem Treffen mit Scott definierte ich innerhalb von kurzer Zeit drei klare strategische Prioritäten. Seit meiner Ernennung zum CEO haben sie dem Unternehmen eine Richtung gegeben:

1. Wir würden hochwertige Markeninhalte schaffen. In einem Zeitalter, in dem eine Flut von Inhalten erzeugt und vertrieben wird, wird Qualität immer wichtiger, und darauf mussten wir den größten Teil unserer Ressourcen konzentrieren. Es reichte nicht, möglichst viele Inhalte, ja nicht einmal, viele *gute* Inhalte zu schaffen. Angesichts schier grenzenloser Auswahlmöglichkeiten brauchten die Konsumenten eine klare Orientierung, um entscheiden zu können, wie sie ihr Geld und ihre Zeit verwenden wollen. Zur Steuerung des Konsumentenverhaltens waren herausragende Marken wichtiger denn je.

2. Wir würden modernste Technologie einsetzen – erstens, um qualitativ erstklassige Inhalte schaffen zu können, und zweitens, um die Konsumenten über zeitgemäßere und relevantere Kanäle zu erreichen. Seit den Anfängen, als das Unternehmen noch von Walt Disney persönlich geleitet wurde, hatten innovative Technologien stets einen großen Einfluss auf das Storytelling gehabt. Jetzt war der Zeitpunkt, unsere Anstrengungen zu verdoppeln, um es Walt gleichzutun. Zwar waren wir – und würden es immer bleiben – in erster Linie ein Unternehmen, das Inhalte erzeugt,

aber es wurde auch immer klarer, dass der Tag kommen würde, an dem zukunftsweisende Vertriebskanäle ein wesentliches Mittel zum Erhalt der Markenrelevanz sein würden. Solange die Konsumenten unsere Inhalte nicht auf nutzerfreundlichere, mobile und digitale Weise konsumieren konnten, war unsere Relevanz infrage gestellt. Kurzum, wir mussten Technologie als Chance, und nicht als Bedrohung begreifen, und wir mussten dieses Thema mit Engagement, Enthusiasmus und einem Gefühl der Dringlichkeit angehen.

3. Wir würden den Konzern in ein wahrhaft globales Unternehmen verwandeln. Wir waren international aufgestellt und in zahlreichen Märkten weltweit vertreten, aber wir mussten bestimmte Märkte besser durchdringen, vor allem die bevölkerungsreichsten Länder wie Indien und China. Wenn unser Hauptfokus auf der Schaffung erstklassiger Markeninhalte lag, mussten wir diese in einem nächsten Schritt einem globalen Publikum nahebringen, uns fest in den globalen Märkten verwurzeln und ein tragfähiges Fundament für nachhaltiges Wachstum legen. Weiterhin die gleichen Dinge für die gleichen loyalen Kunden zu machen, bedeutete Stagnation.

So lautete meine Vision. Sie drehte sich allein um die Zukunft, nicht um die Vergangenheit – dabei ging es darum, die Mission des Konzerns, unsere sämtlichen Geschäftsfelder und jeden einzelnen unserer damals 130 000 Mitarbeiter auf diese drei Prioritäten einzuschwören. Jetzt musste ich nur noch die zehn Mitglieder des Verwaltungsrats, von denen die meisten wenig oder gar kein Vertrauen in mich hatten, davon überzeugen, dass dies der richtige Kurs für das Unternehmen und ich die richtige Person für diese Aufgabe war.

MEIN ERSTES GESPRÄCH, bei dem ich dem gesamten Verwaltungsrat gegenübersaß, fand an einem Sonntagabend in unserem Konferenzsaal in Burbank statt. Ich wurde zwei Stunden lang in die Mangel genommen. Zwar waren die Mitglieder des Verwaltungsrats nicht offen aggressiv, aber sie waren auch nicht besonders herzlich oder freundlich. Sie waren lange Zeit einem großen Druck ausgesetzt gewesen, und jetzt war der Druck eher noch größer. Ihre Entschlossenheit, unmissverständlich deutlich zu machen, wie ernst sie diesen Prozess nahmen, zeigte sich an ihrem strengen, nüchternen Auftreten. Es war klar, dass der Umstand, dass ich selbst fünf Jahre lang dem Leitungsgremium angehört hatte, diesen Prozess für mich nicht eben einfacher machte.

Wie es das Schicksal wollte, hatte ich bereits Monate zuvor für diesen Tag meine Teilnahme an einem Triathlon in Malibu zugesagt, und ich wollte mein Team nicht hängen lassen. Also stand ich um 4 Uhr morgens auf, fuhr im Dunkeln nach Malibu, absolvierte die Fahrradstrecke von fast 30 Kilometern, eilte zurück nach Hause, duschte mich und zog mich um und fuhr anschließend zur Verwaltungsratssitzung nach Burbank. Bevor ich in die Höhle des Löwen eintrat, verschlang ich in letzter Minute einen Eiweißriegel, um einem möglichen Energietief während des Interviews vorzubeugen. In den folgenden zwei Stunden gurgelte mein Magen laut und vernehmlich, und ich befürchtete, die Anwesenden könnten denken, mein Verdauungstrakt sei dem psychischen Druck nicht gewachsen.

Das Gute war, dass dies die erste Gelegenheit war, bei der ich meinen Plan vorstellen konnte. Ich erläuterte die drei Säulen meiner Strategie und widmete mich anschließend dem Umstand der schlechten Stimmung in der Belegschaft. »Die Leidenschaft für unsere Marke ist immer noch sehr groß«, sagte ich. »Mein Ziel ist jedoch, dass Disney das am meisten bewunderte Unternehmen der Welt wird – bei unseren Konsumenten, unseren Aktionären und unseren Mitarbeitern. Die letzte Anspruchsgruppe ist der Schlüssel. Wir werden nie die Bewunderung oder die Öffentlichkeit für uns gewinnen, wenn wir sie nicht zunächst von unseren eigenen Mitarbeitern bekommen. Und der einzige Weg, damit die Menschen, die für uns arbeiten, das Unternehmen bewundern und an seine Zukunft glauben, ist, Produkte zu erzeugen, auf die sie stolz sind. So einfach ist das.«

Es gab noch ein anderes, praxisrelevanteres Problem, das ich im Hinblick auf die Moral erwähnte. Im Verlauf der Jahre hatten wir uns zu einem Unternehmen entwickelt, in dem praktisch alle nichtkreativen Entscheidungen von der zentralen Aufsichtsgruppe, der zuvor erwähnten Strategischen Planung, getroffen wurden. Sie bestand aus 65 Analysten mit MBA-Abschlüssen der besten Business Schools des Landes. Sie saßen im vierten Stock der Konzernzentrale, und im Zuge des fortgesetzten Unternehmenswachstums hatte sich Michael immer stärker auf ihre Analysen und strategischen Vorgaben für die verschiedenen Geschäftsfelder verlassen.

In vielerlei Hinsicht war das sinnvoll. Sie beherrschten ihr Metier, aber damit entstanden auch zwei Probleme. Eines, das ich zuvor schon erwähnt habe, war der Umstand, dass die zentralisierte Entscheidungsfindung eine demoralisierende Wirkung auf die Topmanager unserer Sparten entfaltete, die zunehmend das Gefühl hatten, die eigentliche Entscheidungsmacht darüber, wie die Sparten zu führen seien, liege bei der Strategischen Planung. Das zweite Problem war, dass ihre übertrieben analytischen Entscheidungsprozesse sehr umständlich und langsam waren. »Die Welt ist heute um ein Vielfaches dynamischer als früher«, sagte ich den Verwaltungsratsmitgliedern. »Und das Tempo, mit dem sich die Dinge weiterentwickeln, wird weiter anziehen. Unsere Entscheidungsprozesse müssen unmittelbarer und schneller werden, und ich muss mir Wege überlegen, wie wir das erreichen können.«

Ich ging davon aus, dass es einen positiven Kaskadeneffekt auf die Unternehmensmoral haben würde, wenn die Spartenleiter das Gefühl hätten, dass sie stärker an den Entscheidungen beteiligt werden. Ich hatte zu dem Zeitpunkt keine Idee, wie unmittelbar und dramatisch dieser Effekt sein würde.

DER SECHSMONATIGE PROZESS, der auf das erste Gespräch mit dem Verwaltungsrat folgte, stellte mich stärker auf die Probe als alles andere in meiner Karriere. Nie war ich geistig stärker gefordert, was den Bereich Business Intelligence, also die systematische Analyse des eigenen Unternehmens betrifft. Nie hatte ich intensiver darüber nachgedacht, wie unser Unternehmen arbeitete und welche Dinge verbessert werden mussten. Und niemals zuvor hatte ich in so kurzer Zeit so viele Informationen verarbeitet. All das musste ich quasi nebenher bewältigen, schließlich gab es noch die Anforderungen des Tagesgeschäfts, das Unternehmen zu führen (Michael war zwar da, aber verständlicherweise war er mit seinen Gedanken oft woanders). Die langen, stressigen Arbeitstage begannen ihren Tribut zu fordern.

Das lag nicht in erster Linie an der Arbeitsbelastung an sich. Ich war immer stolz darauf, dass ich in der Lage und bereit war, mehr zu leisten als alle anderen. Für mich war die bei Weitem härteste Belastungsprobe der Umgang mit der Tatsache, dass ich unter ständiger öffentlicher Beobachtung stand und mich stets mit der offen geäußerten Meinung konfrontiert sah, ich sei auf keinen Fall die richtige Besetzung für den Posten des CEO von Disney. Die Nachfolgefrage war ein wichtiges Wirtschaftsthema, über das ununterbrochen berichtet wurde: Was dachte der Verwaltungsrat? Wer gehörte zu den Kandidaten? Konnte der Konzern wieder auf den richtigen Kurs gebracht werden? Der Konsens unter den Analysten und Kommentatoren spiegelte im Wesentlichen die Meinung der Mitglieder des Verwaltungsrats wider, die gegen meine Ernennung waren: Disney brauchte frisches Blut und eine neue Perspektive. Iger zum CEO zu machen, bedeutete, ein Abziehbild von Michael Eisner ins Amt zu hieven.

Ich war immer stolz darauf, dass ich in der Lage und bereit war, mehr zu leisten als alle anderen.

Es war aber nicht nur die Presse, die mir zusetzte. Schon früh in dem Selektionsprozess traf ich mich mit Jeffrey Katzenberg in der Nähe des Disney-Geländes in Burbank zum Frühstück. »Sie müssen das Unternehmen verlassen«, sagte Jeffrey. »Sie werden diesen Job nicht bekommen. Ihre Reputation hat Schaden genommen.« Ich wusste, dass es schwierig werden würde, mich von Michael zu distanzieren, aber bisher war mir nicht bewusst gewesen, dass die Außenwelt mich als »beschädigt« wahrnehmen könnte. Jeffrey hatte offenbar das Gefühl, er müsse mir diese Illusion nehmen. Es gebe keine Möglichkeit, meine Person von dem Chaos der letzten zwei Jahre zu trennen, sagte er. »Sie sollten gehen und eine Zeitlang Pro-bono-Projekte machen, um Ihr Image wiederherzustellen.«

Mein Image wiederherzustellen? Ich hörte ihn an und versuchte, dabei ruhig zu bleiben, aber innerlich war ich perplex und wütend über Jeffreys Gewissheit, dass ich erledigt war. Ein anderer Teil von mir fragte sich jedoch, ob er vielleicht recht hatte. Womöglich erfasste ich nicht in seiner ganzen Tragweite, was allen anderen um mich herum vollkommen klar zu sein schien: dass es überhaupt keine Chance gab, dass ich zum CEO ernannt würde. Vielleicht war das Ganze aber auch nur eine Hollywood-Version der Kreml-Astrologie, und meine größte Aufgabe wäre, meine Argumente weiterhin bestmöglich zu kommunizieren und all die Ablenkungen zu ignorieren, auf die ich sowieso keinen Einfluss hatte.

Man kann sich sehr leicht in der Gerüchteküche verfangen und sich über die Meinung Sorgen machen, die diese oder jene Person von einem hat, oder was eine andere Person über einen sagt oder schreibt. Dann läuft man Gefahr, in eine Verteidigungshaltung zu geraten, aggressiv zu werden und zurückschlagen zu wollen, wenn man das Gefühl hat, man werde ungerecht behandelt und falsch dargestellt. Ich glaubte nicht, dass ich den Job *verdiente*; ich glaubte auch nicht, ich hätte einen Anspruch darauf. Aber ich glaubte, dass ich die richtige Person dafür war. Und das bewies ich zum Teil dadurch, dass ich angesichts der vielfach öffentlich geäußerten Zweifel äußerlich ungerührt blieb. Ich erinnere mich noch an eine Schlagzeile im *Orlando Sentinel*: »Weit und breit kein Nachfolger für Eisner in Sicht.« Viele andere drückten ähnliche Überzeugungen aus, und eine Zeitlang schien es, als würde jeden Tag irgendjemand schreiben oder sagen, wie verantwortungslos es wäre, wenn der Verwaltungsrat mich zum CEO ernennen würde. In einem anderen Bericht wurde Stanley Gold mit den Worten zitiert, ich sei »ein Gentleman und eine hart arbeitende Führungskraft, aber die meisten Mitglieder des Verwaltungsrats hätten Vorbehalte bei der Frage, ob [ich] Michael beerben sollte«. Das hatte einen ominösen Unterton. Es gab ein Mitglied, Gary Wilson, der nicht nur der Ansicht war, ich sollte auf keinen Fall CEO werden, sondern der ganz eindeutig dachte, er könne seine eigenen Interessen vorantreiben, wenn er versuchte, mich in unseren Sitzungen in die Enge zu treiben und zu demütigen. Ich musste mich ständig daran erinnern, dass Gary Wilson nicht mein Problem war. So sehr, wie dieser Prozess ein Test für meine Ideen war, war er auch ein Test für mein Temperament. Ich konnte einfach nicht zulassen, dass die Negativität, die von Leuten ausgedrückt wurde, die eigentlich nichts über mich wussten, meine Selbstwahrnehmung und meine Selbstachtung beeinträchtigte.

Am Ende des Auswahlprozesses hatte ich insgesamt fünfzehn Mal Rede und Antwort gestanden: erst in einem Gespräch, in dem ich dem gesamten Verwaltungsrat gegenübersaß, anschließend in Einzelgesprächen mit jedem einzelnen seiner Mitglieder und zu guter Letzt mit den Mitgliedern, die darüber hinaus ein gesondertes Gespräch erbeten hatten. Gekrönt wurde das Ganze von einer der beleidigendsten Erfahrungen meiner gesamten Karriere, nämlich einem Interview mit einem Headhunter namens Gerry Roche, dem Leiter des bekannten Executive-Search-Unternehmens Heidrick & Struggles.

Gerry war engagiert worden, um mich gegen externe Kandidaten zu »benchmarken« und dem Verwaltungsrat dabei zu helfen, Kandidaten einzuschätzen, die sie nicht kannten. Als ich das erfuhr, beschwerte ich mich bei George Mitchell, das sei herabwürdigend und ich hätte bereits alle Fragen, die man mir überhaupt stellen konnte, beantwortet. »Machen Sie's einfach«, sagte George. »Der Verwaltungsrat will einfach alle Kästchen abhaken.«

Also flog ich nach New York, um mich in Gerrys Büro zum Mittagessen zu treffen. Wir saßen in einem Konferenzzimmer. Das Einzige, was auf dem Tisch stand, war Wasser. Gerry hielt ein Exemplar von James Stewarts Buch *DisneyWar* hoch, das soeben erschienen war und Michaels Jahre als CEO und meine als COO unter die Lupe nahm, wobei mehrere Begebenheiten falsch wiedergegeben wurden. Auf verschiedenen Seiten klebten Post-it-Haftnotizen, mit denen die Passagen markiert wurden, zu denen mich Gerry befragen wollte. Er blätterte beiläufig durch das Buch und stellte mir eine Reihe von Fragen, die wenig oder nichts mit mir zu tun hatten. Nach 30 Minuten kam Gerrys Assistentin herein und brachte eine einzige Lunchtüte aus braunem Papier für ihn mit und machte ihn darauf aufmerksam, dass der Privatjet, mit dem er zu einer Hochzeit in Florida fliegen wollte, demnächst starten und er den Flug verpassen würde, wenn er noch länger wartete. Daraufhin erhob sich Gerry und verließ den Raum. Ich hatte nichts gegessen und ging ebenfalls, maßlos wütend über die Zeitverschwendung und die bodenlose Respektlosigkeit.

Nur einmal bekam ich die Auswirkungen der Belastung und der Frustration wirklich zu spüren. Es war Januar 2005, der Auswahlprozess zog sich schon seit mehreren Monaten hin, und ich hatte meinen sechsjährigen Sohn Max zu einem Spiel der L.A. Clippers im Staples Center mitgenommen. Mitten im Spiel begann sich meine Haut taub anzufühlen. Meine Brust verengte sich und ich bekam Atemnot. Sowohl meine Mutter als auch mein Vater hatten mit fünfzig einen Herzinfarkt erlitten. Ich war zu dem Zeitpunkt 54 Jahre alt und kannte die Symptome.

Tatsächlich hatte ich immer in der Angst gelebt, auch einen Herzinfarkt zu erleiden. Ein Teil von mir war sicher, dass ich gerade einen Herzinfarkt hatte; ein anderer Teil von mir war sicher, dass es nicht sein konnte. Ich ernährte mich gut, trainierte sieben Tage die Woche und machte regelmäßige Vorsorgeuntersuchungen. Das konnte kein Herzinfarkt sein, oder doch? Ich kämpfte mit mir, ob ich mitten im Spiel einen Notarzt rufen sollte, fürchtete aber, ich würde Max damit einen Schreck einjagen.

Stattdessen sagte ich ihm, mir sei schlecht, und wir fuhren nach Hause. An diesem Nachmittag gab es einen Regensturm mit heftigen Windböen, und ich konnte während der Fahrt kaum die Straße sehen. Mein Herz fühlte sich an, als würde es in meiner Brust von einer Faust zusammengepresst. Ich wusste, dass es dumm war, mit meinem kleinen Sohn auf dem Rücksitz Auto zu fahren, und ich sorgte mich, dass ich womöglich einen furchtbaren Fehler machte. In dem Moment konnte ich jedoch nur daran denken, so schnell wie möglich nach Hause zu kommen. Ich fuhr in unsere Einfahrt, Max sprang aus dem Auto, und dann rief ich sofort meinen Internisten Dennis Evangelatos an. Anschließend rief ich einen Freund an, der vorbeikam und mich zu Dennis fuhr. Dennis kannte mich gut und wusste, unter welchem Stress ich stand. Er prüfte meine Vitalzeichen, blickte mir prüfend in die Augen und sagte: »Sie haben eine klassische Panikattacke, Bob. Sie brauchen Ruhe.«

Ich war erleichtert, aber auch besorgt. Ich hatte mich immer für einen Menschen gehalten, der relativ immun gegen Stress war und sich auch in angespannten Situationen konzentrieren und die Ruhe bewahren konnte. Die Belastung, die der Auswahlprozess darstellte, forderte einen höheren Tribut, als ich mir selbst, geschweige meiner Familie oder engen Freunden eingestanden hatte – und es war mehr, als ich verdauen konnte. Ich verließ Dennis' Haus, ging nach Hause und nahm mir einige Zeit, um alles in die richtige Perspektive zu rücken. Es war eine große Aufgabe und ein großer Titel, aber es war nicht mein Leben. Mein Leben waren Willow und die Jungs, meine Töchter in New York, meine Eltern, meine Schwester und meine Freunde. Der ganze Stress drehte sich eigentlich nur um eine berufliche Position, und ich schwor mir, zu versuchen, die richtige Perspektive zu wahren.

Es war eine große Aufgabe und ein großer Titel, aber es war nicht mein Leben.

Der einzige Moment, in dem ich vor dem Verwaltungsrat die Contenance verlor, war in meinem letzten Gespräch. Nach Monaten der Interviews und Präsentationen riefen sie mich ein weiteres Mal zu einem Gespräch, und zwar an einem Sonntagabend in einen der Konferenzräume eines Hotels in Pasadena. Als ich dort eintraf, erfuhr ich, dass der Verwaltungsrat den ganzen Nachmittag im Haus eines der Mitglieder verbracht und Meg Whitman, CEO von eBay, interviewt hatte, die zu diesem Zeitpunkt die andere Hauptkandidatin war. (Die übrigen vier waren entweder freiwillig ausgeschieden oder aussortiert worden.) Ich war an einem Punkt angelangt, an dem ich wirklich genug von diesem Prozess hatte. Ich konnte nicht glauben, dass es noch irgendetwas gab, das sie nicht wussten, oder irgendeine Frage, die nicht bereits mehrmals gründlich und ausführlich beantwortet worden wäre. Ich wollte, dass das Ganze ein Ende hatte. Das Unternehmen, das inzwischen seit einem halben Jahr – oder noch länger, wenn man die turbulenten Monate dazuzählte, in denen über Michaels Zukunft spekuliert worden war – mit einer ungewissen Zukunft rang, hatte es noch viel nötiger, dass dieser Prozess endlich ein Ende fand. Einige Mitglieder des Verwaltungsrats schienen das nicht zu begreifen, und ich hatte die Grenze meiner Geduld erreicht.

Gegen Ende dieses abschließenden Interviews fragte mich Gary Wilson, der während des gesamten Prozesses immer wieder versucht hatte, mich gegen Michael aufzuhetzen und mir irgendeine herabwürdigende Äußerung über seine Amtsführung zu entlocken, zum wiederholten Mal: »Sagen Sie uns, warum wir Ihnen glauben sollten, dass Sie es anders machen werden? Was hat Michael Ihrer Meinung nach falsch gemacht? Was würden Sie anders machen?« Diese Fragen trafen bei mir einen Nerv, und ich schlug vor versammelter Mannschaft zurück. »Sie haben mir dieselben Fragen bereits bei drei anderen Gelegenheiten gestellt«, erwiderte ich und versuchte, mein Temperament zu zügeln. »Ich empfinde das als beleidigend und werde sie daher nicht noch einmal beantworten.«

Alle Anwesenden verstummten, und das Gespräch kam zu einem abrupten Ende. Ich stand auf und verließ den Raum, ohne irgendjemanden eines Blickes zu würdigen. Ich schüttelte niemandem die Hand und ich dankte ihnen nicht für ihre Zeit. Ich hatte meinen selbstauferlegten Test, allen Zumutungen mit Geduld und Respekt zu widerstehen, nicht bestanden. An jenem Abend riefen mich George Mitchell und Aylwin Lewis, der auch im Verwaltungsrat saß, unabhängig voneinander zu Hause an. »Wahrscheinlich haben Sie sich selbst keinen irreparablen Schaden zugefügt«, meinte George, »aber Sie haben sich auch nichts Gutes getan.« Aylwin war kritischer. »Das war nicht der Zeitpunkt, um jeden sehen zu lassen, dass Sie angespannt sind, Bob«, sagte er.

Ich war nicht glücklich über meinen Auftritt, aber ich bin auch nur ein Mensch. Ich konnte es nicht mehr ungeschehen machen und zudem fand ich meinen Zorn gerechtfertigt. Am Ende meines Gesprächs mit George sagte ich: »Bitte treffen Sie eine Entscheidung. Es ist an der Zeit. Das Unternehmen leidet unter diesem endlosen Prozess.«

Ich war nicht glücklich über meinen Auftritt, aber ich bin auch nur ein Mensch.

Wenn ich heute auf diese Zeit zurückblicke, betrachte ich sie als hart erarbeitete Lektion über die Bedeutung von Beharrlichkeit und Ausdauer, aber auch über die Notwendigkeit, Zorn und nervöse Anspannung über Dinge zu vermeiden, auf die man keinen Einfluss hat. Ich kann gar nicht genug betonen, wie wichtig es ist, zu verhindern, dass Verletzungen des eigenen Egos, so real sie auch sein mögen, einen zu großen gedanklichen Raum einnehmen und zu viel Energie verschlingen. Es ist leicht, optimistisch zu sein, wenn jeder Ihnen sagt, wie großartig Sie sind. Viel schwieriger, aber auch viel notwendiger ist es, optimistisch zu bleiben, wenn Ihr Selbstwertgefühl herausgefordert wird – und das auf eine derart öffentliche Weise.

Es ist leicht, optimistisch zu sein, wenn jeder Ihnen sagt, wie großartig Sie sind.

Dieser Nachfolgeprozess war das erste Mal in meiner Karriere, dass ich mit einer derart hohen und anhaltenden nervösen Anspannung konfrontiert war. Es war unmöglich, das ganze Gerede über mich komplett auszublenden und ich konnte es auch nicht verhindern, dass ich mich von den sehr öffentlichen Gesprächen über meine vermeintlich mangelnde Eignung für die Position des CEO gekränkt und herabgesetzt fühlte. Mithilfe einer ausgeprägten Selbstdisziplin und der Liebe meiner Familie lernte ich jedoch, diese Dinge als das zu betrachten, was sie waren – nämlich dass sie keinen Einfluss darauf hatten, wer ich war. Ich lernte, sie in den richtigen Kontext zu stellen und entsprechend einzuordnen. Ich hatte Kontrolle über mein eigenes Verhalten und meine Handlungen, mehr nicht. Auf alles andere hatte ich keinen Einfluss. Es gelang mir nicht in jedem Moment, diese Perspektive zu wahren, aber soweit ich dazu in der Lage war, konnte ich meine nervöse Anspannung im Zaum halten.

AN EINEM SONNTAG im März 2005 trat der Verwaltungsrat zusammen, um eine abschließende Entscheidung zu treffen. Die meisten Mitglieder nahmen per Telefonschaltung teil; Michael und George Mitchell befanden sich in einem Konferenzraum von ABC in New York.

Ich wachte morgens auf und dachte, möglicherweise hätte ich genügend der »unentschiedenen» Verwaltungsratsmitglieder überzeugen können. Als ich jedoch an das ganze Drama und die intensive Beobachtung des Auswahlprozesses durch die Medien dachte, kam ich zu dem Schluss, dass es genauso gut ganz anders verlaufen konnte und dass sich einige der Skeptiker möglicherweise mit ihrem Plädoyer für eine Veränderung des Narrativs durchgesetzt hatten und ein externer Kandidat zum Zuge käme.

Ich verbrachte den Tag mit meinen beiden Söhnen und versuchte, mich abzulenken. Max und ich kickten ein wenig Fußball, gingen zum Mittagessen und verbrachten eine Stunde in seinem Lieblingspark in unserem Viertel. Ich sagte Willow, wenn es schlechte Nachrichten gebe, würde ich mich ins Auto setzen und den ausgedehnten Überlandtrip machen, von dem ich schon immer geträumt hatte. Ein Solotrip durch die Vereinigten Staaten erschien mir wie das Paradies.

Sobald die Sitzung beendet war, riefen mich George Mitchell und Michael zu Hause an. Willow befand sich mit mir in unserem gemeinsamen Arbeitszimmer. Ich hätte den Job, sagten sie, es würde am folgenden Tag bekannt gegeben werden. Ich wusste es zu schätzen, dass Michael bei dem Anruf dabei war. Ich wusste, dass es schmerzhaft für ihn sein musste. Er war ganz in seiner Aufgabe aufgegangen und war noch nicht wirklich so weit, loszulassen. Aber wenn er sein Amt schon an jemand anderes abtreten musste, dann – so glaube ich – war er froh, dass ich diese Person war.

Ich war George dankbar für sein Verhalten, das er während des Prozesses mir gegenüber an den Tag gelegt hatte. Wenn er nicht gewesen wäre, glaube ich nicht, dass der Verwaltungsrat mir eine faire Chance eingeräumt hätte.

Am dankbarsten war ich aber Willow. Ohne ihren Glauben an mich, ihre Klugheit und ihre Unterstützung hätte ich diesen Prozess nicht durchgestanden. Natürlich stand sie die ganze Zeit hinter mir, aber sie sagte mir auch immer wieder, dass dieser Job nicht das Wichtigste in meinem – unserem – Leben sei. Ich wusste, dass sie recht hatte, aber dennoch kostete es mich große Mühe, mir ihre Worte zu Herzen zu nehmen. Und auch dabei half sie mir. Nach dem Telefonat saßen Willow und ich einen Moment lang still nebeneinander und versuchten, die Nachricht sacken zu lassen. Im Geiste machte ich eine Liste der Leute, die ich umgehend anrufen wollte. Ich musste dem Drang widerstehen, sofort loszulegen, und stattdessen versuchen, einfach kurz stillzusitzen, durchzuatmen und die Euphorie, aber auch die Erleichterung zuzulassen.

Schließlich rief ich meine Eltern auf Long Island an. Sie waren stolz, wenngleich ein wenig ungläubig, dass ihr Sohn das Unternehmen leiten würde, das Walt Disney gegründet hatte. Dann rief ich meine Töchter in New York an und meine ehemaligen Bosse von Capital Cities, Dan Burke und Tom Murphy. Und anschließend meldete ich mich bei Steve Jobs. Das war vielleicht eine seltsame Idee, aber ich hatte das Gefühl, es sei wichtig, auf ihn zuzugehen, falls es eines Tages eine Chance gab, die Beziehung zu Pixar zu retten.

Ich kannte Steve damals kaum, aber ich wollte ihn wissen lassen, dass am nächsten Tag bekannt gegeben würde, dass ich zum CEO des Unternehmens ernannt würde. Seine Antwort lautete im Wesentlichen: »Okay, nun ja, das ist cool für Sie.« Ich sagte ihm, ich würde ihn gerne treffen und versuchen, ihn von einer erneuten Zusammenarbeit zu überzeugen und dass die Dinge anders werden könnten. Er reagierte auf seine typische Art. »Wie lange haben Sie für Michael gearbeitet?«

»Zehn Jahre.«

»Huh«, sagte er. »Na ja, ich kann zwar nicht erkennen, wie die Dinge anders werden sollen, aber sicher, wenn sich die Aufregung gelegt hat, dann können Sie sich ja mal melden.«

TEIL 2

FÜHREN

KAPITEL 8

DIE MACHT DES RESPEKTS

ZWISCHEN MEINER ERNENNUNG und Michaels Ausscheiden gab es eine sechsmonatige Wartezeit. Ich musste mich sehr auf das Tagesgeschäft konzentrieren, freute mich aber darauf, eine Verschnaufpause und Zeit zu haben, um meine Gedanken nach diesem langen Nachfolgeprozess zu sortieren. Ich ging davon aus, dass die Uhr meiner »ersten 100 Tage« in dem Moment anfangen würde zu ticken, in dem Michael das Gebäude verließ. Bis dahin konnte ich sozusagen unter dem Radar fliegen und meine Pläne geduldig und methodisch verfolgen.

Es kam natürlich völlig anders. Unmittelbar nach der Ankündigung des Wachwechsels an der Spitze des Konzerns stellte jeder – die Presse, die Investorengemeinde, die übrige Unterhaltungsbranche und unsere Mitarbeiter – dieselbe Frage: Welche Strategie verfolgen Sie, um das Unternehmen wieder auf den richtigen Kurs zu bringen, und wie schnell können Sie sie umsetzen? Wegen seiner Geschichte und weil Michael es auf so dramatische Weise transformiert hatte, gehörte Disney zu den am meisten beobachteten Unternehmen der Welt. Die sehr öffentlichen Probleme, mit denen wir in den vorhergehenden Jahren zu kämpfen gehabt hatten, erhöhten nur die Neugier darauf, zu erfahren, wer ich war und was ich vorhatte. Es gab viele Skeptiker, die mich immer noch als Interims-CEO betrachteten, als kurzfristige Übergangslösung, bis der Verwaltungsrat einen externen Star gefunden hatte. Die Neugier war groß und die Erwartungen niedrig, und mir wurde sehr schnell klar, dass ich bereits vor meiner offiziellen Amtsübernahme die Zielrichtung des Unternehmens bestimmen und einige zentrale Dinge auf den Weg bringen musste.

In der ersten Woche meiner Zeit als CEO in Wartestellung rief ich meine engsten Berater – Tom Staggs, der zu unserem neuen CFO ernannt worden war; Alan Braverman, unseren Chefjustiziar, und Zenia Mucha, unseren Kommunikationsvorstand – zu mir ins Büro und ging mit ihnen die Liste der wichtigsten Punkte durch, die in den folgenden sechs Monaten erledigt werden mussten. »Als Erstes müssen wir versuchen, das Kriegsbeil mit Roy zu begraben«, sagte ich. Roy Disney empfand eine gewisse Genugtuung darüber, dass Michael zum Rücktritt gezwungen worden war. Aber er war immer noch wütend, dass der Verwaltungsrat nicht früher reagiert hatte. Zudem kritisierte er dessen Entscheidung, mich zum neuen CEO zu ernennen, vor allem, nachdem ich öffentlich für Michael Partei ergriffen hatte. Ich glaubte nicht, dass Roy viel tun konnte, um mir an diesem Punkt zu schaden, aber ich hatte das Gefühl, es wäre wichtig für das Image des Unternehmens, nicht in anhaltende Auseinandersetzungen mit einem Mitglied der Disney-Familie verwickelt zu sein.

»Zweitens müssen wir versuchen, die Beziehungen zu Pixar und Steve Jobs zu reparieren.« Das Ende der Partnerschaft mit Pixar war für Disney ein herber Schlag, sowohl aus finanzieller als auch aus PR-Sicht. Steve gehörte damals zu den meistrespektierten Menschen der Welt, was Technologie, Geschäftssinn und Unternehmenskultur betraf. Seine Ablehnung und die harsche Kritik, die er an Disney übte, waren so öffentlich, dass jede Annäherung als ein großer erster Erfolg gewertet werden würde. Außerdem war Pixar inzwischen zum Vorreiter im Bereich Animation avanciert. Zwar hatte ich keine genaue Vorstellung davon, wie schlecht Disney Animation dastand, aber ich wusste, dass jede erneute Partnerschaft gut für unser Geschäft war. Ich wusste auch, dass die Chancen gering waren, dass ein so eigensinniger Mensch wie Steve offen für einen Neuanfang wäre. Nichtsdestotrotz musste ich es versuchen.

Zu guter Letzt musste ich damit beginnen, unseren Entscheidungsprozess zu verändern. Und das bedeutete eine Restrukturierung der Abteilung Strategische Planung, das heißt eine Veränderung seiner Größe, seines Einflusses und seiner Mission. Während die ersten beiden Prioritäten im Wesentlichen auf unser öffentliches Image abzielten, ging es bei dieser dritten Priorität um eine veränderte Innenwahrnehmung unseres Unternehmens. Das würde eine Weile dauern, und es würde mit Sicherheit Ärger und Widerstand bei der Strategischen Planung auslösen, mit dem ich mich würde auseinandersetzen müssen. Doch wir mussten damit beginnen, den ganzen Apparat neu zu konfigurieren und die strategische Verantwortung möglichst schnell auf die Sparten zurück übertragen. Meine Hoffnung war, dass wir die Stimmung im Unternehmen allmählich verbessern konnten, wenn es uns gelänge, den eisernen Griff zu lockern, mit dem die Strategische Planung alle unsere Sparten kontrollierte.

Zuerst musste ich mich aber um die Versöhnung mit Roy Disney kümmern. Bevor ich jedoch auf ihn zugehen konnte, platzten die Aussichten auf eine Beilegung des Konflikts. Innerhalb von wenigen Tagen nach der Bekanntgabe meiner Ernennung verklagten Roy und Stanley den Verwaltungsrat wegen des, wie sie es nannten, »betrügerischen Nachfolgeprozesses«. Der Vorwurf war völlig absurd – es sei ein abgekartetes Spiel gewesen und meine Ernennung hätte von vornherein festgestanden –, aber es war auch eine große Ablenkung. Ich hatte meine Arbeit noch gar nicht offiziell aufgenommen und war bereits mit der ersten Krise konfrontiert: einem hässlichen, öffentlich ausgetragenen Rechtsstreit über meine Legitimität als CEO.

Ich beschloss, Stanley persönlich und nicht über einen Rechtsanwalt anzurufen, um zu sehen, ob er zu einem Gespräch bereit wäre. Bis zu seinem und Roys Rücktritt im Herbst 2003 waren Stanley und ich beide Mitglieder des Leitungsgremiums gewesen. In dieser Zeit wurde mir bewusst, dass Stanley mich nicht respektierte, aber ich dachte, er wäre zumindest bereit, mir zuzuhören, denn er war weniger emotional und praktischer veranlagt als Roy. Ich dachte, ich könne ihm vielleicht nahebringen, dass ein langer Rechtsstreit mit Disney niemandem dienlich wäre. Er willigte ein, und wir trafen uns in seinem Country Club, der nicht weit von dem Disney-Gelände entfernt war.

Ich begann das Gespräch, indem ich Stanley die Strapazen schilderte, die ich gerade durchgemacht hatte: die vielen Interviews, die Headhunting-Firma, die zahlreichen Mitbewerber, die der Verwaltungsrat in sechs Monaten unermüdlicher öffentlicher Beobachtung in Erwägung gezogen hatte. »Es war ein sehr gründlicher Prozess«, sagte ich. »Der Verwaltungsrat hat viel Zeit in seine Entscheidung investiert.« Ich wollte, dass Stanley verstand, dass es keine Grundlage für diesen Rechtsstreit gab und er daher keine Erfolgschancen hatte.

Stanley käute alles noch einmal wieder, trug erneut die ganze Litanei an Kritik vor, die er und Roy an Michael und seiner Amtsführung der vergangenen Jahre geübt hatten. Ich widersprach ihm nicht, sondern hörte einfach nur zu und wiederholte, dass all das der Vergangenheit angehöre und der Entscheidungsprozess des Verwaltungsrats unangreifbar sei. Im Zuge unseres Gesprächs wurde Stanley etwas versöhnlicher. Er deutete an, ein Großteil seines Unmutes rühre daher, dass Roy verletzt sei; er habe sein Mandat aus Protest vorzeitig niedergelegt, weil Michael auf das festgelegte Höchstalter für die Mitgliedschaft im Verwaltungsrat verwiesen habe, um ihn hinauszudrängen. Das sei respektlos gewesen. Roys Beziehung zu dem Unternehmen, das er als sein Zuhause betrachtete, sei beschädigt worden, so Stanley. Roy werfe dem Verwaltungsrat vor, nicht auf ihn gehört zu haben, als er die Kampagne zu Michaels Ablösung initiiert hatte. Zwar hätte sich der Verwaltungsrat letzten Endes von Michael getrennt, aber Roy habe das Gefühl, er habe in dieser ganzen Angelegenheit einen unfairen Preis gezahlt.

Am Ende unseres Gesprächs sagte Stanley: »Wenn Sie Roy irgendwie zurückholen können, dann lassen wir die Klage fallen.« Ich hätte nie erwartet, dass er das laut aussprechen würde. Nach dem Meeting rief ich sofort George Mitchell an. Auch George war sehr darauf erpicht, dieses unselige Kapitel abzuschließen. Er flehte mich an, mir irgendetwas zu überlegen. Dann rief ich Stanley an und sagte, ich wolle direkt mit Roy sprechen. Ich machte mir zwar keine große Hoffnung, hatte aber das deutliche Gefühl, der einzige Weg zur Bereinigung dieses Konflikts sei ein persönliches Gespräch.

Roy und ich trafen uns im selben Country Club. Es war ein offenes, aber nicht besonders angenehmes Gespräch. Ich sagte ihm, ich sei mir seiner Geringschätzung meiner Person bewusst, aber ich bitte ihn, die Realität zu akzeptieren, dass ich zum CEO ernannt worden war und der Entscheidungsprozess keine Mängel aufwies. »Roy«, sagte ich, »wenn ich scheitere, werden weitaus mehr Leute meinen Kopf fordern als Sie und Stanley.«

Er machte deutlich, dass er mit größtem Vergnügen seinen Krieg gegen das Unternehmen fortsetzen würde, falls er den Eindruck gewinne, es steuere in die falsche Richtung. Doch er zeigte auch eine verwundbare Seite, die ich noch nie an ihm wahrgenommen hatte. Die Entfremdung von Disney war schmerzhaft für ihn, und der andauernde Streit schien ihn erschöpft zu haben. In den zwei Jahren, seit er den Verwaltungsrat verlassen hatte, war er sichtlich gealtert und kam mir auf eine Weise bedürftig und zerbrechlich vor, die ich in der Vergangenheit nie an ihm wahrgenommen hatte. In Wahrheit hatte sich nicht nur Michael mit Roy überworfen. Abgesehen von Stanley hatten ihm nicht genügend Leute bei Disney – einschließlich seines lange verstorbenen Onkels Walt – den Respekt entgegengebracht, den er seiner Meinung nach verdiente. Ich hatte nie eine echte Verbindung zu Roy, aber nun spürte ich seine Verwundbarkeit. Es war nichts damit gewonnen, ihn zu beleidigen oder ihm das Gefühl zu geben, er sei bedeutungslos. Er wollte einfach respektiert werden, und sich Respekt zu verschaffen, war ihm offenbar noch nie leichtgefallen. Das war ein sehr persönlicher Konflikt, an dem viel Stolz und Ego beteiligt waren, und diesen Kampf trug er nun schon seit Jahrzehnten aus.

Sobald ich Roy in diesem Licht sah, dachte ich, es könne vielleicht einen Weg geben, ihn zu besänftigen und diesen Konflikt beizulegen. Welche Lösung ich auch immer dafür fand – ich würde nicht zulassen, dass er mir oder dem Unternehmen zu nahe kam. Ich machte mir Sorgen, er würde unvermeidlicherweise versuchen, einen Aufstand von innen anzuzetteln. Außerdem konnte ich mich auf nichts einlassen, das Michael gegenüber respektlos gewesen wäre oder wie eine Validierung von Roys Kritik an Michael aussehen könnte. Hier war große Besonnenheit gefragt. Ich rief Michael an, erklärte ihm mein Dilemma und bat ihn um Rat. Er war zwar nicht glücklich darüber, dass ich Roy die Friedenspfeife anbot, aber er erkannte an, dass eine Beilegung des Konflikts wichtig war. »Ich vertraue darauf, dass Sie das Richtige tun«, sagte er. »Machen Sie aber nicht zu viele Zugeständnisse.«

Dann kontaktierte ich Stanley erneut und machte folgenden Vorschlag: Ich würde Roy eine Emeritus-Rolle im Verwaltungsrat anbieten und ihn zu Filmpremieren, Themenpark-Eröffnungen und besonderen Unternehmensveranstaltungen einladen. (Er würde allerdings nicht an den Sitzungen des Verwaltungsrats teilnehmen.) Außerdem würde ich ihm ein geringfügiges Beratungshonorar zahlen und ihm ein Büro zur Verfügung stellen, damit er nach Belieben kommen und gehen und Disney wieder als sein Zuhause betrachten könne. Im Gegenzug würde er die Klage fallenlassen, keine öffentlichen Siegesverlautbarungen abgeben und sich öffentlicher Kritik enthalten. Zu meiner Verblüffung sagte Stanley, wir sollten eine Vereinbarung aufsetzen, die innerhalb von 24 Stunden in Kraft treten solle.

So einfach wurde eine Krise beendet, die meine erste Zeit als CEO zu überschatten drohte. Der Friedensschluss mit Roy und Stanley wurde von einigen als eine Art Kapitulation angesehen, aber ich kannte die Wahrheit, und das war mehr wert als jede Wahrnehmung von außen.

Das Drama mit Roy bekräftigte eine Lektion, die gerne übersehen wird, wenn über Unternehmensnachfolge diskutiert wird: Lassen Sie sich bei der Suche nach der bestmöglichen Entscheidung nicht von Ihrem Ego behindern. Ich war innerlich aufgebracht, als Roy und Stanley den Verwaltungsrat verklagen wollten, weil er mich zum CEO ernannt hatte. Natürlich hätte ich mich im Namen des Unternehmens auf einen Rechtsstreit einlassen können, den ich höchstwahrscheinlich sogar gewonnen hätte, aber das wäre zu großen Lasten des Unternehmens geschehen und eine gewaltige Ablenkung von den wirklich wichtigen Dingen gewesen. Meine Aufgabe war, das Unternehmen zurück auf den Wachstumskurs zu führen, und der erste Schritt war die Beilegung dieses überflüssigen Konflikts. Die einfachste und produktivste Methode, Frieden zu schließen, bestand darin, Roys Bedürfnis nach Respekt anzuerkennen und ihm diesen zu gewähren. Ihm war es viel wert, und es kostete mich und das Unternehmen so gut wie nichts.

Lassen Sie sich bei der Suche nach der bestmöglichen Entscheidung nicht von Ihrem Ego behindern.

Mit den Darstellern von *Twin Peaks* im Jahr 1990, nicht lange nach meiner Beförderung von der Nummer zwei von ABC TV zum Leiter von ABC Entertainment. Das war eine steile Lernkurve.

The Walt Disney Company

Mit Tom Murphy, CEO von Cap Cities, am Tag der Bekanntgabe unserer Übernahme durch Disney im Jahr 1995.

The Walt Disney Company

Mit Michael Eisner, CEO von Disney, der kurz darauf mein Boss werden sollte. August 1995. *The Walt Disney Company*

Mit Roone Arledge, meinem Mentor in meinen ersten Jahren bei ABC Sports, 1996. Es war Roone, der mich lehrte: Wer nicht innoviert, verliert.

The Walt Disney Company

Auf der Bühne in Cupertino mit Steve Jobs, dem damaligen CEO von Apple. Es war das Jahr 2005, und wir verkündeten, dass auf dem neuen Video-iPod alle TV-Serien von ABC übertragen würden – ein wichtiger Durchbruch in unserer Beziehung.

Justin Sullivan/Getty Images

Mit George Lucas bei der Unterzeichnung der Übernahmevereinbarung für Lucasfilm – und *Star Wars* – im Oktober 2012. *The Walt Disney Company*

Mit meinem alten Freund Micky in Tokio, 2013.

Bob Igers persönliche Sammlung

Mit Willow (in einem Yoda-Kleid, was sonst!) bei der Oscar-Verleihung 2014.

The Walt Disney Company

Mit Willow (dieses Mal nicht im Yoda-Outfit) auf dem roten Teppich bei der Oscar-Verleihung 2015.

The Walt Disney Company

Mit Walt Disney, mit dem alles begann. 2016. *The Walt Disney Company*

Während der Vorbereitung auf meine Rede anlässlich der Eröffnung von Shanghai Disneyland, kurz nachdem ich von der Tragödie in unserem Themenpark in Orlando erfahren hatte.

Bob Igers persönliche Sammlung

Das Schloss von Shanghai Disneyland kurz vor der Eröffnung des Themenparks.

The Walt Disney Company

Backstage in der Bibbidi Bobbido Boutique mit den Darstellern und der Crew. Shanghai Disneyland, 2016. *The Walt Disney Company*

Bei der offiziellen Banddurchschneidungszeremonie in Shanghai mit Wang Yang, Mitglied des Politbüros der KPCh und Vize-Premier des Staatsrats und Han Zheng, Mitglied des Politbüros und Sekretär der KPCh von Shanghai. *The Walt Disney Company*

Mit Chadwick Boseman bei der Premiere von *Black Panther* in Los Angeles, 2018.

The Walt Disney Company

Mit Rupert Murdoch in London, kurz vor der Bekanntgabe unserer Übernahme von 21st Century Fox im Dezember 2017. *The Sun/Arthur Edwards*

Ein wenig Respekt kann sehr viel bewirken; ein Mangel an Respekt kann dagegen oft sehr teuer zu stehen kommen. In den folgenden Jahren, in denen wir unsere großen Akquisitionen tätigten, die das Unternehmen neu ausrichteten und ihm eine neue Dynamik einhauchten, spielte diese einfache, scheinbar abgedroschene Idee eine genauso große Rolle wie alle Due Diligence dieser Welt: Wenn man Menschen Respekt und Empathie entgegenbringt und sie auf diese Weise für sich gewinnt, kann das scheinbar Unmögliche wahr werden.

Wenn man Menschen Respekt und Empathie entgegenbringt und sie auf diese Weise für sich gewinnt, kann das scheinbar Unmögliche wahr werden.

SOBALD DER FRIEDENSVERTRAG mit Roy unterschrieben war, musste ich als Nächstes erkunden, ob es irgendeine Chance gab, die Beziehung zu Steve Jobs und Pixar zu kitten. Zwei Monate, nachdem ich Steve angerufen hatte, um ihm mitzuteilen, dass ich zum neuen CEO ernannt worden war, rief ich ihn erneut an. Mein letztendliches Ziel war, die Dinge wieder geradezurücken, aber ich konnte nicht gleich zu Beginn darum bitten. Steves Groll gegenüber Disney saß zu tief. Der Riss, der sich zwischen Steve und Michael aufgetan hatte, war letztendlich ein Zusammenprall von zwei Platzhirschen, deren jeweilige Unternehmen in unterschiedliche Richtungen strebten. Als Michael bemängelte, die Tech-Industrie habe nicht genügend Respekt für die Inhalte, war Steve beleidigt. Als Steve andeutete, Disney sei kreativ am Ende, war Michael beleidigt. Michael war sein Leben lang eine kreative Führungskraft. Weil Steve mit Pixar ein aufstrebendes Animationsstudio führte, glaubte er, er wüsste alles besser. Als Disney Animation ernsthaft ins Schlingern geriet, wurde Steve Michael gegenüber noch arroganter, weil er davon überzeugt war, dass wir auf ihn angewiesen waren – und Michael hasste den Umstand, dass Steve am längeren Hebel saß.

Ich hatte mit all dem nichts zu tun, aber darauf kam es nicht an. Steve einfach zu bitten, es sich noch einmal zu überlegen, nachdem er die Partnerschaft mit Disney höchst öffentlichkeitswirksam beendet und Disney verhöhnt hatte, wäre ihm viel zu wenig. Es würde nicht leicht werden.

Ich hatte allerdings eine Idee, die nichts mit Pixar zu tun hatte, und von der ich glaubte, dass sie Steve interessieren könnte. Ich sagte ihm, ich sei ein großer Musikliebhaber und hätte meine gesamte Musik auf meinem iPod gespeichert, den ich ständig mitführte. Ich hätte über die Zukunft des Fernsehens nachgedacht und dann habe mir gedämmert, dass es nur eine Frage der Zeit sei, bis wir alle TV-Sendungen und Filme auf dem Computer sehen könnten. Ich wusste nicht, wie schnell sich die Mobiltechnologie weiterentwickeln würde (das iPhone sollte erst zwei Jahre später auf den Markt kommen). Was mir also vorschwebte, sei eine iTunes-Plattform für das Fernsehen. »Stellen Sie sich vor, Sie könnten auf Ihrem Computer die gesamte Fernsehhistorie abrufen«, sagte ich. Wenn Sie die letzte Folge der Serie *Lost* oder irgendeine Folge aus der letzten Staffel *I Love Lucy* sehen wollen, kein Problem. »Stellen Sie sich vor, Sie könnten sich beliebig oft alle Folgen von *Twilight Zone* ansehen!« Ich war sicher, dass diese Technik kommen würde, und ich wollte, dass Disney ganz vorne auf dieser Welle reiten würde. Ich dachte, dafür wäre es das Beste, Steve von der Unvermeidlichkeit dieser Entwicklung – ich nannte sie ihm gegenüber »iTV« – zu überzeugen.

Steve schwieg eine Weile und dann sagte er schließlich: »Ich werde mich in dieser Sache bei Ihnen melden. Ich arbeite an etwas, das ich Ihnen zeigen möchte.«

Einige Wochen später flog er nach Burbank und kam in mein Büro. Steves Vorstellung von Smalltalk war, aus dem Fenster zu blicken, eine kurze Bemerkung über das Wetter zu machen und dann sofort auf den Punkt zu kommen. Genau das tat er auch an diesem Morgen. »Sie dürfen mit niemandem darüber sprechen«, sagte er. »Das, was Sie erwähnt haben, also was man mit Fernsehsendungen machen kann, das ist genau das, worüber wir nachgedacht haben.« Langsam zog er ein Gerät aus der Hosentasche. Auf den ersten Blick wirkte es wie der iPod, den ich besaß.

»Das ist unser neuer Video-iPod«, sagte er. Das Gerät war nur so groß wie ein paar zusammengelegte Briefmarken, aber Steve sprach darüber, als sei es eine IMAX-Leinwand. »Damit können sich die Menschen auf unseren iPods Videos ansehen, und nicht nur Musik hören«, sagte er. »Wenn wir dieses Produkt auf den Markt bringen, würden Sie dann Ihre TV-Sendungen beisteuern?«

Ich sagte sofort zu.

Jede Produktdemo, die Steve vorführte, war beeindruckend, aber dies war eine ganz persönliche Demonstration. Ich konnte seinen Enthusiasmus spüren, als ich auf das Gerät starrte, und ich hatte das ausgeprägte Gefühl, die Zukunft in den Händen zu halten. Es konnte Komplikationen geben, wenn wir unsere Sendungen auf dieser Plattform zeigten, aber im Moment wusste ich nur instinktiv, dass es die richtige Entscheidung war.

Steve reagierte auf Wagemut, und ich wollte ihm signalisieren, dass es von jetzt an eine andere Art geben könnte, mit Disney Geschäfte zu machen. Zu seinen vielen Frustrationen gehörte auch das Gefühl, es sei oft viel zu kompliziert, irgendetwas mit uns umzusetzen. Jede Vereinbarung musste bis ins kleinste Detail geprüft und analysiert werden. Das war einfach nicht sein Arbeitsstil. Ich wollte ihm vermitteln, dass das auch nicht mein Arbeitsstil war, dass ich die Autorität besaß, Dinge zu entscheiden, und dass ich dieses Zukunftsszenario unbedingt mit ihm gemeinsam verwirklichen wollte, und zwar schnell. Ich dachte, falls er meine Instinkte und meine Bereitschaft, ein Risiko einzugehen, anerkannte, dann würde sich die Tür vielleicht – nur ganz vielleicht – erneut für eine Zusammenarbeit zwischen Disney und Pixar öffnen.

Also bekräftigte ich noch einmal, dass wir dabei waren.

»Okay«, sagte er. »Dann melde ich mich, wenn es mehr zu besprechen gibt.«

Im Oktober, fünf Monate nach unserem ersten Gespräch (und zwei Wochen, nachdem ich offiziell meine Arbeit als CEO aufgenommen hatte), standen Steve und ich gemeinsam bei der Apple-Produktpräsentation auf der Bühne und verkündeten, dass fünf Disney-Sendungen, darunter drei unserer beliebtesten Fernsehserien, nämlich *Desperate Housewives*, *Lost* und *Grey's Anatomy*, nun auf iTunes zum Herunterladen bereitstünden und auf dem neuen iPod mit dem Videoplayer angesehen werden könnten.

Im Wesentlichen hatte ich diese Vereinbarung mit Steve allein ausgehandelt, mit Unterstützung von Anne Sweeney, die ABC leitete. Die Unkompliziertheit und das Tempo, mit dem wir unser Projekt umsetzten, in Kombination mit der Tatsache, dass es Bewunderung für Apple und seine Produkte ausdrückte, beeindruckte Steve zutiefst. Er sagte mir, er habe noch nie irgendjemanden aus dem Unterhaltungsgeschäft kennengelernt, der bereit gewesen wäre, etwas auszuprobieren, das sein eigenes Geschäftsmodell zerstören würde.

Als ich an jenem Tag auf die Bühne ging, um unsere Partnerschaft mit Apple zu verkünden, war das Publikum zunächst verwirrt und dachte: *Warum steht dieser Typ von Disney mit Steve auf der Bühne? Dafür kann es nur einen Grund geben.* Ich hatte kein Redeskript, aber das Erste, was ich sagte, war: »Ich weiß, was Sie denken, aber das ist nicht der Grund, warum ich hier bin!« Es gab Gelächter und Seufzer. Niemand wünschte sich diese Verkündung mehr als ich.

EINIGE TAGE, NACHDEM ICH im März 2005 offiziell meine Position angetreten hatte, poppte in meinem Kalender ein Meeting über die Eintrittspreise für den Themenpark in Hongkong auf, den wir in Kürze eröffnen wollten. Die Terminanfrage kam aus dem Büro von Peter Murphy, dem Leiter der Strategischen Planung. Ich rief die Person an, die damals für die Sparte Parks und Resorts verantwortlich war, und fragte, wer zu dem Meeting eingeladen habe.

»Peter«, sagte er.

»Peter beruft ein Meeting ein, um über die Eintrittspreise in Hongkong zu sprechen?«

»Ja.«

Ich rief Peter an und fragte nach dem Grund.

»Wir müssen sicherstellen, dass sie das Richtige tun«, sagte er.

»Wenn sie nicht in der Lage sind, selbst die richtigen Eintrittspreise festzulegen, dann sind sie eine Fehlbesetzung in ihrem Job«, erwiderte ich. »Wenn wir aber glauben, dass sie keine Fehlbesetzung sind, dann sollten sie auch ihre Eintrittspreise selbst bestimmen.« Anschließend veranlasste ich die Streichung des Meetings. Das war zwar kein hoch dramatischer Moment, aber der Anfang vom Ende der Strategischen Planung, wie wir sie kannten.

Peter ist hoch intelligent und ein erstklassiger Denker. Er besitzt eine fast beispiellose Arbeitsethik, und Michael hatte sich, wie zuvor erwähnt, im Zuge des Unternehmenswachstums immer stärker von ihm abhängig gemacht, bis er sich fast ausschließlich auf ihn stützte. Peter sicherte und hütete seine beträchtliche Machtfülle. Seine Kompetenz und sein

Intellekt ließen ihn gegenüber anderen ranghohen Führungskräften oft verächtlich werden. Infolgedessen war er nicht sehr beliebt und wurde von einigen sogar gefürchtet. Daraus hatte sich eine angespannte und zunehmend dysfunktionale Dynamik entwickelt.

Soweit ich wusste, was das nicht immer so. Als Michael und Frank Wells Mitte der 1980er-Jahre die Unternehmensführung übernahmen, gründeten sie die Abteilung Strategische Planung, damit sie sie bei der Identifizierung und Analyse einer Reihe neuer Geschäftschancen unterstützte. Nach Franks Tod im Jahr 1994 und der Übernahme von Cap Cities/ABC im Jahr 1995 brauchte Michael Unterstützung bei der Leitung des fusionierten Konzerns. In Ermangelung einer eindeutig definierten Nummer zwei stützte er sich bei der Lenkung der verschiedenen Geschäftsfelder und der Entscheidungsfindung immer stärker auf die Strategische Planung. Ich kannte und schätzte den Wert ihrer Beiträge, aber ich konnte auch erkennen, dass die Abteilung mit jedem Jahr immer größer und mächtiger wurde, während die Verantwortlichen unserer einzelnen Sparten immer ohnmächtiger wurden. Zum Zeitpunkt meiner Ernennung als COO besaß die Strategische Planung rund 65 Mitarbeiter und hatte fast alle kritischen Geschäftsentscheidungen des Unternehmens an sich gerissen.

Alle Verantwortlichen wussten, dass die strategischen Entscheidungen in ihrer jeweiligen Sparte – Parks und Resorts, Konsumprodukte, Walt Disney Studios und so weiter – letztlich nicht von ihnen getroffen wurden. Die gesamte Macht konzentrierte sich auf diese eine Abteilung in Burbank, wobei Peter und seine Leute eher als »Unternehmenspolizei« betrachtet wurden denn als unterstützende Partner unserer geschäftsverantwortlichen Führungskräfte.

In vielerlei Hinsicht war Peter ein Futurist. Er hatte das Gefühl, unsere geschäftsverantwortlichen Führungskräfte seien Manager alter Schule, deren Ideen bestenfalls Variationen des Status quo waren. Damit hatte er nicht Unrecht. Zu jener Zeit gab es viele Leute im Unternehmen, die nicht die analytischen Fähigkeiten und die aggressive Haltung besaßen, die Peter und sein Team verkörperten. Man kann seine Geringschätzung für andere aber nicht so offen zur Schau tragen. Damit

Man kann seine Geringschätzung für andere aber nicht so offen zur Schau tragen.

bewirkt man nur, dass sich die Leute entweder aus Angst unterwerfen oder dass sie wütend und frustriert werden und die Hände in den Schoß legen. Auf jeden Fall nimmt man ihnen den Stolz auf ihre Arbeit. Michael verließ sich ausschließlich auf die analytische Strenge der Strategischen Planung, und irgendwann hatten fast alle seine Führungskräfte die Verantwortung an Peter und seine Abteilung abgegeben.

Nach meinem Dafürhalten wägte die Abteilung aber oft viel zu lange ab – jede Entscheidung wurde haarklein und bis ins letzte Detail seziert. Alle Vorteile, die sich möglicherweise daraus ergaben, dass diese Gruppe an hochkompetenten Experten jedes Vorhaben mit der Lupe prüfte, um ganz sicher zu gehen, dass es auch zu unserem Vorteil war, büßten wir wieder ein, weil ihre Analysen so viel Zeit in Anspruch nahmen, in der wir nicht handeln konnten. Das soll nicht heißen, dass Recherchen und eine sorgfältige Abwägung nicht wichtig sind. Natürlich muss man seine Hausaufgaben machen, und man muss vorbereitet sein. Man kann keine große Akquisition tätigen, ohne die notwendigen Modelle erstellt zu haben, die einem bei der Entscheidung helfen, ob die geplante Transaktion gut oder schlecht ist. Aber irgendwann muss man auch erkennen, dass es keine hundertprozentige Gewissheit geben kann. Egal wie viele Daten man auch prüft, letztlich bleibt ein gewisses Restrisiko, und die Entscheidung, ob man dieses Risiko eingehen will oder nicht, hängt vom eigenen Instinkt ab.

Aber irgendwann muss man auch erkennen, dass es keine hundertprozentige Gewissheit geben kann.

Peter sah überhaupt kein Problem mit einem System, in dem er und seine Analysten praktisch alle Unternehmensentscheidungen trafen. Unterdessen passten sich alle Unternehmen um uns herum an die neuen Marktbedingungen an, die sich rasend schnell veränderten. Wir mussten uns auch verändern und agiler werden, und zwar schnell.

Ungefähr eine Woche nach dem kurzen Hongkong-Intermezzo rief ich Peter in mein Büro und teilte ihm mit, ich würde die Abteilung Strategische Planung komplett restrukturieren, und zwar würde ich sie drastisch verkleinern und unsere Entscheidungsprozesse rationalisieren, indem ich sie vermehrt in die Hände der jeweiligen Geschäftsverantwortlichen legen würde. Wir wussten beide, dass er nicht in dieses Vorhaben passte und es keinen Sinn machte, dass er im Unternehmen blieb.

Kurz nach unserem Gespräch gab ich eine Pressemitteilung in Auftrag, in der Peters Rückzug aus dem Unternehmen und die Restrukturierung der Abteilung Strategische Planung bekannt gegeben wurden. Ich schrumpfte die Abteilung von 65 auf 15 Mitarbeiter. Tom Staggs, mein CFO, schlug vor, Kevin Mayer zurück ins Unternehmen zu holen, um die verschlankte und neu ausgerichtete Einheit zu führen. Kevin hatte früher bei Disney gearbeitet, hatte den Konzern aber einige Jahre zuvor verlassen. Kevin würde an Tom berichten, und er und sein Team würden sich auf potenzielle Akquisitionen fokussieren, mit dem klaren Mandat, dass jede Akquisition unsere drei Kernprioritäten erfüllen musste.

Die Neuausrichtung der Strategischen Planung erwies sich als wichtigste Errungenschaft in den sechs Monaten Wartezeit, bis ich offiziell mein Amt als CEO antrat. Ich wusste, dass diese Entscheidung unverzüglich Wirkung entfalten würde. Tatsächlich änderte sich mit der Verkündung, dass diese Abteilung unser Unternehmen nicht mehr länger in ihrem eisernen Klammergriff hielt, augenblicklich die allgemeine Stimmung. Es war, als hätte man alle Fenster geöffnet und als wehe plötzlich ein frischer Wind durch das Unternehmen. Einer unserer Topmanager sagte damals zu mir: »Wenn alle Disney-Kirchtürme Glocken hätten, würden sie jetzt läuten.«

KAPITEL 9

DISNEY-PIXAR UND EIN NEUER WEG IN DIE ZUKUNFT

DIE MONATE, DIE ICH mit Steve im Gespräch war, um unsere Fernsehsendungen auf seinen neuen iPod zu laden, mündeten allmählich – sehr langsam und zögerlich – in Überlegungen über eine mögliche Neuauflage der Partnerschaft zwischen Disney und Pixar. Steve war ein wenig zugänglicher geworden, aber nur ein wenig. Er war grundsätzlich bereit, darüber zu sprechen, aber seine Vorstellungen über eine neue Vereinbarung waren immer noch sehr einseitig zugunsten von Pixar. Wir überlegten eine Weile hin und her, wie eine Vereinbarung aussehen könnte, kamen aber nicht richtig weiter. Ich bat Tom Staggs, sich an der Diskussion zu beteiligen und zu sehen, ob ihm dazu etwas einfiel. Außerdem zogen wir mit Gene Sykes einen Vermittler von Goldman Sachs hinzu, dem wir vertrauten und der Steve gut kannte. Über Gene leiteten wir verschiedene Ideen an Steve weiter, aber Steve ging nicht darauf ein. Seine Unwilligkeit hatte einen ganz einfachen Hintergrund: Steve liebte Pixar, und Disney war ihm egal, daher würde jeder Vorschlag, zu dessen Prüfung er sich herablassen würde, gewaltige Vorteile für Pixar und hohe Kosten für uns bedeuten.

Einer der Vorschläge sah vor, dass wir Pixar die wertvollen Folgerechte für die Filme abtreten sollten, die wir bereits gemeinsam gemacht hatten, so zum Beispiel *Toy Story*, *Monster AG* und *Die Unglaublichen*. Im Gegenzug sollten wir einen Anteil von 10 Prozent an Pixar, Sitze in Pixars Verwaltungsrat und die Vertriebsrechte für alle neuen Pixar-Filme erhalten. Außerdem sollte es eine große Presseankündigung über die Fortsetzung der Disney-Pixar-Partnerschaft geben. Die finanziellen Vorteile wogen jedoch eindeutig zum Vorteil von Pixar. Sie würden Filme und Folgefilme unter der Marke Pixar produzieren, und wir wären im Wesentlichen auf die Rolle eines passiven Vertriebskanals beschränkt. Es gab noch einige weitere ähnlich lautende Vorschläge, die ich alle ablehnte. Nach jeder neuen Verhandlungsrunde blickten Tom und ich uns an und fragten uns, ob wir vielleicht verrückt waren, weil wir nicht einfach irgendeinen Deal mit Steve abschlossen. Doch am Ende setzte sich immer die Überzeugung durch, dass jede Vereinbarung, die wir eingingen, langfristigen Wert besitzen musste. Eine Pressemitteilung über die erneuerte Partnerschaft erfüllte dieses Kriterium nicht.

Die Realität war, dass Steve alle Hebel der Welt in der Hand hielt. Pixar war zu diesem Zeitpunkt führend in innovativen, ausgefeilten Animationstechniken, und Steve schien kein Problem damit zu haben, auf eine Vereinbarung zwischen Disney und Pixar zu verzichten. Unser einziges Faustpfand war, dass wir zu diesem Zeitpunkt die Folgerechte an früheren gemeinsam produzierten Filmen hielten. Als die Partnerschaft mit Pixar zwei Jahre zuvor geendet hatte, hatten wir unter Michaels Ägide tatsächlich einige Folgefilme herausgebracht. Steve wusste natürlich, dass wir uns angesichts des Zustands, in dem sich Disney Animation befand, sehr schwertun würden, irgendetwas wirklich Kreatives hervorzubringen, und er forderte uns beinahe dazu auf, es zu versuchen.

DER 30. SEPTEMBER 2005 war Michaels letzter Tag als CEO des Unternehmens, das er 20 Jahre lang geleitet hatte. Es war ein trauriger und irgendwie unangenehmer Tag. Mit seinem Abgang endete jede Verbindung zwischen ihm und Disney – kein Sitz im Verwaltungsrat, keine Emeritus- oder Beraterrolle – ein »kalter Entzug«, wie er im Buche stand. Er zeigte mir gegenüber Wohlwollen, aber ich konnte dennoch die Spannung zwischen uns spüren. So hart die letzten Jahre auch gewesen waren, wollte Michael eigentlich nicht gehen, und ich fand einfach nicht die richtigen Worte.

Ich traf mich kurz mit Zenia Mucha, Tom Staggs und Alan Braverman und teilte ihnen mit, mein Bauchgefühl sage mir, es sei »besser, ihn in Ruhe zu lassen«; daher hielten wir uns auf respektvoller Distanz und ließen ihm die Ruhe, seinen Abgang zu seinen eigenen Bedingungen zu gestalten. Michaels Frau Jane und einer ihrer Söhne kamen zum Mittagessen, und später fuhr er dann zum letzten Mal vom Parkplatz. Ich kann mir gar nicht vorstellen, wie sich das angefühlt haben muss. Zwei Jahrzehnte zuvor war er in das Unternehmen eingetreten und hatte es gerettet. Nun fuhr er davon, in dem Wissen, dass seine Ära endgültig vorbei war und die Organisation, die er in den größten Unterhaltungskonzern der Welt verwandelt hatte, ohne ihn weitermachen würde. Ich stelle mir vor, dass das einer von diesen Momenten ist, in denen man nicht mehr genau weiß, wer man eigentlich ist ohne diese Bindung, den Titel und die Position, die man so lange innehatte. Ich empfand tiefes Mitgefühl mit ihm, aber ich wusste, dass ich nichts tun konnte, um es ihm leichter zu machen.

Ich empfand tiefes Mitgefühl mit ihm, aber ich wusste, dass ich nichts tun konnte, um es ihm leichter zu machen.

Drei Tage später, am Montag, den 3. Oktober, übernahm ich offiziell mein Amt als sechster CEO der Walt Disney Company. Zum ersten Mal in meiner Karriere berichtete ich ausschließlich an den Verwaltungsrat, und nach dem langen Nachfolgeprozess und der sechsmonatigen Wartezeit war ich nun kurz davor, meine erste Verwaltungsratssitzung zu leiten. Meistens bitte ich meine Spartenleiter, mich vorher auf den neuesten Stand zu bringen, damit ich den Verwaltungsrat über die Geschäftsergebnisse, wichtige Themen, Herausforderungen und Chancen informieren kann. Bei meiner ersten Sitzung stand allerdings nur ein Punkt auf der Tagesordnung.

Vor der Sitzung hatte ich unseren Studioleiter Dick Cook und seine Nummer zwei, Alan Bergman, gebeten, eine Präsentation über die Entwicklungen von Disney Animation in den vergangenen zehn Jahren zu erstellen: mit jedem Film, den wir herausgebracht hatten, den Einnahmen an der Kinokasse und so weiter. Beide waren sehr besorgt.

»Das wird hässlich«, sagte Dick. »Die Zahlen sind furchtbar«, ergänzte Alan. »Das ist wahrscheinlich nicht der beste Start für Sie.«

Unabhängig davon, wie entmutigend oder alarmierend die Präsentation werden würde, sagte ich dem Studioteam, sie sollten sich keine Sorgen machen. Dann bat ich Tom Staggs und Kevin Mayer, Recherchen über unsere Hauptzielgruppe, Mütter mit Kindern unter 12 Jahren, und ihre Einstellung zu Disney Animation im Vergleich zu unseren Wettbewerbern anzustellen. Auch Kevin sagte, das Ergebnis würde ziemlich unschön ausfallen. »Das ist in Ordnung«, sagte ich. »Ich möchte nur eine schonungslose Bewertung unserer Situation.«

All das sollte einer radikalen Idee dienen, in die ich nur Tom eingeweiht hatte. Eine Woche zuvor hatte ich ihn gefragt: »Was halten Sie davon, wenn wir Pixar kaufen?«

Zunächst dachte er, ich würde einen Witz machen. Als ich ihm aber sagte, dass ich es ernst meinte, sagte er: »Steve wird niemals an uns verkaufen. Und selbst wenn, dann nicht zu einem Preis, den wir vertreten könnten oder dem der Verwaltungsrat zustimmen würde.« Wahrscheinlich hatte er recht, aber ich wollte trotzdem dafür werben, und dafür brauchte ich eine ungeschminkte, detaillierte Präsentation über den gegenwärtigen Zustand von Disney Animation. Tom zögerte, zum Teil, weil er mich schützen wollte, und zum Teil, weil er als CFO Verantwortung gegenüber dem Verwaltungsrat und unseren Aktionären trug, was bedeutete, dass er nicht immer unterstützte, was sich ein CEO ausdachte.

MEINE ERSTE VERWALTUNGSRATSSITZUNG als CEO war eine abendliche Zusammenkunft. Neben mir versammelten sich zehn weitere Mitglieder um den langen Konferenztisch in unserem Konferenzsaal. Ich konnte die gespannte Erwartung spüren. Für mich war es eine der bedeutendsten Sitzungen in meinem Leben. Der Verwaltungsrat wiederum lauschte zum ersten Mal in mehr als 20 Jahren einem neuen CEO.

Die Mitglieder hatten in den vergangenen zehn Jahren einiges verkraften müssen: die schmerzhafte Entscheidung, Michael an der Unternehmensspitze abzulösen, den endlosen Kampf mit Roy und Stanley, den feindlichen Übernahmeversuch von Comcast, die Aktionärsklage gegen die Abfindung in Höhe von mehr als 100 Millionen Dollar für Michael Ovitz, einen Rechtsstreit mit Jeffrey Katzenberg über die Bedingungen seines Abgangs im Jahr 1994 – die Liste ließe sich fortsetzen. Sie hatten viel Kritik über sich ergehen lassen müssen, und genau wie ich waren sie im Verlauf des Nachfolgeprozesses und der Machtübergabe mikroskopisch genau beobachtet worden. Die Atmosphäre war sehr aufgeladen, weil sie schon bald für ihre Entscheidung beurteilt werden würden, mich zum CEO ernannt zu haben, und sie wussten, dass es immer noch viele Skeptiker gab. Einige von ihnen (zwei oder drei, wenngleich ich mir nie ganz sicher war, um wen es sich handelte) hatten sich bis zuletzt gegen meine Ernennung gesträubt. Ich betrat den Saal in dem Wissen, dass, selbst wenn der Verwaltungsrat sich einstimmig für mich entschieden hätte, einige Leute am Tisch nicht erwarteten oder sogar gar nicht wollten, dass ich lange im Amt blieb.

George Mitchell eröffnete die Sitzung mit einem kurzen, eindringlichen Kommentar über die Bedeutung dieses Moments. Er gratulierte mir dafür, dass ich »diesen Prozess durchgehalten« hatte, wie er es ausdrückte, und gab anschließend das Wort an mich ab. Ich war von einer so ruhelosen Energie und dem intensiven Bedürfnis ergriffen, sofort auf das Kernthema zu sprechen zu kommen, dass ich mir alle einleitenden Floskeln sparte und unmittelbar sagte: »Wie Sie alle wissen, befindet sich Disney Animation in einem katastrophalen Zustand.«

Das hatten sie zwar schon gehört, aber ich wusste, dass die Realität wesentlich finsterer war, als irgendjemand von ihnen ahnte. Bevor ich die Finanzzahlen und die Ergebnisse der Markenrecherchen präsentierte, die wir vorbereitet hatten, erinnerte ich sie an einen Moment, der einige Wochen zuvor bei der Eröffnung von Hong Kong Disneyland stattgefunden hatte. Es war die letzte große Veranstaltung unter Michaels Ägide, zu der mehrere von uns angereist waren. Die Eröffnung hatte an einem glühend heißen Nachmittag stattgefunden. Tom Staggs, Dick Cook und ich hatten beisammen gestanden, als die Eröffnungsparade durch die Hauptstraße zog. Ein Paradewagen nach dem anderen war an uns vorbei gefahren. Auf den Wagen waren Figuren aus Walts legendären Filmen zu sehen gewesen: *Schneewittchen*, *Aschenputtel*, *Peter Pan* und so weiter. Außerdem Figuren großer Kinoerfolge, die im ersten Jahrzehnt von Michaels Amtsführung entstanden waren: *Arielle, die Meerjungfrau, Die Schöne und das Biest, Aladdin* und *Der König der Löwen*. Und es hatte Wagen mit Figuren aus den Pixar-Filmen gegeben: *Toy Story, Monster AG* und *Findet Nemo*.

Ich hatte mich an Tom und Dick gewandt und gefragt: »Fällt Ihnen an der Parade irgendetwas auf?« Sie hatten verneint. »Es sind praktisch keine Disney-Figuren aus den letzten zehn Jahren dabei«, hatte ich gesagt.

Wir konnten Monate damit verbringen zu analysieren, was schiefgelaufen war, aber hier wurde es uns direkt aufs Auge gedrückt. Die Filme waren nicht gut, und das bedeutete, die Figuren waren nicht beliebt beziehungsweise hatten sich nicht eingeprägt. Das hatte erhebliche Auswirkungen auf unsere Geschäfte und unsere Marke. Disney gründete auf Kreativität, einer fantasievollen Storyline und einer erstklassigen Animation. Kaum einer unserer jüngsten Filme erfüllte diese Kriterien.

Ich beendete meinen Vortrag und dimmte anschließend das Licht. Es wurde still im Raum, als wir die Liste der Filme auf eine Leinwand projizierten, die Disney Animation in den vergangenen zehn Jahren produziert hatte: *Der Glöckner von Notre Dame, Hercules, Mulan, Tarzan, Fantasia 2000, Dinosaurier, Ein Königreich für ein Lama, Atlantis, Lilo & Stitch, Der Schatzplanet, Bärenbrüder* und *Die Kühe sind los*. Einige waren mäßige Kassenerfolge gewesen, andere eine echte Katastrophe. Keiner hatte überschwängliche Rezensionen erhalten. Insgesamt hatte Animation damit fast 400 Millionen Dollar verloren. Mit der Produktion dieser Filme hatten wir mehr als 1 Milliarde Dollar ausgegeben, wir hatten sie aggressiv vermarktet und trotzdem nur eine magere Rendite erzielt.

Im selben Zeitraum hatte Pixar einen kreativen und kommerziellen Erfolg nach dem anderen auf den Markt gebracht. Technologisch betrachtet machte Pixar mit digitaler Animation Dinge, die wir – Disney! – nur dilettantisch betrieben hatten. Vor allem aber sprachen sie auf sehr wirksame Weise Eltern und Kinder an. Nachdem ich dieses düstere finanzielle Bild gezeichnet hatte, bat ich Tom, die Ergebnisse unserer Markenrecherche zu präsentieren. In der demografischen Zielgruppe der Mütter mit Kindern unter 12 Jahren hatte Pixar Disney als Marke übertrumpft, die Mütter als »gut für ihre Familie« betrachteten. In einem direkten Vergleich mit Pixar stellte sich heraus, dass Pixar wesentlich beliebter war – wir konnten nicht einmal annähernd mithalten. Ich bemerkte, dass einige der Anwesenden sich gegenseitig etwas zuflüsterten, und spürte, wie sich Verärgerung breitmachte.

Sie wussten, dass Animation schon seit einiger Zeit in Schwierigkeiten steckte und Pixar der neue Stern war, aber sie waren nie derart schonungslos mit der Realität konfrontiert worden. Sie wussten nicht, wie schlecht die Zahlen waren, und sie hatten nie über eine Markenrecherche nachgedacht. Als ich fertig war, fielen einige sofort über mich her. Gary Wilson, der während des Nachfolgeprozesses mein schärfster Gegner gewesen war, sagte: »Sie waren in dieser Zeit fünf Jahre lang COO. Sind Sie nicht dafür verantwortlich?«

Mit einer Verteidigungshaltung konnte ich nichts gewinnen. »Disney und Michael verdienen viel Anerkennung für die Gründung der Partnerschaft mit Pixar«, erwiderte ich. »Das war keine einfache Zusammenarbeit, aber es sind großartige Dinge aus ihr entstanden.« Ich erklärte, dass das Management des Unternehmens nach der Übernahme von ABC schwieriger geworden war und Animation nicht die Aufmerksamkeit erhalten hatte, die es gebraucht hätte. Dieses Problem wurde dadurch verstärkt, dass sich die verschiedenen Studiochefs die Türklinke in die Hand gegeben hatten, wobei keiner von ihnen die Sparte besonders gut geführt hatte. Und dann wiederholte ich, was ich schon während des Nachfolgeprozesses immer wieder gesagte hatte: »Hier geht es nicht um Vergangenheitsbewältigung. Wir können die schlechten kreativen Entscheidungen, die wir getroffen, und die Flops, die wir produziert haben, nicht rückgängig machen. Wir können aber viel dafür tun, dass die Zukunft besser wird, und damit müssen wir hier und jetzt beginnen.«

Wir können aber viel dafür tun, dass die Zukunft besser wird, und damit müssen wir hier und jetzt beginnen.

Ich wies den Verwaltungsrat darauf hin, dass »Disney Animation bestimmt, wie es dem gesamten Unternehmen geht«. In vielfacher Hinsicht verkörperte die Sparte Animation die Marke Disney. Sie war der Motor, der zahlreiche unserer weiteren Geschäftsfelder antrieb, darunter Konsumprodukte, Fernsehen und Themenparks, und in den vergangenen zehn Jahren hatte die Marke stark gelitten. Das Unternehmen war damals, vor der Übernahme von Pixar, Marvel und Lucasfilm, wesentlich kleiner. Daher lastete auf Animation ein enormer Leistungsdruck, und zwar nicht nur im Hinblick auf die Stärkung unserer Marke, sondern auch, was das Wachstum unserer Geschäftsfelder betraf. »Ich empfinde einen enormen Druck, dieses Problem zu lösen«, sagte ich. Ich wusste, dass die Aktionäre und Analysten mir keine Schonzeit gewähren und mich als Erstes an meiner Fähigkeit messen würden, ob mir der Turnaround von Disney Animation gelänge. »Die Trommeln schlagen schon laut und vernehmlich. Sie verlangen, dass ich etwas unternehme.«

Anschließend skizzierte ich drei mögliche Lösungswege. Der erste lautete, am gegenwärtigen Management festzuhalten und zu sehen, ob ihnen der Turnaround gelingen würde. Angesichts der bisherigen Ergebnisse äußerte ich allerdings meine Zweifel an dieser Option. Die zweite Alternative lautete, neue Führungskräfte zur Leitung des Studios ins Unternehmen zu holen. Allerdings hatte ich in den sechs Monaten Wartezeit bis zu meiner offiziellen Amtseinführung die gesamte Animations- und Filmwelt durchkämmt, um nach geeigneten Kandidaten zu suchen, und war nicht fündig geworden. »Oder«, schlug ich vor, »wir kaufen Pixar.«

Daraufhin brach ein solcher Tumult aus, dass ich eigentlich einen Richterhammer gebraucht hätte, um Ruhe und Ordnung wiederherzustellen.

»Ich weiß nicht, ob sie zum Verkauf stehen«, sagte ich. »Falls ja, wird der Preis vermutlich schwindelerregend sein.« Als börsennotiertes Unternehmen lag Pixars Marktwert bei ungefähr 6 Milliarden Dollar, wobei Steve Jobs die Hälfte der Anteile hielt. »Es ist also höchst unwahrscheinlich, dass Steve überhaupt verkaufen will.« Diese Vorbehalte schienen einigen Verwaltungsratsmitgliedern eine gewisse Erleichterung zu bieten, veranlasste andere aber zu einer langwierigen Diskussion über die Frage, ob es irgendwelche Umstände gebe, die eine milliardenschwere Transaktion rechtfertigten.

»Wenn wir Pixar kaufen, könnten wir John Lasseter und Ed Catmull – zusammen mit Steve Jobs Pixars visionäre Unternehmensführer – zu Disney holen«, sagte ich. »Sie könnten Pixar weiterführen und gleichzeitig Disney Animation neues Leben einhauchen.«

»Warum können wir sie nicht einfach anheuern?«, fragte jemand.

»Zum einen steht John Lasseter bei Pixar unter Vertrag«, erwiderte ich. »Außerdem stehen sie fest zu Steve und dem, was sie dort aufgebaut haben. Ihre Loyalität gegenüber Pixar, den Mitarbeitern und Pixars Mission ist enorm. Es ist naiv zu glauben, wir könnten sie abwerben.« Ein anderes Verwaltungsratsmitglied meinte, wir bräuchten nur mit einem Lastwagen voll Geld vor ihrer Tür parken. »Diese Leute gewinnt man nicht mit Geld«, sagte ich. »Sie ticken anders.«

Nach der Sitzung meldete ich mich sofort bei Tom und Dick, um mich zu erkundigen, wie sie die Präsentation erlebt hätten. »Wir haben nicht geglaubt, dass Sie da als CEO wieder rauskommen«, sagte Tom. Er klang, als mache er einen Scherz, aber tief in meinem Inneren wusste ich, dass es kein Scherz war.

Als ich an dem Abend nach Hause kam, fragte mich Willow, wie es gelaufen war. Ich hatte nicht einmal sie in meine Pläne eingeweiht. »Ich habe ihnen vorgeschlagen, Pixar zu kaufen«, sagte ich.

Auch Willow blickte mich an, als sei ich verrückt geworden, und dann wiederholte sie, was alle anderen schon gesagt hatten: »Steve wird niemals an dich verkaufen.« Aber dann erinnerte sie mich an etwas, das sie mir nicht lange nach meiner Ernennung zum CEO gesagt hatte: »Die durchschnittliche Amtszeit eines CEO eines Unternehmens der Fortune 500 beträgt weniger als vier Jahre.« Damals war es ein Scherz, den wir gerne machten, damit meine Erwartungen realistisch blieben. Nun wiederholte sie den Satz jedoch in einem Ton, der implizierte, dass ich wenig zu verlieren hatte, wenn ich rasch handelte. Im Wesentlichen lautete ihr Rat: »Sei wagemutig.«

Was die Haltung des Verwaltungsrats anging, waren einige vehement dagegen und machten das auch sehr deutlich. Die meisten waren jedoch interessiert genug, um mir »gelbes Licht« zu geben, das heißt, die Idee auszuarbeiten, aber mit Bedacht vorzugehen. Insgesamt vertraten sie die Auffassung, das Ganze sei so unwahrscheinlich, dass sie uns ruhig den Spaß gönnen konnten, die Möglichkeiten für ein solches Vorhaben auszuloten.

Am folgenden Morgen bat ich Tom, eine weitere gründliche Analyse der Finanzzahlen durchzuführen, allerdings sagte ich ihm auch, es sei nicht eilig. Zu einer späteren Stunde des Tages wollte ich mit dieser Idee an Steve herantreten, wobei ich mir dachte, es könne gut sein, dass die ganze Angelegenheit bereits in wenigen Stunden gegenstandslos sei. Ich verbrachte den Morgen damit, meinen ganzen Mut zusammenzunehmen, um Steve anzurufen, und konnte mich am frühen Nachmittag endlich dazu aufraffen. Zu meiner Erleichterung konnte ich ihn nicht erreichen, aber als ich gegen 18:30 Uhr auf dem Nachhauseweg war, rief er zurück.

Das war ungefähr eineinhalb Wochen vor unserer Ankündigung über den Video-iPod, daher sprachen wir die ersten Minuten über dieses Projekt, bevor ich sagte: »Hey, ich habe noch eine andere verrückte Idee. Kann ich morgen oder übermorgen vorbeikommen, um sie Ihnen vorzustellen?«

Mir war nicht voll bewusst, wie sehr Steve radikale Ideen liebte. »Spucken Sie's gleich aus«, erwiderte er.

Während wir telefonierten, fuhr ich die Auffahrt zu unserem Haus hoch. Es war ein lauer Oktoberabend. Ich stellte den Motor ab. Die warmen Temperaturen und meine nervöse Anspannung ließen mich in Schweiß ausbrechen. Dann rief ich mir Willows Rat in Erinnerung – sei wagemutig. Steve würde wahrscheinlich wie aus der Pistole geschossen nein sagen. Möglicherweise würde er auch über die wahrgenommene Arroganz der Idee beleidigt sein. Wie konnte ich es wagen zu denken, Pixar sei etwas, das Disney mal eben im Vorbeigehen einsacken konnte? Doch selbst wenn er mir sagte, ich solle mir meinen Vorschlag sonst wo hinstecken, wäre das Telefonat beendet und ich stünde wieder da, wo ich bereits stand. Ich hatte also nichts zu verlieren. »Ich habe über unsere jeweilige Zukunft nachgedacht», begann ich. »Was halten Sie von der Idee, dass Disney Pixar übernimmt?« Ich wartete darauf, dass er einfach auflegen oder in lautes Gelächter ausbrechen würde. Die Stille, bevor er endlich antwortete, erschien endlos.

Stattdessen sagte er: »Wissen Sie, das ist nicht die abwegigste Idee der Welt.«

Ich hatte mich so auf eine Abfuhr eingestellt, dass mir der unerwartete Umstand, dass er die Idee nicht rundheraus ablehnte, einen echten Adrenalinschub bescherte – trotz der rationalen Erkenntnis, dass zwischen diesem Moment und seiner Verwirklichung eine Million weiterer Hürden standen. »Okay«, sagte ich. »Großartig. Wann können wir darüber sprechen?

MANCHMAL SCHRECKEN MENSCHEN vor großen Vorhaben zurück, weil sie bei der Analyse der Chancen bereits kleinmütig werden und sich viele Argumente einfallen lassen, warum etwas nicht geht, noch bevor sie überhaupt den ersten Schritt gemacht haben. Eines der Dinge, die ich immer instinktiv gespürt habe – und die in meiner Zusammenarbeit mit Leuten wie Roone und Michael sehr verstärkt wurden – ist, dass gewaltige Herausforderungen üblicherweise gar nicht so gewaltig sind, wie sie erscheinen. Roone und Michael waren beide von ihrer eigenen Macht und der Fähigkeit ihrer Organisationen überzeugt, Dinge zu bewegen. Sie glaubten, dass sich mit entsprechender Energie, Besonnenheit und Engagement selbst die kühnsten Ideen umsetzen ließen. In meinen nachfolgenden Gesprächen mit Steve versuchte ich, mir diese Einstellung zu bewahren.

Einige Wochen nach dem Telefonat, das wir auf meinem Nachhauseweg geführt hatten, trafen wir uns im Vorstandssaal von Apple im kalifornischen Cupertino – einem langgestreckten Raum, in dessen Mitte ein fast ebenso langer Tisch stand. Eine Wand war aus Glas und gab den Blick über den Eingang zum Apple-Gelände frei, und an der gegenüberliegenden Wand hing ein fast 8 Meter langes Whiteboard. Steve sagte, er liebe Whiteboard-Darstellungen, bei denen jeder, der den Tafelschreiber in der Hand hielt, eine komplette Vision mit allen Gedanken, Designs und Berechnungen aufzeichnen konnte.

Ich war nicht überrascht, dass Steve den Tafelschreiber in der Hand hielt. Man konnte spüren, dass er an diese Rolle gewöhnt war. Da stand er nun, mit dem Stift in der Hand und kritzelte VORTEILE auf die eine Seite und NACHTEILE auf die andere. »Sie beginnen«, sagte er. «Irgendwelche Vorteile?«

Ich war viel zu nervös, um den Anfang zu machen, daher überließ ich ihm den Vortritt. »Okay«, sagte er. »Also ich habe einige Nachteile.« Und dann schrieb er mit einer gewissen Befriedigung: »Disneys Kultur wird Pixar zerstören!« Ich konnte es ihm nicht verübeln. Seine bisherigen Erfahrungen mit Disney hatten keine Hinweise auf das Gegenteil ergeben. Dann fuhr er fort und schrieb alle Nachteile, die ihm einfielen, in ganzen Sätzen an die Tafel. »Der Turnaround von Disney Animation wird zu lange dauern und John und Ed auspowern.« »Es gibt zu viele alte Wunden, deren Heilung Jahre in Anspruch nehmen wird.« »Der Börse wird es nicht gefallen.« »Ihr Verwaltungsrat wird Ihnen das nie genehmigen.« »Pixar wird Disney als Eigentümer ablehnen, wie ein Körper ein Spenderorgan abstößt.« Es gab noch viele weitere Einwände, aus denen einer in Großbuchstaben hervorstach: »DIE ABLENKUNG WIRD PIXARS KREATIVITÄT ZERSTÖREN.« Ich nahm an, er meinte, dass der eigentliche Übernahmeprozess und die anschließende Integration ein zu großer Schock für das System seien, das sie errichtet hatten. (Einige Jahre später schlug Steve vor, Disney Animation komplett zu schließen und alle Zeichentrickfilme nur noch von Pixar produzieren zu lassen. Selbst John Lasseter und Ed Catmull lehnten diese Idee ab, und ich auch.)

Es schien sinnlos zu sein, dass ich diese Liste noch weiter ergänzte, daher machten wir uns an die Vorteile. Ich machte den Anfang und sagte: »Pixar wird Disney retten, und wir alle werden glücklich bis an unser Ende leben.«

Steve lächelte, aber schrieb es nicht auf. »Wie meinen Sie das?«

Ich sagte: »Animation wieder auf den Erfolgspfad zu führen, wird die Wahrnehmung über Disney völlig verändern und unsere Zukunftsaussichten verbessern. Außerdem werden John und Ed in wesentlich größeren Dimensionen agieren können.«

Zwei Stunden später waren die Vorteile immer noch dünn gesät und die Liste der Nachteile lang, selbst wenn einige von ihnen nach meiner Auffassung etwas kleinkariert waren. Ich fühlte mich entmutigt, hätte aber darauf vorbereitet sein sollen. »Also gut«, sagte ich. »Es war eine nette Idee. Ich kann allerdings nicht erkennen, wie das gehen soll.«

»Einige solide Vorteile wiegen mehr als Dutzende Nachteile«, erwiderte Steve. »Was sollten wir als Nächstes tun?« Eine weitere Lektion: Steve war großartig darin, alle Aspekte einer Fragestellung abzuwägen und nicht zuzulassen, dass die negativen Punkte die positiven erdrückten, vor allem, wenn es sich um Dinge handelte, die er unbedingt umsetzen wollte. Das war eine seiner wirklich eindrucksvollen Eigenschaften.

Einige solide Vorteile wiegen mehr als Dutzende Nachteile.

Sechs Jahre später starb er. Kurz nach seinem Tod wurde ich Mitglied des Verwaltungsrats von Apple. Jedes Mal, wenn ich zu einer Sitzung ging und auf dieses riesige Whiteboard blickte, sah ich Steve vor mir – eindringlich, energiegeladen, engagiert und sehr offen für die Möglichkeit, dieses Vorhaben (und ich vermute, viele weitere) in die Tat umzusetzen.

»Ich muss Pixar besuchen«, sagte ich. Ich war noch nie dort gewesen. Gegen Ende unseres alten Vertrags hatten sich die Beziehungen zwischen unseren beiden Unternehmen so verschlechtert, dass kaum noch eine Zusammenarbeit stattfand, und niemand wusste, woran der andere gerade arbeitete. Wir hatten noch einen letzten gemeinsamen Film – *Cars* – im Vertrieb, aber niemand bei Disney hatte ihn sich je angesehen. Wir hatten gehört, dass Pixar an einem Film über Ratten in einem Pariser Restaurant arbeitete, für den die Leute von Disney nur Spott übriggehabt hatten. Die Kommunikation war völlig zum Erliegen gekommen, da sich beide Unternehmen auf die endgültige Trennung vorbereiteten.

Wenn ich aber dafür plädieren würde, Pixar zu kaufen, dann musste ich viel mehr über ihre Arbeitsweise erfahren. Ich wollte die wichtigsten Leute kennenlernen, mich über ihre Projekte informieren und ein Gespür für die Unternehmenskultur bekommen. Wie *fühlte* es sich an, bei Pixar zu arbeiten? Was machten sie anders als wir, das dazu führte, dass sie konstant erstklassige Filme produzierten?

Steve stimmte meinem Wunsch sofort zu. Er erklärte John und Ed, dass wir im Gespräch seien. Zwar machte er keinerlei Zusagen und würde ohne ihr Einverständnis auch keine machen, aber er fand, es lohne sich, mir das Unternehmen zu zeigen. In der folgenden Woche kam ich allein zum Pixar-Gelände in Emeryville. Johns Assistentin empfing mich in der Lobby und führte mich in ihr riesiges Atrium, an dessen Design Steve mitgewirkt hatte. Zu beiden Seiten erstreckten sich Cafeteria-Bereiche und am Ende befand sich der Haupteingang zu ihrem Kino. Überall wandelten Leute umher, die sich in kleinen Gruppen zusammenfanden; es wirkte eigentlich mehr wie eine Studentengewerkschaft als wie eine Filmgesellschaft. Alle schienen glücklich zu sein, bei Pixar arbeiten zu dürfen.

Wenn ich die besten zehn Tage nennen müsste, die ich je in einem Job verbracht habe, dann würde dieser erste Besuch bei Pixar weit oben auf der Liste stehen. John und Ed begrüßten mich herzlich und erklärten, ich würde die erste Hälfte des Tages jeden Direktor kennenlernen und dann würden sie mir Elemente der Filme zeigen, an denen sie gerade arbeiteten – Rohschnitte von Filmszenen, Storyboards, Konzeptkunst, Originalpartituren und Darstellerlisten. Dann würde ich ihre neue »Technologie-Pipeline« zu sehen bekommen und einen Eindruck von dem Zusammenwirken der technischen und der kreativen Seite erhalten.

John war zuerst dran. Er zeigte mir den fast fertig geschnittenen Film *Cars*, und ich saß da und war völlig verzaubert von der Qualität der Animation und ihrer Technik, die sich seit ihrem letzten Film unglaublich weiterentwickelt hatte. Ich erinnere mich zum Beispiel, dass ich von der Art und Weise fasziniert war, wie sich das Licht in der Metallic-Lackierung der Rennwagen brach. Solche Bilder hatte ich bei einer computergenerierten Animation noch nie gesehen. Anschließend zeigte mir Brad Bird seine Arbeit, den verspotteten »Rattenfilm« *Ratatouille*. Auf mich wirkte er wie der thematisch raffinierteste und erzählerisch originellste Film, den Pixar je gemacht hat. Der Regisseur Andrew Stanton, der mit *Findet Nemo* seinen ersten eigenen Langfilm gedreht hatte, führte mir einen Ausschnitt aus *Wall·E* vor, einer Dystopie über einen einsamen Roboter, der sich in einen anderen Roboter verliebt, verbrämt mit einer Botschaft über die sozialen und ökologischen Gefahren eines frenetischen Konsumismus. Darauf folgte die Vorstellung von Pete Docters *Oben*, einer Liebesgeschichte, die vor der beeindruckenden Kulisse Südamerikas stattfindet und sich mit Sterblichkeit und Trauer auseinandersetzt. (Nach *Oben* führte Pete Regie bei *Alles steht Kopf*.) Und Gary Rydstrom zeigte mir eine Story über das Aussterben von Tiergattungen, erzählt aus der Perspektive eines Abenteuers zweier Blaufußtölpel. Später gab Pixar dieses Projekt auf, aber ich war völlig begeistert von der Fantasie und der Intelligenz, die in Garys Präsentation zum Ausdruck kam. Brenda Chapman führte mir *Merida – Legende der Highlands* vor. Lee Unkrich, der anschließend Regie bei *Toy Story 3* und *Coco* führen sollte, stellte mir einen Film über Haustiere in einem Apartmentgebäude auf der Upper West Side von Manhattan vor. (*Ratatouille*, *Wall·E*, *Oben*, *Toy Story 3*, *Merida*, *Alles steht Kopf* und *Coco* wurden alle mit einem Oscar für den besten Animationsfilm ausgezeichnet).

Zum Schluss verbrachte ich einige Stunden mit Ed Catmull und den Ingenieuren, die mir ausführlich die technische Plattform erklärten, die den gesamten kreativen Unternehmensbereich untermauerte. Ich sah aus erster Hand, was John mir am Morgen gleich nach der Begrüßung erklärt hatte. Seinen Worten zufolge forderten die Animationsfilmzeichner und Regisseure die Ingenieure ständig heraus, damit sie ihnen die Instrumente lieferten, mit denen sie ihre kreativen Träume verwirklichen konnten – zum Beispiel, damit sich Paris auch wie Paris *anfühlte*. Ed und sein Ingenieursteam entwickelten ihrerseits aus eigener Initiative ständig neue Instrumente, die sie dann den Künstlern vorstellten, um sie dazu anzuregen, Dinge auf eine völlig neue Art und Weise zu betrachten. »Sehen Sie mal, wie wir Schnee, Wasser oder Dunst erzeugen!« Ed zeigte mir die raffiniertesten Animationsinstrumente, die je erfunden wurden – ein technologischer Einfallsreichtum, der Kreativität in ihrer höchsten Form ermöglichte. Dieses Yin und Yang war die Seele von Pixar. Alles andere ergab sich daraus.

Am Ende des Tages stieg ich in mein Auto, das auf dem Parkplatz des Pixar-Geländes stand, und machte mir sofort Notizen. Dann rief ich Tom Staggs an und sagte, ich müsse ihn gleich nach meiner Landung in L.A. sehen. Ich hatte keine Idee, ob der Verwaltungsrat mitmachen würde, aber ich wusste, dass Steve seine Meinung in einer Laune ändern konnte. Atemlos beschrieb ich Tom das technische und kreative Niveau, den kreativen Ehrgeiz, das unbedingte Qualitätsdenken, das fantasievolle Storytelling, die Technologie, die Führungsstrukturen und die Atmosphäre enthusiastischer Zusammenarbeit und sogar das Gebäude und seine Architektur. Dort herrschte eine Kultur, die jeder, der kreativ arbeitet – nein, eigentlich jeder, egal in welchem Bereich – gerne hätte. Und all das war allem, was wir machten und aus eigener Kraft leisten konnten, so haushoch überlegen, dass ich das Gefühl hatte, wir müssten alles tun, um diese Fusion Wirklichkeit werden zu lassen.

Als ich in mein Büro in Burbank zurückkehrte, setzte ich mich unverzüglich mit meinem Team zusammen. Zu sagen, dass sie meinen Enthusiasmus nicht teilten, wäre eine Untertreibung. Ich war der Einzige, der aus eigener Anschauung das Wesen, die Essenz, von Pixar erlebt hatte; für sie war die Idee immer noch viel zu wenig praktikabel. Zu viele Risiken, winkten sie ab. Viel zu hohe Kosten. Sie machten sich Sorgen, weil ich ihrer Meinung nach, kaum dass ich CEO geworden war, bereits meine Zukunft und die Zukunft des Unternehmens riskierte.

Das sollte in fast jeder Diskussion, die ich über Pixar führte, ein wiederkehrendes Thema sein. Immer und immer wieder hieß es, das Ganze sei zu riskant und fehlgeleitet. Viele Leute dachten, Steve sei viel zu unberechenbar und würde hinterher versuchen, das fusionierte Unternehmen zu leiten. Außerdem wurde ich ermahnt, ein gerade erst ernannter CEO solle keine großen Akquisitionen tätigen. Ich sei »durchgeknallt«, wie es einer unserer Investmentbanker ausdrückte, weil das finanziell nicht zu stemmen sei und sich der Börse unmöglich »verkaufen« lasse.

Der Investmentbanker hatte recht. Es stimmt, dass sich die Sinnhaftigkeit der Transaktion auf dem Papier nicht erschloss. Aber ich war mir sicher, dass dieses Maß an Originalität und Einfallsreichtum mehr wert war, als irgendjemand von uns verstand oder damals berechnen konnte. Zu sagen, Führungskräfte sollten einfach ihrem Bauchgefühl folgen, ist vielleicht nicht der verantwortungsvollste Rat in einem Buch wie diesem, weil er dahin gehend interpretiert werden könnte, dass ich Impulsivität vor Besonnenheit und Spekulation vor einer sorgfältigen Prüfung den Vorzug geben würde. Wie bei allem liegt auch hier der Schlüssel in dem Bewusstsein und der Abwägung und Gewichtung aller Faktoren – Ihrer eigenen Motive, der Meinung der Leute, denen Sie vertrauen, den Ergebnissen einer sorgfältigen Prüfung und Analyse sowie der Dinge, die Ihnen die Analysen nicht verraten werden. Sie wägen alle diese Faktoren gegeneinander ab, in dem Wissen, dass keine zwei Umstände einander gleichen. Und wenn Sie die Person sind, die die letzte Entscheidung trifft, ist es letztlich eine Frage Ihres Instinkts. Ist die Entscheidung richtig oder nicht? Nichts ist sicher, aber zumindest müssen Sie bereit sein, große Risiken zu wagen. Ohne den Mut zum Risiko sind auch keine großen Erfolge möglich.

Zu sagen, Führungskräfte sollten einfach ihrem Bauchgefühl folgen, ist vielleicht nicht der verantwortungsvollste Rat in einem Buch wie diesem.

Was Pixar betraf, hatte ich einen ausgeprägten Instinkt. Ich war davon überzeugt, dass uns diese Akquisition völlig transformieren würde: Sie würde Disney Animations wieder auf Erfolgskurs bringen; sie würde Steve Jobs, die einflussreichste Stimme auf dem Gebiet der technologischen Entwicklungen, ins Boot holen; sie würde eine Kultur der Exzellenz und des Ehrgeizes in unser Unternehmen tragen, die sich auf dringend benötigte Weise über die gesamte Organisation verbreiten würde. Letztlich konnte der Verwaltungsrat die Akquisition ablehnen, aber ich wollte diese Chance nicht aus Angst vor einem Nein von vornherein vertun. Ich sagte meinem Team, dass ich ihre Meinungen respektierte und wüsste, dass sie sich um mich sorgten, was ich sehr zu schätzen wisse, aber dass ich davon überzeugt sei, dass wir die Akquisition vorantreiben sollten. Zumindest würde ich mich nicht kampflos geschlagen geben.

Am Tag nach meinem Besuch in Emeryville rief ich Steve an. Bevor ich seine Nummer wählte, ermahnte ich mich, zu versuchen, meinen Enthusiasmus im Zaum zu halten. Natürlich musste ich ihm Lob und Bewunderung aussprechen, denn Steve war überaus stolz auf Pixar, aber dieses Telefonat könnte zugleich der Beginn ernsthafter Verhandlungen sein, und ich wollte ihm nicht das Gefühl geben, ich sei so verzweifelt hinter diesem Deal her, dass er völlig astronomische Forderungen stellen konnte. In dem Moment, in dem Steve ans Telefon ging, war mein mühselig aufgesetztes Pokerface jedoch dahin. Der Enthusiasmus, den ich verspürte, überwältigte alle sorgfältig zurechtgelegten Gedanken. Ich beschrieb ihm den Tag in Emeryville von Anfang bis Ende und hoffte, meine Ehrlichkeit würde am Ende mehr nützen als irgendeine »clever« vorgetäuschte Nüchternheit. Man hätte es als Schwäche werten können – wenn man zeigt, dass man etwas unbedingt haben möchte, lässt einen der Verkäufer im Allgemeinen dafür bluten –, aber in diesem Fall bewährte sich der aufrichtige Enthusiasmus. Ich beendete meinen Bericht mit den Worten, ich wolle dieses Vorhaben wirklich umsetzen – als sei das noch nicht klar geworden.

Man hätte es als Schwäche werten können, aber in diesem Fall bewährte sich der aufrichtige Enthusiasmus.

Steve sagte, er würde die Idee nur dann ernsthaft in Erwägung ziehen, wenn John und Ed mit im Boot wären. Im Anschluss an unser Telefonat sprach er mit ihnen und teilte ihnen mit, er sei offen für Verhandlungen, versprach ihnen aber, dass er ohne ihre Zustimmung keinen Deal eingehen würde. Es war geplant, dass ich mich mit jedem von ihnen einzeln treffen sollte, um ihnen meine Vorstellungen näher darzulegen und ihre jeweiligen Fragen zu beantworten. Anschließend würden sie entscheiden, ob sie an einer Fortsetzung der Verhandlungen interessiert wären.

Einige Tage später flog ich in die San Francisco Bay Area, um mit John und seiner Frau Nancy in ihrem Haus in Sonoma zu Abend zu essen. Wir hatten sofort einen Draht zueinander und führten eine lange, angenehme Unterhaltung. Ich gab ihnen einen kurzen Abriss meiner bisherigen Karriere, der Zeit bei *Wide World of Sports* und schilderte ihnen die Erfahrung, von Capital Cities übernommen zu werden, die Jahre der Programmverantwortung für das Primetime-Programm von ABC und schließlich die Übernahme durch Disney und den langen Weg bis zu meiner Ernennung als CEO. John erzählte mir von seiner Zeit bei Disney Animation, die mehr als zwanzig Jahre zurücklag und in die Zeit vor Michaels Ära fiel. (Er war entlassen worden, weil seine und Disneys damalige Ansichten über die Zukunft der Computeranimation auseinanderdrifteten!)

»Ich weiß, wie es ist, wenn man von einem anderen Unternehmen übernommen wird«, sagte ich. »Selbst unter den besten Umständen ist der Integrationsprozess eine heikle Sache. Man kann die Umstellung nicht erzwingen, und definitiv nicht bei einem Unternehmen wie Ihrem.« Ich fügte hinzu, selbst wenn es unbeabsichtigt geschehe, zerstöre der Käufer häufig die Kultur des Unternehmens, das er gekauft hat, und das vernichte Wert.

Viele Unternehmen kaufen andere, ohne sich viele Gedanken darüber zu machen, was sie eigentlich kaufen. Sie glauben, sie würden damit physische Vermögenswerte, Fertigungsressourcen oder intellektuelles Kapital einkaufen (das trifft auf einige Industrien mehr zu als auf andere). Meistens übernehmen sie jedoch in erster Linie Menschen. In einer kreativen Branche liegt der wahre Wert eines Unternehmens in den Menschen, die dort arbeiten.

In einer kreativen Branche liegt der wahre Wert eines Unternehmens in den Menschen, die dort arbeiten.

Ich unternahm große Anstrengungen, um John zu versichern, dass es für Disney nur sinnvoll sei, Pixar zu übernehmen, wenn wir ihre einzigartige Kultur schützten. Die Integration von Pixar in unseren Konzern würde eine gewaltige Transfusion von Führungsqualität und Kompetenz bedeuten, und das müssten wir von Anfang an richtig aufsetzen. »Pixar muss Pixar bleiben«, sagte ich. »Wenn wir die Kultur, die Sie geschaffen haben, nicht schützen, zerstören wir genau das, was Ihr Unternehmen so wertvoll macht.«

John sagte, er freue sich, das zu hören. Dann stellte ich ihm meinen großen Plan vor. »Ich möchte, dass Sie und Ed auch Disney Animation leiten.«

All diese Jahre später sagte John, er müsse immer noch darüber grinsen, dass er einst bei Disney gefeuert wurde, aber er habe großen Respekt vor dem Erbe von Disney Animation. So wie es mir nicht gelungen war, meinen Enthusiasmus vor Steve zu verbergen, gelang es John nicht, seinen Enthusiasmus über die Aussicht zu verbergen, Disney Animation zu leiten. »Das wäre ein echter Traum«, sagte er.

Einige Tage später flog Ed Catmull nach Burbank, um sich mit mir zu treffen. (Wir gingen in ein Steakhouse in der Nähe des Disney-Geländes, obwohl wir beide kein Fleisch aßen.) Auch diesmal unternahm ich große Anstrengungen, Ed meine Philosophie über Akquisitionen zu erklären – dass die Kultur, die sie aufgebaut hatten, der Schlüssel zu der Magie darstellte, die sie erzeugen konnten, und dass ich überhaupt kein Interesse daran hätte, sie zu zwingen, sich und ihre Kultur aufzugeben. Außerdem sprach ich über die zweite Chance, die sich mit der Fusion präsentierte, nämlich dass ich wollte, dass er und John Disney Animation neues Leben einhauchten.

Wenn John extrovertiert und emotional ist, ist Ed das genaue Gegenteil. Er ist ein stiller, nachdenklicher, introvertierter Doktor der Computerwissenschaften, der einen Großteil der Technologie entwickelt hat, auf der Pixars digitale Animation gründet. Wir lagen weit hinter ihrem technischen Standard zurück, aber andere Teile des Disney-Konzerns verfügten über technische Ressourcen, auf die Ed gerne Zugriff gehabt hätte. In seiner nüchtern-zurückhaltenden Art sagte er: »Es wäre spannend zu sehen, was wir dort machen könnten.«

Am folgenden Tag rief mich Steve an und teilte mir mit, John und Ed hätten ihm grünes Licht gegeben, um mit mir Verhandlungen aufzunehmen. Nicht lange danach trat der Verwaltungsrat von Disney erneut zusammen, dieses Mal in New York.

Ich berichtete über den Besuch bei Pixar und die Treffen mit John und Ed, und dass Steve verhandlungsbereit sei. Tom Staggs, der nach wie vor skeptisch war, hielt eine Präsentation über die wirtschaftlichen Aspekte der Akquisition, einschließlich der Frage einer möglichen Kapitalerhöhung und der damit verbundenen potenziellen Verwässerung der Disney-Aktien, sowie seiner Einschätzung über die Reaktion der Investment-Gemeinde, die er bestenfalls als gemischt bis leicht negativ beschrieb. Die Verwaltungsratsmitglieder hörten aufmerksam zu. Zwar waren sie am Ende der Sitzung immer noch grundsätzlich skeptisch, aber sie gaben uns die Genehmigung, mit Steve zu verhandeln und ihnen konkretere Vorschläge zu unterbreiten.

Tom und ich flogen direkt von dieser Sitzung nach San Jose, Kalifornien, und trafen uns am folgenden Tag mit Steve in Apples Konzernzentrale. Während wir das Gebäude betraten, dachte ich, dass ich keinen langen Verhandlungsprozess wollte. Ein langes, kompliziertes Tauziehen lag nicht in Steves Natur (die schleppenden, erbitterten Verhandlungen mit Michael waren ihm noch gut im Gedächtnis). Er mochte schon die Art und Weise nicht, wie Disney Vereinbarungen traf, und ich fürchtete, dass er das Ganze abblasen würde, falls wir uns an irgendeinem Punkt festhaken sollten.

Sobald wir uns hingesetzt hatten, sagte ich: »Ich will ganz offen zu Ihnen sein. Dies ist etwas, dass wir nach meinem Gefühl unbedingt tun müssen.« Steve stimmte mir zu, aber anders als in der Vergangenheit nutzte er seinen Vorteil nicht, um völlig illusorische Summen zu fordern. Egal, auf was wir uns einigten, würde ihm dieser Deal sehr zugute kommen, aber er wusste, dass sich seine Vorstellungen im Bereich des Möglichen bewegen mussten, und ich glaube, er schätzte meine Offenheit.

Im Verlauf der folgenden Monate arbeiteten Tom und Steve intensiv und sehr ausführlich an einer möglichen finanziellen Struktur und einigten sich schließlich auf einen Preis: 7,4 Milliarden Dollar. Für jede Pixar Aktie wurden 2,3 Disney-Aktien geboten. Die Gesamtsumme bestand aus 6,4 Milliarden Dollar in Aktien und 1 Milliarde aus Pixars Barmitteln. Selbst wenn Steve darauf verzichtete, überzogene Forderungen zu stellen, war das immer noch eine gewaltige Summe, die unserem Verwaltungsrat und den Investoren nur schwer zu verkaufen sein würde.

Außerdem verhandelten wir über einen »sozialen Pakt«, eine zweiseitige Liste mit kulturell bedeutsamen Themen und Dingen, die wir zu erhalten versprachen. Sie wollten das Gefühl haben, sie seien immer noch Pixar, und alles, was dieses Gefühl wahrte, war wichtig. Ihre E-Mail-Adressen würden weiterhin Pixar-Adressen sein; auf den Schildern an ihren Gebäuden würde weiterhin Pixar stehen; sie würden ihre Rituale zur Begrüßung und Einführung neuer Mitarbeiter und ihre traditionellen monatlichen Bier-Partys beibehalten. Wesentlich sensiblere Verhandlungen fanden über die Markenpolitik für Filme, Merchandising und Themenpark-Attraktionen statt. Unseren Recherchen zufolge hatte Pixar Disney als Marke inzwischen übertrumpft – ein Umstand, dessen sie sich wohl bewusst waren –, aber ich war davon überzeugt, dass die stärkste Markenkraft für Pixar-Filme im Verlauf der Zeit aus der Kombination Disney-Pixar erwachsen würde, vor allem, wenn Disney Animation von John und Ed geleitet würde. Und darauf einigten wir uns auch schließlich. Pixars berühmte »Luxo Junior«-Animation sollte nach wie vor jeden Film eröffnen, aber vorher würde die Disney-Castle-Animation erscheinen.

DIE HERAUSFORDERUNG, die nun vor mir lag, bestand darin, unseren Verwaltungsrat von der Sinnhaftigkeit dieser Übernahme zu überzeugen. Meiner Meinung nach sollten die Mitglieder direkt mit Steve, John und Ed sprechen. Niemand konnte den Deal besser verkaufen als diese drei. Und so kamen wir an einem Wochenende im Januar 2006 alle in einem Konferenzsaal von Goldman Sachs in L.A. zusammen. Mehrere Mitglieder des Verwaltungsrats waren noch immer gegen die Akquisition, aber in dem Moment, als Steve, John und Ed das Wort ergriffen, wurde es im Raum mucksmäuschenstill. Steve, John und Ed hatten weder Notizen noch Foliensätze noch irgendwelche visuellen Hilfsmittel mitgebracht; allein mit lebendigen Worten erklärten sie ihre Philosophie, ihre Arbeitsweise, die gemeinsamen Projekte, von denen wir bereits träumten, und wer sie als Personen waren.

John sprach mit Leidenschaft über seine lebenslange Liebe zu Disney und seinen Wunsch, Disney Animation wieder zu seinem alten Ruhm und Glanz zu verhelfen. Ed hielt eine faszinierende, intellektuelle Präsentation über die Zukunft der Technologie und wie Disney und Pixar davon profitieren könnten. Und was Steve betrifft, kann man sich kaum einen besseren Verkäufer für ein derart ambitioniertes Vorhaben vorstellen. Er sprach darüber, wie wichtig es sei, dass große Unternehmen großen Wagemut bewiesen; über Disneys vergangenen Ruhm und die Dinge, die der Konzern tun müsse, um eine radikale Kursänderung vorzunehmen. Er erwähnte mich und die Beziehung, die bereits zwischen uns entstanden war – mit dem iTunes-Projekt, aber auch mit den anhaltenden Diskussionen über den Erhalt der Pixar-Kultur. Und er umriss seinen Wunsch zur Zusammenarbeit, um diese verrückte Idee zum Erfolg zu führen. Als ich ihn so sprechen hörte, empfand ich zum ersten Mal die Zuversicht, dass es klappen würde.

Der Verwaltungsrat sollte am 24. Januar zur abschließenden Entscheidung zusammentreten, allerdings begann die Nachricht von einer Fusion bereits an die Öffentlichkeit durchzusickern. Plötzlich erhielt ich von allen Seiten Anrufe von Leuten, die mich drängten, davon Abstand zu nehmen. Unter anderem auch von Michael Eisner. »Bob, das können Sie nicht machen«, sagte er. »Das ist das Dümmste auf der Welt.« Alle äußerten die gleichen Befürchtungen: zu teuer, zu riskant. Steve ins Unternehmen zu holen, wäre eine Katastrophe. »Sie können den Turnaround von Animation auch allein schaffen«, sagte er. »Dazu brauchen Sie Pixar nicht. Pixar ist nur einen Misserfolg davon entfernt, ein ganz durchschnittliches Unternehmen zu sein.« Er rief sogar Warren Buffett an, weil er glaubte, wenn Warren die Akquisition für eine unkluge Investition hielt, dann könne er die Mitglieder des Verwaltungsrats, die er kannte, umstimmen. Warren hielt sich aber aus der Sache heraus, und so rief Michael erst Tom Murphy an, um ihn zu bearbeiten, und anschließend wandte er sich an George Mitchell und bat ihn, sich direkt an den Verwaltungsrat wenden zu dürfen.

Daraufhin rief George mich an und erzählte mir von Michaels Bitte. »George«, sagte ich, »Sie lassen das doch nicht zu, oder? An diesem Punkt?« Michael war schon seit vier Monaten nicht mehr im Unternehmen. Seine Verbindungen zu Disney hatten an seinem letzten Tag im Konzern geendet. Ich wusste, dass es schwierig für ihn war, aber ich fühlte mich von seiner Einmischung sehr gekränkt. Ein solches Vorgehen hätte er in seiner Zeit als CEO niemals toleriert.

»Er wird nicht weit kommen«, erwiderte George. »Lassen Sie ihn machen. Wir zeigen ihm, dass wir ihn respektieren, und hören ihm zu.

Und dann tragen Sie Ihre Argumente vor.« Das war George, wie er leibt und lebt. Nach Jahren im US-Senat, einschließlich einer kurzen Zeit als Mehrheitsführer und Vorsitzender der Friedensverhandlungen im Nordirlandkonflikt war er der perfekte Staatsmann. Er hatte das aufrichtige Gefühl, Michael verdiene diesen Respekt, aber er wusste auch, dass Michael in dieser Angelegenheit ein aggressiver Kontrahent sein könnte, der versuchen würde, den Verwaltungsrat von außen zu beeinflussen. Daher glaubte er, es sei besser, ihn an der Verwaltungsratssitzung teilnehmen und ihn reden zu lassen, um mir die Gelegenheit zu geben, seine Argumente direkt im Anschluss zu widerlegen. Es ist das Einzige, das George als Chairman je tat, das mich gewurmt hat, aber ich konnte nichts dagegen tun und musste mich auf seinen Instinkt verlassen.

Am Tag der abschließenden Entscheidung kam Michael zur Sitzung und trug seine Argumente vor. Es waren dieselben, die er mir gegenüber bereits geäußert hatte – der Preis sei viel zu hoch, Steve sei schwierig und herrisch und würde die Kontrolle einfordern, und Animation lasse sich auch so wieder auf den Erfolgspfad zurückführen. Er blickte mich an und sagte: »Bob kann Animation wieder profitabel machen.« Ich erwiderte: »Michael, *Sie* konnten es nicht, und jetzt sagen Sie, ich könne es?«

Vor der Sitzung hatte mich George in meinem Büro aufgesucht und gesagt: »Ich glaube, Sie werden es schaffen. Aber es ist noch nicht in trockenen Tüchern. Sie müssen hineingehen und sich mit ganzem Herzen dafür einsetzen. Sie müssen im übertragenen Sinne mit der Faust auf den Tisch hauen. Lassen Sie die Mitglieder des Verwaltungsrats Ihre Leidenschaft spüren. Verlangen Sie ihre Unterstützung.«

»Ich dachte, das hätte ich bereits«, entgegnete ich.

»Dann müssen Sie es jetzt nochmal machen.«

Ich betrat den Sitzungssaal mit einer Mission. Bevor ich eintrat, hielt ich sogar noch einmal kurz inne, um einen Blick auf Theodore Roosevelts Ansprache »Der Mann in der Arena« zu werfen, die mir seit Langem als Inspiration diente: »Es ist nicht der Kritiker, der zählt; nicht der Mann, der darauf deutet, wie der Starke stolpert, oder wo derjenige, der Taten vollbringt, es hätte besser machen können. Die Anerkennung gebührt dem Mann, der gerade in der Arena steht und dessen Gesicht von Staub, Schweiß und Blut verschmiert ist.« Mein Gesicht war zwar nicht von

Staub, Schweiß und Blut verschmiert und der Sitzungssaal war nicht die schlimmste aller Arenen, aber ich musste jetzt dort hineingehen und für etwas kämpfen, von dem ich wusste, dass es ein Risiko darstellte. Wenn sie ja sagten und es sich als gute Entscheidung erwies, würde ich der Held sein, der die Geschicke des Unternehmens zum Guten gewendet hätte. Wenn sie ja sagten, und das Ganze am Ende scheiterte, würde ich meinen Job an den Nagel hängen müssen.

Ich sprach mit so viel Verve, wie ich nur aufbringen konnte. »Die Zukunft des Unternehmens liegt hier, genau hier«, sagte ich. »Sie liegt in Ihren Händen.« Und dann wiederholte ich einen Satz, den ich bei meiner ersten Verwaltungsratssitzung als CEO im Oktober bereits gesagt hatte: »Der Zustand von Disney Animation bestimmt den Zustand des gesamten Unternehmens. Das galt 1937 für *Schneewittchen und die sieben Zwerge* und im Jahr 1994 für *Der König der Löwen*. Und es gilt heute immer noch. Wenn Animation Erfolg hat, ist Disney erfolgreich. Wir müssen das machen. Unser Pfad in die Zukunft beginnt genau hier und heute Abend.«

Als ich fertig war, begann George mit der Abstimmung und bat jedes Verwaltungsratsmitglied in alphabetischer Reihenfolge, seine Entscheidung laut kundzutun. Zudem bot er jedem Einzelnen die Möglichkeit an, sich kurz zu äußern. Es wurde ganz still im Saal. Ich erinnere mich, dass sich meine Blicke kurz mit Tom Staggs und Alan Braverman trafen. Sie waren sich sicher, dass die Abstimmung zu unseren Gunsten ausgehen würde. Ich war mir da nicht so sicher. Nach allem, was der Verwaltungsrat in den vergangenen Jahren erlebt hatte, schien es durchaus möglich, dass sich eine Risikoaversion durchsetzen würde. Die ersten vier Mitglieder stimmten mit Ja, das fünfte Mitglied auch, allerdings mit der Ergänzung, er würde der Übernahmen nur aus Gründen meiner Unterstützung zustimmen. Von den übrigen fünf Mitgliedern stimmten zwei dagegen, so dass es am Ende neun Stimmen für die Akquisition und zwei dagegen waren. Der Deal war beschlossene Sache.

Anschließend gab es eine kurze Diskussion, ob eine weitere Abstimmung erfolgen solle, um ein einstimmiges Ergebnis zu erzielen, aber George wehrte den Vorschlag rasch mit dem Argument ab, der Prozess müsse transparent sein und das genaue Abstimmungsergebnis widerspiegeln. Irgendjemand sorgte sich, wie die Öffentlichkeit über eine Entscheidung denken würde, die nicht einstimmig getroffen wurde, aber ich sagte, das sei mir egal. Alles, was die Öffentlichkeit wissen musste, war, dass der Verwaltungsrat die Akquisition abgesegnet hatte. Die Einzelheiten der Abstimmung mussten nicht veröffentlicht werden, und falls irgendjemand fragen sollte, ob sie einstimmig getroffen wurde, sollten wir die Wahrheit sagten. (Jahre später gestand Michael mir gegenüber ein, er habe sich geirrt, was Pixar betraf. Ich fand das sehr anständig von ihm.)

AM TAG DER ANKÜNDIGUNG der Akquisition reisten Alan Braverman, Tom Staggs, Zenia Mucha und ich zu Pixar nach Emeryville. Steve, John und Ed waren da, und der Plan lautete, die Ankündigung gleich nach Börsenschluss um 13 Uhr Pacific Standard Time (PST) zu veröffentlichen, um anschließend eine Pressekonferenz und eine Betriebsversammlung mit den Mitarbeitern von Pixar abzuhalten.

Kurz nach Mittag kam Steve auf mich zu und nahm mich beiseite. »Lassen Sie uns einen Spaziergang machen«, sagte er. Ich wusste, dass Steve gerne ausgedehnte Wanderungen unternahm, oft in Begleitung von Freunden oder Kollegen, aber ich war überrascht, dass er mich ausgerechnet jetzt darum bat – und auch etwas alarmiert. Ich wandte mich an Tom und fragte ihn, was Steve seiner Meinung nach von mir wollen könnte. Wir waren uns einig, dass er entweder einen Rückzieher machen oder Nachforderungen stellen wollte.

Als ich mit Steve das Gebäude verließ, blickte ich auf die Uhr. Es war 12:15 Uhr. Wir spazierten eine Weile und dann setzten wir uns auf eine Bank mitten in Pixars wunderschönem, gepflegtem Gartengelände. Steve legte mir von hinten seinen Arm auf die Schulter, was ich als eine schöne, unerwartete Geste empfand. Dann sagte er: »Ich werde Ihnen jetzt etwas sagen, dass nur Laurene« – seine Frau – »und meine Ärzte wissen.« Er bat mich um absolute Verschwiegenheit, und dann offenbarte er mir, seine Krebserkrankung sei erneut ausgebrochen. Jahre zuvor hatte man bei ihm eine seltene Form von Bauchspeicheldrüsenkrebs diagnostiziert, und nach einer Operation hatte er verkündet, er sei komplett geheilt. Nun war der Krebs zurück.

»Steve, warum erzählen Sie mir das?«, fragte ich. »Und warum gerade jetzt?«

»Ich werde Ihr größter Aktionär und ein Mitglied Ihres Verwaltungsrats werden«, sagte er. «Ich finde, angesichts dieser Nachrichten schulde ich Ihnen das Recht, aus dem Deal auszusteigen.«

Ich blickte erneut auf meine Uhr. Es war 12:30 Uhr, knapp 30 Minuten vor der Bekanntgabe der Akquisition. Ich war mir nicht sicher, wie ich reagieren sollte, und hatte Mühe, diese überraschenden Nachrichten zu verarbeiten. Dabei fragte ich mich auch, ob damit irgendwelche Offenlegungspflichten verbunden waren. Musste ich unseren Verwaltungsrat einweihen? Konnte ich unseren Chefjustiziar dazu befragen? Steve hatte sich völlige Verschwiegenheit ausgebeten, daher konnte ich nur sein Angebot annehmen und den Deal, den ich so dringend wollte und den wir so dringend brauchten, abblasen. Schließlich sagte ich: »Steve, in weniger als 30 Minuten verkünden wir einen Deal über mehr als 7 Milliarden Dollar. Was sollte ich meinem Verwaltungsrat sagen? Dass ich kalte Füße bekommen habe?« Steve antwortete, ich solle die Schuld auf ihn schieben. Dann fragte ich: »Gibt es noch irgendetwas, das ich darüber wissen sollte? Helfen Sie mir, eine Entscheidung zu treffen.«

Steve erzählte mir, der Krebs habe bereits seine Leber befallen und es sehe nicht gut aus. Er würde alles tun, um den Highschool-Abschluss seines Sohns Reed zu erleben, sagte er. Als er mir sagte, das sei in vier Jahren, war ich tief erschüttert. Es war unmöglich, über beides gleichzeitig zu sprechen – seinen bevorstehenden Tod und die Transaktion, die wir in wenigen Minuten vollziehen würden.

Ich beschloss, das Angebot, aus dem Deal auszusteigen, abzulehnen. Selbst wenn ich es angenommen hätte, hätte ich es unserem Verwaltungsrat nicht erklären können, der der Transaktion nicht nur zugestimmt, sondern auch meine monatelangen eindringlichen Plädoyers erduldet hatte. In zehn Minuten würden die Pressemitteilungen verschickt werden. Ich hatte keine Ahnung, ob ich das Richtige tat, aber ich kalkulierte in Windeseile, dass Steve für die Transaktion an sich nicht von ausschlaggebender Bedeutung war, auch wenn er für mich überaus wichtig war. Schweigend kehrten wir zum Atrium zurück. Später sprach ich mit Alan Braverman, dem ich vertraute wie einem leiblichen Bruder, und weihte ihn ein. Er unterstützte meine Entscheidung, was eine große Erleichterung für mich war. Abends weihte ich auch Willow ein. Willow kannte Steve seit vielen Jahren – lange, bevor ich ihn kennenlernte –, und anstatt auf einen ganz großen Moment in meiner ersten Zeit als CEO anzustoßen, weinten wir beide über Steves Nachricht. Egal was er mir gesagt hatte und wie entschlossen er gegen seine Krebserkrankung ankämpfen wollte, graute uns vor dem, was ihm bevorstand.

Der Pixar-Deal wurde um 13:05 Uhr bekannt gegeben. Nachdem Steve und ich mit der Presse gesprochen hatten, standen wir mit John und Ed auf einer Plattform in dem riesigen Pixar-Atrium vor fast tausend Pixar-Mitarbeitern. Bevor ich das Wort ergriff, überreichte mir jemand eine Luxo-Lampe als Andenken an diesen Moment. Spontan bedankte ich mich bei der Belegschaft und sagte ihnen, sie würde von nun an unser Disney-Schloss beleuchten. Und das hat sie seitdem getan.

KAPITEL 10

MARVEL – GROSSE, ABER SINNVOLLE RISIKEN

MIT DER ÜBERNAHME VON PIXAR konnten wir die dringend nötige Wiederbelebung von Disney Animation sicherstellen. Doch sie war auch der erste Schritt in der Umsetzung unserer übergeordneten Wachstumsstrategie: um die Menge der qualitativ hochwertigen Markeninhalte zu erhöhen; um uns technisch weiterzuentwickeln, sowohl was unsere Fähigkeit anging, überzeugende Produkte zu erschaffen, als auch in Bezug auf die Kanäle, über die wir unsere Inhalte den Konsumenten anboten; und letztlich, um global zu wachsen.

Tom Staggs, Kevin Mayer und ich hatten eine Liste an möglichen »Akquisitionskandidaten« erstellt, die uns unserer Meinung nach dabei helfen konnten, diese Prioritäten zu erfüllen. Wir beschlossen, uns zunächst auf intellektuelles Kapital zu konzentrieren. Wer besaß ein herausragendes intellektuelles Kapital, das sich in der ganzen Bandbreite unserer Geschäftsfelder einsetzen ließ? Zwei Unternehmen fielen uns dabei spontan ein: Marvel Entertainment und Lucasfilm. Wir hatten keine Idee, ob sie überhaupt zum Verkauf standen, aber aus verschiedenen Gründen (darunter auch, dass George Lucas nach meiner Einschätzung nur sehr schwer davon zu überzeugen gewesen wäre, das Unternehmen, das er selbst aufgebaut hatte, zu verkaufen und die Kontrolle über das *Star-*

Wars-Vermächtnis aus der Hand zu geben), stand Marvel ganz oben auf unserer Liste. Ich war nicht in allen Teilen mit Marvels Historie vertraut, aber man musste kein eingefleischter Leser seiner Comics sein, um zu wissen, dass das Unternehmen eine Schatztruhe an spannenden Figuren und Geschichten war, die wunderbar zu unseren Sparten Fernsehen, Kino, Themenparks und Konsumprodukte passen. Auf unserer Liste standen noch andere Unternehmen, aber keines erschien uns so wertvoll wie Marvel und *Star Wars*.

Das Ganze war aber nicht ohne Komplikationen. Zum einen war Marvel bereits vertraglich an andere Studios gebunden. Marvel hatte für zahlreiche kommende Filme eine Vertriebsvereinbarung mit Paramount abgeschlossen. Die Rechte an *Spiderman* hatte das Unternehmen an Columbia Pictures (das schließlich zu Sony Pictures wurde) vergeben. *Der unglaubliche Hulk* wurde von Universal kontrolliert. *X-Men* und *Fantastic Four* gehörten Fox. Selbst wenn wir also alles Material kaufen konnten, das rechtlich nicht an andere Studios gebunden war, wäre es keine so umfassende Akquisition von intellektuellem Kapital, wie wir sie uns idealerweise wünschten. Wir hätten nicht alle Figuren unter einem Dach, und das konnte potenziell zu Markenverwirrung und lizenztechnischen Komplikationen führen.

Das größere Hindernis war jedoch, dass die Person, die Marvel leitete, Ike Perlmutter, ein Rätsel für uns war. Ike, ein ehemaliger israelischer Militärangehöriger, war legendär für seinen knallharten, menschenscheuen Charakter. Er tauchte nie in der Öffentlichkeit auf und ließ sich fast nie fotografieren. Er hatte ein Vermögen damit verdient, die Schulden in Not geratener Unternehmen zu übernehmen und die Unternehmen auf diese Weise zu kontrollieren. Außerdem stand er in dem Ruf, extrem geizig zu sein. (Angeblich klaubte er die Büroklammern aus den Papierkörben.) Abgesehen davon wussten wir fast nichts über ihn. Insofern hatten wir auch keine Idee, wie er auf unseren Vorstoß reagieren würde, oder ob er überhaupt darauf reagieren würde.

Ikes Verbindung zu Marvel Comics reichte bis in die 1980er-Jahre zurück, als Marvels damaliger Eigentümer Ron Perelman einen Teil von ToyBiz erwarb, ein Unternehmen, das Ike und seinem Partner Avi Arad gehörte. Während des großen Comic-Sammelbooms von Ende der

1980er- bis Anfang der 1990er-Jahre war Marvel hochprofitabel. Dann endete der Boom, und die Verluste begannen sich zu häufen. Es gab Finanzrestrukturierungen und ein Insolvenzverfahren und schließlich einen langen Machtkampf zwischen den Investoren Ron Perelman und Carl Icahn, der Marvels Chairman werden sollte, und Ike und Avi Arad. Im Jahr 1997 entrissen Ike und Arad Perelman und Icahn die Kontrolle über das Unternehmen. Im folgenden Jahr fusionierten sie ToyBiz und Marvel und formten daraus Marvel Enterprises, das schließlich zu Marvel Entertainment wurde.

Als wir 2008 begannen, die Sache ernsthaft in Betracht zu ziehen, war Marvel ein börsennotiertes Unternehmen. Ike war CEO und Aktionär mit Kontrollmehrheit. Sechs Monate lang versuchten wir vergeblich, einen Gesprächstermin mit ihm zu vereinbaren. Man sollte meinen, es dürfte für einen CEO eines Unternehmens nicht so schwierig sein, ein Meeting mit dem CEO eines anderen Unternehmens zu organisieren, aber Ike tat nun einmal nichts, was Ike nicht tun wollte, und weil er so verschlossen war, gab es keinen direkten Kanal zu ihm.

Falls er uns einen Termin gewähren würde, dann nur, weil jemand, dem er vertraute, ein gutes Wort für uns einlegte. Wir hatten einen solchen Verbindungsmann – ein ehemaliger Disney-Manager namens David Maisel, der Marvel dabei geholfen hatte, ins Filmgeschäft einzusteigen. David und ich waren immer gut miteinander ausgekommen, und von Zeit zu Zeit meldete er sich, um zu sehen, ob wir irgendein Projekt gemeinsam auf die Beine stellen konnten. Mehrmals hatte er mich gedrängt, mir zu überlegen, ob wir nicht die Filme von Marvel vertreiben wollten, aber ich war nicht daran interessiert, ein reiner Vertriebskanal zu sein. Ich sagte David, ich wollte gerne mit Ike sprechen, und fragte ihn, ob er mir irgendetwas raten könne. Er antwortete, er würde versuchen, etwas zu arrangieren und halte die Idee für großartig. Aber er wollte nichts versprechen und riet uns dringend, uns in Geduld zu üben.

In der Zwischenzeit konnte Kevin Mayer nicht aufhören, darüber zu fantasieren, was Disney alles machen könnte, wenn wir Marvel übernähmen. Kevin ist der anstrengendste und laserfokussierteste Mensch, mit dem ich je gearbeitet habe. Wenn er seinen Blick auf etwas Wertvolles richtet, fällt es ihm sehr schwer, meinen Rat zu befolgen, geduldig zu sein. So drängte er mich fast täglich, einen Weg zu finden, an Ike heranzukommen, und ich sagte ihm, wie müssten abwarten und sehen, ob David etwas erreichen konnte.

Die Monate verstrichen. Ab und zu meldete sich David mit der immergleichen Botschaft – noch nichts Neues, weiter abwarten. Im Juni 2009 rief er schließlich an und sagte, Ike sei bereit, mit uns zu sprechen. David gab nie eine Erklärung für Ikes Sinneswandel, aber ich vermute, er hatte ihm gesagt, wir hätten Interesse an einer Übernahme von Marvel, und Ike war einfach neugierig.

Einige Tage nachdem wir Davids Nachricht erhalten hatten, traf ich mich mit Ike bei Marvel in Midtown Manhattan. Wie zuvor bei John und Ed von Pixar wollte ich ihm das Gefühl vermitteln, dass ich ihm den gebührenden Respekt entgegenbrachte, also flog ich eigens für dieses Treffen nach New York und traf ihn allein – und nicht mit einem Disney-Führungsteam. Marvels Bürogebäude waren ein Abbild von Ikes Reputation: vollkommen spartanisch. Sein eigenes Büro war winzig und schmucklos; ein kleiner Schreibtisch, einige Stühle, Beistelltische und Lampen. Weder teures Mobiliar noch ein umwerfender Panoramablick, kaum Wanddekoration. Man hätte nie vermutet, dass dies das Büro des CEO eines Unternehmens aus der Unterhaltungsbranche war.

Ike war spürbar misstrauisch, aber dabei weder kalt noch unfreundlich. Er war von drahtiger Statur und hatte einen kräftigen Händedruck. Als ich Platz nahm, bot er mir ein Glas Wasser und eine Banane an. »Von Costco«, sagte er. »Meine Frau und ich kaufen da am Wochenende ein.« Ich wusste nicht, was David ihm über mich erzählt hatte oder worüber ich mit ihm sprechen wollte, aber man kann natürlich nicht jemanden aufsuchen und nach dem ersten Austausch von Höflichkeiten gleich mit der Tür ins Haus fallen und ihm auf die Nase zusagen, dass man sein Unternehmen kaufen will. Zwar vermutete ich, dass Ike wusste, dass es eigentlich nur einen Grund geben konnte, warum ich mit ihm sprechen wollte, aber zunächst unterhielten wir uns über unseren jeweiligen beruflichen Hintergrund und unser Geschäft. Er befragte mich konkret zur Akquisition von Pixar,

Man kann natürlich nicht jemanden aufsuchen und nach dem ersten Austausch von Höflichkeiten gleich mit der Tür ins Haus fallen und ihm auf die Nase zusagen, dass man sein Unternehmen kaufen will.

und ich erzählte ihm, dass wir das Unternehmen so in den Disney-Konzern integriert hatten, dass es seine einzigartige Kultur bewahren konnte. Das war der Punkt, an dem ich ihm den Grund meines Besuchs erklärte und anklingen ließ, dass wir uns etwas Ähnliches mit Marvel vorstellen konnten.

Ike sprang weder sofort darauf an, noch lehnte er mein Ansinnen gleich ab. Wir sprachen eine weitere halbe Stunde, und dann schlug er vor, dass wir uns später am Abend im Post House, einem Steakhaus in den East Sixties treffen könnten, in dem er gerne aß. Unser Gespräch beim Abendessen war lang und erstreckte sich über zahlreiche Gebiete. Ich erfuhr einiges über die verschiedenen Unternehmen, die Ike geführt hatte, und über sein Leben in Israel, bevor er nach Amerika emigriert war. Er war so hartgesotten und stolz wie der Ruf, der ihm vorauseilte. Ich drängte nicht zu stark auf die Idee eines möglichen Verkaufs – nur gerade so viel, um ihm meine Vision nahezubringen, wie Marvel Teil einer strahlenden Zukunft unter unserem Konzerndach sein könnte. Gegen Ende unserer Mahlzeit sagte er: »Ich muss darüber nachdenken«, und ich sagte, ich würde ihn am folgenden Tag anrufen.

Am nächsten Morgen sagte mir Ike, er habe immer noch Zweifel, sei aber durchaus interessiert. Ike ist ein cleverer Geschäftsmann, und er konnte mit einem Verkauf an Disney viel Geld verdienen. Allerdings hatte er bei Marvel auch die Kontrolle übernommen, als das Unternehmen in Schwierigkeiten steckte, und hatte es wieder zum Erfolg geführt. Ich glaube, die Vorstellung, dass ein anderer CEO einfach hereinmarschierte und Marvel kaufte, war für ihn ein harter Brocken, auch wenn er wusste, dass er daran ein Vermögen verdienen würde.

Ike und ich sind sehr unterschiedlich veranlagt und hatten in den Jahren seit der Übernahme von Marvel unsere Meinungsverschiedenheiten, aber ich empfinde aufrichtigen Respekt vor allem, was er im Leben geleistet hat. Er war praktisch mit nichts in den Vereinigten Staaten angekommen und war ausschließlich mit Intelligenz und Beharrlichkeit sehr erfolgreich geworden. Ich wollte ihm vermitteln, dass ich eine große Wertschätzung für ihn und seine Leistung hatte und dass er und sein Unternehmen sich in guten Händen befinden würden. Allerdings würde Ike nie gut in eine Konzernstruktur passen oder gut mit der – wie er es empfand – routinierten

Hollywood-Glattheit umgehen können. Wenn er sich also für die Idee, sein Unternehmen an Disney zu verkaufen, erwärmen konnte, dann nur, wenn er das Gefühl hatte, er verhandele mit jemand, der authentisch und aufrichtig zu ihm war und seine Sprache sprach.

Zu meinem Glück befand sich Willow in dieser Woche zufällig geschäftlich in New York, und so lud ich Ike und seine Frau zu einem gemeinsamen Abendessen ein. Willow begleitet mich nicht oft zu Geschäftsessen, aber ihr Verständnis der Geschäftswelt, ihr beruflicher Werdegang und ihr einnehmendes Wesen machen sie zu einer echten Geheimwaffe. Wir trafen uns erneut im Post House, und zwar an demselben Tisch, an dem Ike und ich einige Abende zuvor gesessen hatten. Ikes Frau Laurie ist eine kluge, energische Frau (und Turnier-Bridgespielerin). Sie und Willow sorgten für eine leichte, entspannte Unterhaltung. Wir redeten nicht über das Geschäft; der Abend diente einfach dazu, ein Gespür füreinander zu entwickeln und für die Dinge, die uns wichtig waren. Ike sagte es zwar nicht laut, aber am Ende des Abends war ich mir sicher, dass er begann, sich für die Idee zu erwärmen.

DAS WAR NICHT DAS ERSTE MAL, dass Marvel auf Disneys Radar auftauchte. Schon früh in den Jahren, die ich für Michael gearbeitet hatte, nahm ich an einem Arbeitsmittagessen teil, bei dem er die Idee äußerte, Marvel zu kaufen. Eine Handvoll Führungskräfte am Tisch erhoben Einwände. Marvel sei zu ausgefallen und avantgardistisch, sagten sie. Das würde der Marke Disney den Glanz nehmen. Damals herrschte die Annahme vor – unter den Führungskräften und im Verwaltungsrat –, Disney sei eine einzige monolithische Marke und alle unsere Geschäftsfelder müssten unter dem Namen Disney stehen. Ich spürte, dass Michael es besser wusste, aber er nahm jede negative Reaktion auf die Marke oder jede Andeutung, sie sei nicht gut geführt, als persönliche Beleidigung.

Unter anderem unterhielt Disney eine erfolgreiche, aber oft strapazierte Partnerschaft mit Miramax, das von Bob und Harvey Weinstein geführt und von Michael 1993 aufgekauft wurde. (Die Partnerschaft wurde 2005 beendet, als Michael noch CEO war, und sieben Jahre später verkauften wir das gesamte Geschäft.) Miramax brachte rund dreihundert Filme im Jahr heraus. Viele waren sehr erfolgreich, aber viele andere waren Verlustbringer. Wir hatten heftige Auseinandersetzungen mit den Weinsteins über die Budgets und den Inhalt der Filme, vor allem Michael Moores Dokumentarfilm *Fahrenheit 9/11*, den Michael Eisner nicht über Disney vertreiben wollte. Es gab ein Problem nach dem anderen, und wenngleich sie Oscar-Preisträger waren, war es nie leicht mit ihnen. Ein beispielhafter Vorfall ereignete sich im Jahr 1999, als Miramax die Zeitschrift *Talk* herausbrachte, die ein riesiger Verlustbringer war. Die Brüder Weinstein hatten sich auf die Zeitschrift und die Star-Herausgeberin Tina Brown verpflichtet, bevor Michael überhaupt eine Chance hatte, das Vorhaben abzusegnen, und es war von Anfang an ein Debakel. Ich hatte nie etwas mit der Beziehung zu Miramax zu tun, aber ich sah, dass sie Michael intern und öffentlich zusetzte. Die ständigen Auseinandersetzungen mit Bob und Harvey Weinstein waren eine echte Stressquelle, abgesehen von der Meinung des Verwaltungsrats, der Miramax für fiskalisch unverantwortlich hielt. Ich konnte zusehen, wie Michael der ganzen Geschichte immer überdrüssiger wurde. Als er den Widerstand einiger Führungskräfte gegen seine Idee verspürte, Marvel zu kaufen, wollte er die Sache daher nicht um jeden Preis durchboxen. Es war noch gar nicht so lange her, dass er ABC gekauft hatte, daher bestand keine zwingende Notwendigkeit, ein weiteres Unternehmen zu kaufen.

Als ich seine Amtsgeschäfte übernahm, war meine höchste Priorität, die Marke Disney aufzupolieren, indem ich der Sparte Animation zu neuem Glanz verhalf. Jetzt, da John und Ed sich darum kümmerten, waren wir auf dem besten Weg, dieses Problem zu lösen. Sobald Disney Animation wieder auf soliden Füßen stand, wäre ich wieder offen für weitere Akquisitionen, selbst wenn sie nicht offensichtlich dem »Disney-Stil« entsprachen. In der Tat achtete ich ganz bewusst darauf, nicht auf Nummer sicher zu gehen. Mit der Akquisition von Pixar waren wir gewaltige Risiken eingegangen. Es wäre ein Leichtes gewesen, sich eine Weile mit dem zufriedenzugeben, was wir hatten, anstatt auf weiteres Wachstum zu setzen. Drei Jahre nach der Übernahme wurde die gesamte Unterhaltungsindustrie aber von weiteren tektonischen Verschiebungen erschüttert, und es war wichtig für

In der Tat achtete ich ganz bewusst darauf, nicht auf Nummer sicher zu gehen.

uns, weiterhin in großen Dimensionen zu denken, unsere Dynamik auszunutzen und unser Portfolio an Markeninhalten auszubauen.

Was Marvel betraf, machte ich mir – wenn überhaupt – jedoch genau die gegenteiligen Sorgen als all diejenigen, die gegen die Übernahme eines Unternehmens waren, das eindeutig trendiger und ausgefallener war als Disney. Mich trieb nicht um, was Marvel der Marke Disney antun würde, sondern wie loyale Marvel-Fans darauf reagieren würden, mit Disney assoziiert zu werden. Würden wir mit einer Übernahme möglicherweise den Wert des Unternehmens vernichten? Kevin Mayers Team recherchierte über diese Frage, und nach mehreren Gesprächen mit ihm war ich mir sicher, dass wir die Marken separat und unter respektvoller Wahrung ihres Markenkerns nebeneinander managen konnten und keine die andere negativ beeinflussen würde.

Einige von Ikes wichtigen kreativen Leute waren verständlicherweise ebenfalls in Sorge davor, übernommen zu werden. Ich lud mehrere von ihnen nach Burbank ein und sprach persönlich mit ihnen. Dabei schilderte ich meine eigene Erfahrung mit den Übernahmen durch Capital Cities und Disney und versicherte ihnen, dass ich wüsste, wie es sich anfühlt, von einem anderen Unternehmen geschluckt zu werden. Ich wiederholte die gleichen Sätze, die ich während meiner Verhandlungen mit Steve, John und Ed viele Mal gesagt hatte: »Es ist für uns nicht sinnvoll, Sie für das zu kaufen, was Sie sind, und Sie dann in etwas anderes verwandeln zu wollen.«

SOBALD IKE DEUTLICH GEMACHT HATTE, dass er zu ernsthaften Verhandlungsgesprächen bereit war, begannen Tom Staggs, Kevin Mayer und ihre Teams mit dem mühseligen Prozess, Marvels aktuellen und potenziellen Wert als Einzelunternehmen und als Teil von Disney zu errechnen, um zu einem sinnvollen Angebot zu gelangen. In diese Rechnung flossen ihre Aktiva und Passiva und vertragliche Hürden ein, aber auch die Mitarbeiter und die Probleme, die mit ihrer Integration in unseren Konzern verbunden wären. Unser Team erstellte ein Mehrjahresszenario über potenzielle Filmproduktionen und geschätzte Einnahmen an den Kinokassen. In dieses Modell floss ebenfalls ein, was wir tun konnten, um unser Geschäft innerhalb von Disney zu steigern –

in unseren Themenparks und den Geschäftsbereichen Verlagswesen und Konsumprodukte.

Seit der Übernahme von Pixar und Steves Eintritt in den Verwaltungsrat als größter Disney-Anteilseigner besprach ich jedes große Vorhaben zunächst mit ihm. Ich holte mir seinen Rat und seine Unterstützung, bevor ich es dem gesamten Verwaltungsrat vorstellte. Steves Meinung hatte Gewicht in diesem Gremium; die anderen Verwaltungsratsmitglieder hatten großen Respekt vor ihm. Bevor wir also in weitere Verhandlungen einstiegen, reiste ich nach Cupertino, verabredete mich mit Steve zum Mittagessen und sprach mit ihm über Marvels Geschäft. Da er mir verraten hatte, dass er noch nie in seinem Leben einen Comic gelesen hatte (»Ich hasse sie noch mehr als Videospiele«, sagte er), nahm ich meine Enzyklopädie über Marvel-Figuren mit, um ihm dieses Universum zu erklären und ihm zu zeigen, was wir kaufen würden. Er warf einen flüchtigen Blick darauf, schob sie dann zur Seite und fragte: »Ist dir diese Akquisition wichtig? Willst du sie wirklich? Ist das ein weiteres Pixar?«

Steve und ich waren seit der Pixar-Übernahme gute Freunde geworden. Wir telefonierten mehrmals die Woche miteinander und gelegentlich trafen wir uns privat. Einige Male machten wir auf Hawaii in benachbarten Hotels Urlaub und trafen uns, um lange Strandspaziergänge zu unternehmen und uns über unsere Frauen, unsere Kinder, über Apple und Disney und die Dinge zu unterhalten, die wir möglicherweise gemeinsam tun konnten.

Unsere Verbindung war viel mehr als eine Geschäftsfreundschaft. Wir genossen unsere gegenseitige Gesellschaft sehr und hatten das Gefühl, wir könnten uns alles sagen und unsere Freundschaft würde nie unter einem ehrlichen Wort leiden. Man geht eigentlich nicht davon aus, dass man in einer späteren Lebensphase noch eine so enge Freundschaft entwickeln kann, aber wenn ich an meine Zeit als CEO und die Dinge zurückdenke, für die ich die größte Dankbarkeit empfinde, dann ist eines davon die Freundschaft zu Steve. Er konnte mich kritisieren und ich konnte anderer Meinung sein als er, aber wir nahmen das nie zu persönlich. Viele Leute hatten mich gewarnt, das Schlimmste, was ich machen könne, sei, Steve

Man geht eigentlich nicht davon aus, dass man in einer späteren Lebensphase noch eine so enge Freundschaft entwickeln kann.

ins Unternehmen zu lassen, und dass er alle, auch mich, drangsalieren würde. Ich entgegnete solchen Kommentaren immer dasselbe: »Wie kann es keine gute Sache sein, Steve in unser Unternehmen einzubringen? Wer wollte nicht, dass Steve Jobs Einfluss auf die Unternehmensführung hat?« Ich machte mir keine Sorgen über sein Verhalten und war sicher, dass ich mit ihm reden konnte, falls er über die Stränge schlug. Er war sehr schnell mit seinem Urteil über andere Menschen, und seine Kritik fiel oft sehr harsch aus. Abgesehen davon nahm er an allen Verwaltungsratssitzungen teil, beteiligte sich aktiv an den Diskussionen und äußerte die Art objektiver Kritik, die man von einem Mitglied dieses Gremiums erwartet. Nur ganz selten musste ich mich über ihn ärgern. Es war also nicht so, dass es nie vorkam, aber es geschah selten.

Einmal führte ich ihn durch ein Hotel in Orlando, das »Art of Animation«. Es ist ein riesiges Hotel mit 3000 Zimmern, die günstiger sind als viele unserer anderen Hotels. Ich war stolz auf das Preis-Leistungs-Verhältnis. Als Steve zu einer Klausurtagung des Verwaltungsrats nach Orlando kam, führte ich ihn also herum. Wir betraten das Hotel, Steve blickte sich um und rief: »Das ist Müll. Damit täuschst du niemanden.«

»Steve«, sagte ich, »das ist für Leute, die mit ihren Kindern Disney World besuchen möchten und es sich nicht leisten können, mehrere hundert Dollar für ein Hotelzimmer auszugeben. Eine Übernachtung kostet hier 90 Dollar, und es ist ein ordentlicher, netter, sauberer und angenehmer Ort.«

»Ich kapier's nicht«, bellte er zurück. Die meisten Menschen hätten die Qualität und die Sorgfalt, mit der wir es entworfen hatten, zu schätzen gewusst, aber Steve war nicht die meisten Leute. Er betrachtete alles immer nur durch seine eigene Brille.

»Es ist nicht für dich«, sagte ich. »Es tut mir leid, dass ich es dir gezeigt habe.« Ich war ein wenig wütend über seinen Snobismus, aber ich wusste auch, dass das eben seine Art war. Er entwickelte Dinge von allerhöchster Qualität, die sich nicht unbedingt jeder leisten konnte. Aber er opferte nie ein Stückchen Qualität, um seine Produkte erschwinglicher zu machen. Ich habe ihm nie wieder etwas Ähnliches gezeigt.

Als *Iron Man 2* herauskam, ging Steve mit seinem Sohn ins Kino, um sich den Film anzusehen. Am nächsten Tag rief er mich an. »Ich habe mir gestern Abend mit Reed *Iron Man 2* angesehen«, sagte er. »Ätzend.«

»Nun, vielen Dank. Der Film hat bisher rund 75 Millionen Dollar eingespielt. Und dieses Wochenende wird er eine gewaltige Summe einbringen. Ich nehme deine Kritik nicht auf die leichte Schulter, Steve, aber der Film ist ein Erfolg, und du bist nicht die Zielgruppe.« (Ich wusste selbst, dass *Iron Man 2* kein Oscar-Kandidat war, aber ich wollte Steve nicht das Gefühl geben, dass er immer recht hatte.)

Nicht lange danach kam unser Chefjustiziar Alan Braverman bei der Jahreshauptversammlung von 2010 auf mich zu und sagte: »Wir haben eine gewaltige Nein-Stimme gegen vier Verwaltungsratsmitglieder.«

»Wie groß?«

»Mehr als hundert Millionen Aktien«, sagte er.

Ich war platt. Normalerweise gab es maximal eine Nein-Stimme von 2 bis 4 Prozent. Einhundert Millionen Aktien war weit mehr als das. Irgendetwas stimmte da nicht. »Einhundert Millionen Aktien?«, fragte ich ungläubig. Das Unternehmen lief gut und unsere Verwaltungsratsmitglieder genossen Ansehen. Soweit ich wusste, hatte es keine öffentliche Kritik und auch keine Warnsignale gegeben, dass so etwas passieren könnte. Es ergab keinen Sinn. Nach einer Minute sagte Alan: »Ich glaube, das könnte Steve sein.« Er besaß so viele Aktien und hatte gegen vier seiner Kollegen im Verwaltungsrat gestimmt. Das war ein Tag vor der Bekanntgabe des Abstimmungsergebnisses. Die Verkündung, dass vier Mitglieder des Verwaltungsrats eine so gewichtige Gegenstimme erhalten hatten, wäre ein PR-Albtraum.

Ich rief Steve an. »Hast du gegen die vier Mitglieder gestimmt?«

»Ja, habe ich.«

Ich sagte: »Erstens, wie kannst du so etwas machen, ohne vorher mit mir darüber zu sprechen? Es wird einen Eklat geben. Ich weiß nicht, wie ich das der Öffentlichkeit erklären soll, und ich weiß auch nicht, wie ich das den Betroffenen erklären soll. Es wird herauskommen, dass du es warst. Abgesehen davon sind es vier gute Verwaltungsratsmitglieder! Warum hast du gegen sie gestimmt?«

»Ich halte sie für eine Fehlbesetzung«, sagte er. »Ich mag sie nicht.«

»Ich halte sie für eine Fehlbesetzung«, sagte er. »Ich mag sie nicht.« Ich begann sie zu verteidigen, merkte aber sofort, dass das bei Steve nicht ziehen würde. Ich würde ihn nicht davon überzeugen können, dass er sich irrte. »Was soll ich deiner Meinung nach tun?«, fragte er schließlich.

»Du musst dein Votum ändern.«

»Ich kann mein Votum ändern?«

»Ja.«

»Okay, ich werde es tun, weil es dir wichtig ist. Aber ich sage dir jetzt schon, dass ich nächstes Jahr gegen sie stimmen werde.«

Am Ende tat er es nie. Als sich die nächste Jahreshauptversammlung näherte, war er bereits schwer krank und mit anderen Dingen beschäftigt. Abgesehen von diesen wenigen Ausnahmen war Steve ein wunderbarer, großzügiger Geschäftspartner und kluger Ratgeber.

In Bezug auf Marvel sagte ich ihm, dass ich mir nicht sicher sei, ob es ein weiteres Pixar sei, aber dass die Leute bei Marvel großes Talent hätten und der Content so großartig sei, dass wir einen sehr großen Wettbewerbsvorsprung erzielen könnten, wenn wir uns dieses intellektuelle Kapital sichern könnten. Ich fragte ihn, ob er bereit sei, auf Ike zuzugehen und sich für mich einzusetzen.

»Okay«, willigte Steve ein. »Wenn du glaubst, es ist das Richtige, dann werde ich ihn anrufen.« Er hätte nie aus eigenem Antrieb in ein solches Unternehmen investiert, aber er vertraute mir – und sein Wunsch, mich zu unterstützen, war größer als seine Abneigung gegen Comics und Superhelden-Filme. Am folgenden Tag rief er Ike an und sie unterhielten sich eine Weile. Ich glaube, Ike war beeindruckt und geschmeichelt, dass Steve Jobs ihn anrief. Steve sagte ihm, die Übernahme von Pixar hätte seine Erwartungen weit übertroffen, weil ich mein Wort gehalten und die Marke und seine Mitarbeiter respektiert hätte.

Später, nachdem der Deal unter Dach und Fach war, sagte mir Ike, er hätte die ganze Zeit Zweifel gehabt, aber das Telefonat mit Steve hätte sie ausgeräumt. »Er sagte, Sie würden zu Ihrem Wort stehen«, berichtete Ike. Ich war dankbar, dass Steve bereit gewesen war, sich für mein Vorhaben zu verwenden, wenngleich dies eher aus Freundschaft als in seiner Rolle als einflussreiches Mitglied des Verwaltungsrats geschehen war. Gelegentlich sagte ich zu ihm: »Ich muss dich das fragen, du bist unser größter Aktionär.« Darauf erwiderte er stets: »So darfst du mich nicht sehen. Das ist eine Beleidigung. Ich bin nur ein guter Freund.«

AM 31. AUGUST 2009, einige Monate nach meinem ersten Treffen mit Ike, verkündeten wir die Übernahme von Marvel für 4 Milliarden Dollar. Dieses Mal war im Vorfeld nichts durchgesickert, und es gab keine Spekulationen in der Presse über eine mögliche Akquisition. Wir gaben einfach die Transaktion bekannt und bereiteten uns auf die Welle an Kritik vor: Marvel wird seine avantgardistische Ader einbüßen! Disney wird seine Unschuld verlieren! Sie haben 4 Milliarden Dollar ausgegeben und keine Rechte an *Spiderman*! Am Tag der Verkündung fiel unsere Aktie um 3 Prozent.

Nicht lange danach lud US-Präsident Obama eine Gruppe von Unternehmensführern zu einem kleinen Mittagessen in den Rosengarten des Weißen Hauses. Brian Roberts von Comcast war da, Alan Mulally von Ford und auch eine Reihe anderer Topmanager. Wir aßen und unterhielten uns über unsere jeweiligen Geschäfte, und der Präsident erwähnte, er sei ein großer Marvel-Fan. Anschließend teilten Brian und ich uns einen Wagen des Weißen Hauses.

»Worin sehen Sie den Wert von Marvel?«, fragte er mich während der Fahrt. Ich erwiderte, es gebe ein endloses Reservoir an intellektuellem Kapital. »Ist das nicht bereits komplett gebunden?« Einige Figuren ja, antwortete ich, aber es gebe noch viel mehr. Brian erzählte mir, er habe mit Jeff Immelt, CEO von General Electric gesprochen, dem damals auch NBCUniversal gehörte. (Kurz darauf kaufte Comcast ihm NBC ab.) Jeff hatte Brian offenbar gesagt, er sei über den Marvel-Deal verwirrt. »Warum sollte irgendjemand für 4 Milliarden Dollar eine Bibliothek an Comicfiguren kaufen wollen?«, hatte er gefragt. »Da steig ich komplett aus.«

Ich lächelte und zuckte mit den Achseln. »Wir werden sehen«, sagte ich. Ich machte mir keine Sorgen über das, was andere CEOs dachten. Wir hatten unsere Hausaufgaben gemacht und wussten, dass die Zeit zeigen würde, dass die Marken problemlos koexistieren konnten. Wir wussten auch, dass das Marvel-Universum eine Tiefe besaß, die den meisten Leuten nicht bewusst war. Im Verlauf unserer Recherchen hatten wir ein Dossier erstellt, das eine Liste mit ungefähr 7000 Marvel-Figuren enthielt. Selbst wenn wir keine Rechte

Ich machte mir keine Sorgen über das, was andere CEOs dachten.

an *Spiderman* oder die Rechte hatten, die andere Studios besaßen, gab es immer noch einen gewaltigen Fundus, aus dem wir schöpfen konnten. Die Inhalte waren da, das Talent war da. (Die Leute von Marvel Studios, das von Kevin Feige geleitet wurde, beschrieben übrigens ihre langfristige Vision für das Vorhaben, das in Marvel Cinematic Universe – kurz MCU – münden sollte. Es lag sehr viel Arbeit vor ihnen, aber der Plan, den Kevin vorgelegt hatte, einschließlich eines Plans zur Verflechtung der Figuren über zahlreiche Filme bis weit in das folgende Jahrzehnt, erschien mir brillant.)

Die Integration von Marvel verlief schnell und reibungslos. Ike führte die Geschäfte von New York aus weiter (darunter das Verlagswesen, Fernsehen und die Filmsparten). Kevin Feige arbeitete von Manhattan Beach in Kalifornien aus und berichtete weiterhin an Ike. Diese Struktur schien sich zu bewähren, zumindest wirkte es so. Die Filme waren erfolgreich, und schon relativ bald nach der Akquisition wurde offensichtlich, dass Marvel viel mehr wert sein würde, als wir angenommen hatten – falls wir nicht irgendwelche schweren Fehler machten oder von irgendeinem unvorhergesehenen äußeren Ereignis aus der Bahn geworfen wurden.

Als wir bessere Einblicke in die Funktions- und Arbeitsweise von Marvel erhielten, wurde uns klar, dass zwischen der Niederlassung in New York – Marvels Hauptstandort – und dem von Kevin geführten Filmgeschäft in Kalifornien eine problematische Dynamik herrschte. Das Filmgeschäft kann überaus spannend, aber auch sehr nervenaufreibend sein. Es funktioniert nicht wie andere Geschäfte, weil man allein auf der Basis des eigenen Instinkts immer wieder neue Wetten abschließen muss. Alles ist ein Risiko. Sie können eine – wie Sie glauben – großartige Idee und das richtige Team dafür haben, und dennoch können die Dinge aus tausend anderen Gründen, auf die Sie oft keinen Einfluss haben, aus dem Gleis geraten. Ein Skript wird nicht fertig; die Chemie zwischen einem Regisseur und seinem Team stimmt nicht; der Regisseur hat eine Vision für einen Film, der Ihrer Vision zuwiderläuft; oder ein Konkurrenzfilm kommt heraus, der Ihre Erwartungen auf den Kopf stellt. Es ist leicht, sich vom Hollywood-Glamour blenden zu lassen und die richtige Perspektive zu verlieren. Und genauso leicht kann man das Filmgeschäft irgendwann verabscheuen und die richtige Perspektive verlieren. Beides habe ich oft erlebt.

Welches auch immer die Gründe dafür waren, die Spannungen zwischen dem Marvel-Team in New York und Kevins Team in L.A. nahmen zu. Die Niederlassung in New York überwachte das Budget des Filmstudios und war deswegen sehr besorgt über die Kosten und Risiken, die mit der Filmproduktion verbunden waren. Aber sie war auch sehr fern von der Hollywood-Kultur, und daher fehlte ihr vielleicht das Gespür für die Herausforderungen des kreativen Prozesses. Druck auf die Verantwortlichen im Filmgeschäft auszuüben, vor allem auf die kreativen Produzenten, damit sie mit einem niedrigeren Budget bessere Filme machen, ist nicht unbedingt ein schlechter Ansatz. Jedes Studio muss sich der wirtschaftlichen Realitäten des Geschäfts bewusst sein: Die Produktionskosten geraten gelegentlich außer Kontrolle; manchmal muss bei Vertragsverhandlungen eine harte Linie gezogen werden; und es gibt eine endlose Litanei an Finanzentscheidungen, die getroffen werden müssen, um zu verhindern, dass man mit einem Film Geld verliert. Das ist allerdings immer eine Gratwanderung, und ich habe oft erlebt, wie die kaufmännische Seite gelegentlich den kreativen Prozess zu ersticken droht und die Verantwortlichen für das Kostenmanagement wenig Sensibilität für den Druck haben, unter dem die Filmemacher stehen. Diese Belastungen führen oft dazu, dass der Schaden am Ende größer ist als der Nutzen.

Kevin ist einer der talentiertesten Führungskräfte des Filmgeschäfts, aber mein Eindruck war, dass die strapazierte Beziehung zur Zentrale in New York seinen weiteren Erfolg gefährdete. Mir wurde klar, dass ich eingreifen musste. Und so traf ich im Mai 2015 die Entscheidung, Marvels Filmgeschäft aus dem übrigen Unternehmen herauszulösen und es unter dem Dach der Walt Disney Studios und Alan Horn anzusiedeln. Kevin würde nun direkt an Alan berichten und von seiner Erfahrung profitieren. Die Spannungen, die sich zwischen Kevin und New York aufgebaut hatten, würden sich legen. Der Übergang war nicht einfach, löste aber letztlich einen Konflikt, der drohte, in eine unhaltbare Situation auszuarten.

MITARBEITER ZU ENTLASSEN oder ihnen Verantwortung zu entziehen, ist wahrscheinlich die schwierigste Aufgabe, die eine Führungskraft erfüllen muss. Mehrmals kam ich in die Situation, dass ich guten Leuten eine schlechte Nachricht übermitteln musste. Mit einigen war ich befreundet, und einigen war es nicht gelungen, die Position, an die ich sie gesetzt hatte, erfolgreich auszufüllen. Es gibt kein gutes Drehbuch für ein Kündigungsgespräch, allerdings habe ich meine eigenen Regeln dafür entwickelt. Erstens muss man das Kündigungsgespräch persönlich führen, und nicht am Telefon und ganz gewiss nicht per E-Mail oder Textnachricht. Man muss der betreffenden Person dabei in die Augen blicken, und man darf sich nicht hinter jemand anderem verschanzen. Sie treffen die Entscheidung über einen Mitarbeiter – nicht über ihn als Person, sondern über die Art und Weise, wie er seine Arbeit gemacht hat –, und der Betroffene verdient es zu wissen, dass Sie es sind, der diese Entscheidung getroffen hat. Sie können auch keinen Smalltalk machen, wenn Sie mit einem Mitarbeiter ein Kündigungsgespräch führen. Normalerweise sage ich ungefähr Folgendes: »Ich habe Sie aus einem schwierigen Grund in mein Büro gebeten.« Und dann versuche ich ohne Umschweife das Problem zu schildern und erkläre knapp und präzise, was nicht funktioniert hat und warum ich glaube, dass sich das nicht ändern wird. Ich betone, dass mir die Entscheidung nicht leichtgefallen ist und dass ich verstehen kann, dass sie für den Adressaten ein noch viel größeres Problem darstellt. Es gibt eine euphemistische Unternehmenssprache, die in solchen Situationen oft verwendet wird und die mir immer beleidigend vorkam. Es gibt keine Möglichkeit, ein Kündigungsgespräch schmerzfrei zu gestalten, aber zumindest kann es ehrlich sein. Diese Ehrlichkeit bietet wenigstens die Chance, dass der Betroffene versteht, warum Sie diese Entscheidung getroffen haben, dass er sie annimmt und sich eine andere Wirkungsstätte sucht, auch wenn er zunächst wütend Ihr Büro verlässt.

Mitarbeiter zu entlassen oder ihnen Verantwortung zu entziehen, ist wahrscheinlich die schwierigste Aufgabe, die eine Führungskraft erfüllen muss.

Es gibt keine Möglichkeit, ein Kündigungsgespräch schmerzfrei zu gestalten, aber zumindest kann es ehrlich sein.

In der Tat war Alan Horn nun Leiter der Disney Studios, weil ich seinen Vorgänger Rich Ross, dem ich gleich nach der Übernahme von Marvel diese Position übertragen hatte, entlassen musste. Damals dachte ich, ich hätte eine unkonventionelle, mutige Entscheidung mit dieser Besetzung getroffen. Rich hatte keine Filmerfahrung, aber er hatte Disney Channel mit größtem Erfolg geführt. Unter anderem hatte er mehrere Lizenz-Serien gestartet und den spartenübergreifenden Erfolg dieser Marken koordiniert. Außerdem hatte er unser Kinderfernsehen in alle Märkte weltweit expandiert. Aber ich hatte unterschätzt, wie groß für Rich Ross der Sprung zur Studioleitung sein würde, was zum Teil daran lag, dass mir die Komplexitäten des Filmgeschäfts in ihrer ganzen Tragweite damals selbst nicht bewusst waren. Ich wollte unbedingt eine mutige Entscheidung treffen, und auch wenn Rich keine Erfahrung darin hatte, sich in der eng verschworenen Hollywood-Kultur zu bewegen, dachte ich, er könnte diese Position um andere, ebenfalls notwendige Kompetenzen bereichern.

Ich habe im Verlauf meiner Karriere einige große personelle Fehlentscheidungen getroffen, und diese war eine von ihnen. Ich bin Tom Murphy und Dan Burke immer dankbar gewesen, dass sie auf meine Fähigkeit vertrauten, einen bestimmten Geschäftsbereich erfolgreich zu leiten, weil ich mich bereits in einem anderen unter Beweis gestellt hatte. Das Gleiche hatte ich mit Rich getan, aber dieser Wechsel war eine Nummer zu groß für ihn, und als er einmal mit dem Kopf unter Wasser geriet, bekam er keinen Boden mehr unter die Füße. Nach einigen Jahren hatten wir zu wenig Filme in der Pipeline. Verschiedene einflussreiche Partner innerhalb und außerhalb von Disney hatten das Vertrauen in Rich verloren und beklagten sich offen über ihn. (Ike war einer seiner lautstärksten Kritiker.) Bei einem eingehenden Blick auf die Studios stellte ich fest, dass kaum etwas rundlief, und mir wurde klar, dass mich mein Instinkt getäuscht hatte. Anstatt noch mehr Anstrengungen darauf zu verwenden, die Dinge geradezuziehen oder meine Personalentscheidung zu verteidigen, musste ich Schadensbekämpfung betreiben, aus meinem Fehler lernen und schnell einen Schlussstrich ziehen.

Ich habe im Verlauf meiner Karriere einige große personelle Fehlentscheidungen getroffen.

An einem bestimmten Punkt der kurzen Zeit, die Rich Chairman der Disney Studios war, rief mich Bob Daly an, der damals Co-Chairman von Warner Bros. war. Er riet mir, ich solle mit Alan Horn sprechen und ihn als Richs Berater engagieren. Alan war als Präsident und COO von Warner Bros. verdrängt worden; er war damals 68 Jahre alt, und obwohl er für einige der größten Filmerfolge der vergangenen zehn Jahre verantwortlich war, einschließlich der Harry-Potter-Filme, wollte Jeff Bewkes, CEO von Time Warner, dass das Studio von einer jüngeren Person geleitet würde.

Alan war vertraglich noch an Warner Bros. gebunden, als Bob die Möglichkeit ins Spiel brachte, Alan als Mentor für Rich zu engagieren. Ein Jahr später, als jedem in der Branche klar wurde, dass Rich es in seiner Position nicht lange machen würde, rief mich Bob erneut an und drängte mich, Alan als Leiter des Studios in Erwägung zu ziehen. Ich kannte Alan nicht gut, aber ich respektierte seine Arbeit und die Dinge, für die er innerhalb und außerhalb der Branche stand. Mir war auch bewusst, dass er seinen erzwungenen Ruhestand als Demütigung empfand.

Ich lud ihn zum Frühstück ein und erklärte ihm, dass ich Rich schon bald ersetzen müsse. In diesem und zwei nachfolgenden Gesprächen, die wir führten, wurde klar, dass Alan beweisen wollte, dass er nicht zum alten Eisen gehörte. Andererseits wollte er auch nicht unbedingt etwas wagen, das womöglich schiefging, sodass er seine berufliche Laufbahn mit einem weiteren Wermutstropfen beenden musste. Das Letzte, was er brauche, so Alan, sei, zu einem anderen Unternehmen zu gehen und dort zu scheitern.

»Ich kann mir auch keinen zweiten Fehler leisten«, sagte ich. In den folgenden Monaten sprachen wir dann über die Möglichkeit, dass er die Verantwortung für unser Studio übernähme. Eine seiner Fragen lautete, inwieweit ich in sein Geschäft involviert sein würde. Ich sagte ihm, niemand im gesamten Konzern könne große Projekte ohne meine Zustimmung genehmigen. »Der Leiter des Bereichs Parks und Resorts kann kein 200-Millionen-Dollar-Fahrgeschäft bauen, ohne mich vorher zu fragen«, sagte ich. »Das Gleiche gilt für die Filmsparte.« Zwar hatten die Dinge bei Warner Bros. kein gutes Ende gefunden, aber Alan war daran gewöhnt, praktisch vollkommen autonom handeln zu können. Selbst wenn Jeff Bewkes im Filmgeschäft hätte mitmischen wollen, befand er sich fast 5000 Kilometer weit entfernt in New York. »Ich bin nur einhundert Meter entfernt«, sagte ich Alan. »Und mir ist dieses Geschäft sehr wichtig. Bevor Sie eine Entscheidung treffen, müssen Sie wissen, dass ich definitiv in Ihr Geschäft involviert sein werde. 99 Prozent der Zeit werden Sie machen können, was Sie wollen, aber ich kann Ihnen nicht völlig freie Hand lassen.«

Schließlich sagte Alan zu, und im Sommer 2012 kam er als Leiter der Disney Studios zu uns. Ich sah in ihm nicht nur jemanden, der in dieser späten Phase seiner Karriere die Erfahrung besaß, gute Beziehungen zur Gemeinde der Filmschaffenden zu pflegen. Ich sah in ihm jemanden, der sich unbedingt beweisen wollte. Er war Feuer und Flamme, und diese Energie und seine Fokussierung transformierten Disney Studios. Zum Zeitpunkt der Manuskripterstellung für dieses Buch hat er seinen 75. Geburtstag hinter sich und ist so klug und vital wie kaum jemand in der Branche. Er hat in seiner neuen Position mehr Erfolg, als ich zu hoffen gewagt habe. (Von den fast zwei Dutzend Disney-Filmen, die mehr als 1 Milliarde Dollar an den Kinokassen eingespielt haben, sind fast drei Viertel unter Alans Ägide entstanden.) Außerdem ist er ein höflicher, anständiger, freundlicher Partner, der eine offene, unkomplizierte Art hat und gut mit allen zusammenarbeitet. Das ist eine weitere Lehre, die sich aus seiner Rekrutierung ziehen lässt: Umgeben Sie sich mit Menschen, die nicht nur ihren Job gut machen, sondern auch einen guten Charakter haben. Nicht immer lässt sich vorhersagen, wer ethische Verfehlungen begehen oder eine Seite seines Charakters offenbaren wird, die Sie nie für möglich gehalten hätten. Im schlimmsten Fall müssen Sie einem Verhalten begegnen, das ein schlechtes Licht auf das Unternehmen wirft und einer Korrektur bedarf. Das ist ein unvermeidlicher Teil der Aufgabe, ein Unternehmen zu führen. Sie müssen von jedem Mitarbeiter Ehrlichkeit, Anständigkeit und Integrität verlangen, und wenn jemand in dieser Hinsicht die Regeln verletzt, müssen Sie das sofort sanktionieren.

Umgeben Sie sich mit Menschen, die nicht nur ihren Job gut machen, sondern auch einen guten Charakter haben.

DIE ERFOLGE, DIE WIR MIT DER Übernahme von Marvel erzielt haben, haben selbst unsere kühnsten Erwartungen übertroffen. Während ich dieses Buch schreibe, beendet *Avengers: Endgame*, unser zwanzigster Marvel-Film, die erfolgreichste Premierenwoche in der Filmgeschichte. Insgesamt haben die Marvel-Filme durchschnittlich mehr als 1 Milliarde Bruttoeinnahmen an den Kinokassen erzielt, und ihre Popularität hat sich auch in unseren Sparten Themenparks, Fernsehen und Konsumprodukte auf eine Weise bemerkbar gemacht, die wir nie geahnt hätten.

Die Auswirkungen auf das Unternehmen und die Popkultur reichen jedoch weit über die Kinokassen hinaus. Seit 2009 treffe ich mich einmal im Quartal mit Kevin, Alan und einigen weiteren Führungskräften, um zukünftige Marvel-Filme zu planen. Wir diskutieren über Projekte, die sich bereits in der Produktion befinden, und andere, die noch vage Ideen sind. Wir überlegen, welche potenziellen Figuren wir einführen könnten, und denken über Fortsetzungen und Media-Franchise nach, die wir unserem wachsenden Marvel Cinematic Universe hinzufügen können. Wir denken über Schauspieler und Regisseure nach und überlegen uns, wie sich die verschiedenen Storys gegenseitig befruchten können.

Oft stöbere ich vor diesen Meetings in meiner praktischen Marvel-Enzyklopädie, um mich in die Figuren zu vertiefen und zu sehen, ob irgendeine meine Neugier so entfacht, dass ich daraus einen Film machen möchte. Als Kevin noch an Ike berichtete und Studio-Entscheidungen vom Marvel-Team in New York getroffen wurden, brachte ich einmal das Thema Diversität zur Sprache. Bis dahin bauten die Marvel-Filme im Wesentlichen auf Figuren auf, die männlich und weiß waren. Als ich sagte, ich fände, wir sollten das ändern, stimmte mir Kevin zu, befürchtete aber, die Mitglieder des Marvel-Teams in New York könnten skeptisch reagieren. Ich rief in New York an, um mein Anliegen zur Sprache zu bringen. Einer von ihnen wandte ein: »Weibliche Superhelden werden keine Kassenschlager.« Eine andere Annahme lautete, das internationale Publikum wolle keine schwarzen Superhelden sehen.

Ich glaubte nicht, dass diese alten »Binsenweisheiten« zutrafen, und so begannen wir eine Diskussion über die Frage, welche Figuren wir in ihren eigenen Filmen vorstellen könnten. Kevin erwähnte Black Panther, der in das Drehbuch von *The First Avenger: Civil War* hineingeschrieben werden sollte. Alan und mir gefiel die Idee sehr gut. Chadwick Boseman, der sehr gute Kritiken für seine Rolle als Jackie Robinson in dem Film *42 – Die wahre Geschichte einer Sportlegende* erhalten hatte, sollte den Black Panther spielen. Er war ein sehr überzeugender Schauspieler mit einer starken Anziehungskraft; ich konnte ihn mir sehr gut in der Hauptrolle eines Marvel-Films vorstellen.

Ungefähr zur gleichen Zeit erzählte mir Dan Buckley, der Marvels Fernseh- und Comicbuch-Geschäft leitet, der Autor Ta-Nehisi Coates, den ich für eine der wichtigsten Stimmen der zeitgenössischen amerikanischen Literatur halte, schreibe einen Black-Panther-Comic für uns. Ich bat Dan, mir den Comic zu schicken, und war überrascht über die elegante Erzählkunst und die Art und Weise, wie Ta-Nehisi der Figur Tiefe verliehen hatte. Ich verschlang den Comic, und noch bevor ich ihn zu Ende gelesen hatte, hatte ich Black Panther bereits geistig auf die Liste der Marvel-Filmprojekte gesetzt, die ich unbedingt umsetzen wollte.

Die Skeptiker bei Marvel in New York waren nicht die Einzigen, die glaubten, ein Film mit einem schwarzen Superhelden als Hauptfigur würde unmöglich zu einem Kassenschlager werden. In Hollywood herrscht die langgehegte Überzeugung, Filme mit überwiegend schwarzen Darstellern würden sich in vielen internationalen Märkten schwertun. Diese Annahme hat dazu geführt, dass es nur eine begrenzte Zahl an Filmen mit schwarzen Hauptdarstellern gibt. Zudem werden nicht viele schwarze Schauspieler gecastet, und ein Großteil der Filme, die tatsächlich produziert wurden, verfügten nur über ein begrenztes Budget, um das Risiko eines Flops zu mindern.

Ich bin lange genug im Geschäft, um jedes alte Argument zu kennen, das immer wieder vorgetragen wird, und ich habe gelernt, dass alte Argumente genau das sind: alte Argumente, die nicht mehr in die Zeit passen und nicht die Welt repräsentieren, wie sie sein sollte. Wir hatten eine Chance, einen großartigen Film zu machen und ein unterrepräsentiertes Segment der amerikanischen Gesellschaft in den Mittelpunkt zu stellen. Diese Ziele schlossen sich nicht gegenseitig aus. Ich rief Ike an und bat ihn, sein Team aufzufordern, nicht länger die kreative Arbeit zu behindern. Ich ordnete an, sowohl *Black Panther* als auch *Captain Marvel* in die Produktion aufzunehmen.

Ike folgte meiner Bitte. Wir gaben *Black Panther* umgehend in die Entwicklung, und *Captain Marvel* folgte wenig später. Beide Filme widerlegten jedes Vorurteil über ihre vermeintlich schlechte Performance. Während ich dieses Buch schreibe, ist *Black Panther* der Superhelden-Film mit dem vierthöchsten Einspielergebnis aller Zeiten, und *Captain Marvel* folgt an zehnter Stelle. Beide Filme haben mehr als 1 Milliarde Dollar erzielt. Beide waren außerordentliche internationale Erfolge. Ihr Erfolg auf kultureller Ebene ist jedoch noch wesentlich bedeutsamer.

Die Erfahrung, den Film *Black Panther* gemeinsam mit der großen Zuschauermenge anzusehen, die sich zur Premiere dicht an dicht im Dolby Theatre in Hollywood drängte, wird für immer eines der denkwürdigsten Momente meiner Karriere bleiben. Bis dahin hatte ich ihn nur bei Vorführungen in meinem Haus oder mit einer kleinen Gruppe im Studio gesehen. Ich wusste, dass wir etwas Besonderes produziert hatten, aber letztlich ist man sich nie ganz sicher, wie ein Film vom Publikum aufgenommen wird. Dennoch konnte ich es kaum erwarten, ihn mit der Welt zu teilen und die Reaktion der Zuschauer zu sehen und zu fühlen. Am Abend der Premiere war der Kinosaal schon lange, bevor die Lichter verloschen, von einer großen Energie erfüllt. Man konnte förmlich die gespannte Erwartung spüren, dass etwas Beispielloses und Historisches geschehen würde, und tatsächlich übertraf der Film alle Erwartungen.

Anschließend erhielt ich mehr Anrufe und Zuschriften als je zuvor. Spike Lee, Denzel Washington und Gayle King meldeten sich bei mir. Ich ließ US-Präsident Obama eine Kopie des Films zukommen, und als ich anschließend mit ihm sprach, sagte er mir, dass er diesen Film als sehr wichtig empfand. Oprah Winfrey sandte mir eine Karte, in der sie ihn als »ein Phänomen in jeder Hinsicht« bezeichnete. Sie fügte hinzu: »Ich bekomme feuchte Augen, wenn ich daran denke, dass kleine schwarze Kinder von nun an damit aufwachsen werden.«

Von allen Produkten, die wir erschaffen haben, bin ich kaum auf eines stolzer als auf *Black Panther*. Nach seiner Premierenwoche hatte ich das Bedürfnis, meinen Stolz auf diesen Film zu teilen, und sandte eine Mitteilung an alle Mitarbeiter unseres Unternehmens:

> Liebe Mitarbeiter,
>
> es ist schwer, unsere großartigen Neuigkeiten über *Black Panther* nicht mit »Wakanda forever« zu beginnen!
>
> Marvels *Black Panther* ist ein Meisterwerk der Filmproduktion – ein Film, der auf vielfältigen Ebenen erfolgreich ist, die Herzen der Menschen berührt und den geistigen Horizont öffnet … gleichzeitig unterhält er viele Millionen Menschen und übertrifft die kühnsten Umsatzerwartungen. Dieser bahnbrechende Film erzielte bei seiner

Premiere am Feiertagswochenende allein in Amerika die Rekordsumme von 242 Millionen Dollar. Die weltweiten Einspielergebnisse belaufen sich bisher auf mehr als 426 Millionen Dollar, wobei der Film in einigen Ländern noch gar nicht angelaufen ist.

Black Panther ist außerdem vom ersten Augenblick an zu einem kulturellen Phänomen geworden; er hat Diskussionen ausgelöst, zum Nachdenken angeregt, Jung und Alt inspiriert und mit althergebrachten Branchenmythen aufgeräumt.

Als CEO dieses phänomenalen Unternehmens erhalte ich viel Feedback auf das, was wir erschaffen. In den zwölf Jahren, in denen ich diese Position innehabe, habe ich nie eine derart überwältigende Welle an Begeisterung, Lob, Respekt und Dankbarkeit erlebt wie bei *Black Panther* … Das zeigt, wie wichtig es ist, unterschiedliche Stimmen und Sichtweisen zu präsentieren, und welchen Einfluss es auf alle Sektoren unserer Gesellschaft hat, in unserer Kunst und Unterhaltung gesehen und repräsentiert zu werden. Dieser Filmerfolg ist zudem Zeugnis der Bereitschaft unseres Unternehmens, mutige Geschäftsentscheidungen und kreative Initiativen zu fördern; er ist Ausdruck unserer Fähigkeit, eine innovative Vision perfekt umzusetzen; und er ist das Zeichen unseres Engagements, einer Welt, die sich nach Helden, Vorbildern und einer wirklich großartigen Erzählkunst sehnt, außerordentliche Unterhaltung zu bieten.

KAPITEL 11

STAR WARS

ICH WÜNSCHTE, STEVE HÄTTE SEHEN KÖNNEN, was aus unserer Investition in Marvel geworden ist. Wahrscheinlich hätte er sich nicht für die Filme interessiert (obwohl ich glaube, er hätte zu würdigen gewusst, wie sehr *Black Panther* und *Captain Marvel* die althergebrachten Vorurteile der Filmindustrie widerlegten), aber er wäre stolz darauf gewesen, dass er eine so wichtige Rolle dabei gespielt hatte, Ike von der Übernahme zu überzeugen, und dass die Marke unter Disney so großen Erfolg hatte.

Bei jedem Erfolg, den das Unternehmen seit Steves Tod erzielt hat, gibt es inmitten meiner Begeisterung immer einen Moment, in dem ich denke: *Ich wünschte, Steve könnte das miterleben*. Es ist unmöglich, nicht im Geiste die Unterhaltung mit ihm zu führen, die ich so gerne im wahren Leben führen würde.

Es ist unmöglich, nicht im Geiste die Unterhaltung mit ihm zu führen, die ich so gerne im wahren Leben führen würde.

Im Sommer 2011 kamen Steve und seine Frau Laurene zu uns nach Hause nach L.A., um mit Willow und mir zu Abend zu essen. Steve befand sich damals bereits im Endstadium seiner Krebserkrankung; er war furchtbar dünn und litt offensichtlich unter Schmerzen. Er hatte nur sehr wenig Energie und seine Stimme war ein leises Kratzen. Dennoch wollte er den Abend mit uns verbringen, unter anderem, um auf das anzustoßen, was wir Jahre zuvor vollbracht hatten. Wir saßen in unserem Esszimmer und hoben die Gläser, bevor wir anfingen zu essen. »Sieh mal, was wir erreicht haben«, sagte er. »Wir haben zwei Unternehmen gerettet.«

Alle vier bekamen wir feuchte Augen. Das war Steve von seiner herzlichsten und aufrichtigsten Seite. Er war davon überzeugt, dass Pixar auf eine Weise erfolgreich geworden war, die ihm ohne Disney nicht gelungen wäre, und dass Disney von Pixar mit neuer Energie aufgeladen worden war. Unwillkürlich musste ich an unsere ersten Gespräche zurückdenken, und wie nervös ich war, als ich ihn das erste Mal ansprach. Das war erst sechs Jahre her, aber es schien eine Ewigkeit entfernt. Steve war für mich überaus wichtig geworden, beruflich und privat. Als wir uns zuprosteten, konnte ich Willow kaum ansehen. Sie kannte Steve schon viel länger als ich – bereits seit 1982, als er einer der jungen, dynamischen und brillanten Gründer von Apple war. Nun war er dünn und zerbrechlich und hatte nur noch wenige Monate zu leben. Ich wusste, wie sehr es sie schmerzte, ihn so zu sehen.

Steve starb am 5. Oktober 2011. An seinem Begräbnis in Palo Alto nahmen rund 25 Trauergäste teil. Wir versammelten uns in einem engen Rechteck um seinen Sarg, und Laurene fragte, ob irgendjemand etwas sagen wolle. Ich hatte mich nicht darauf vorbereitet, eine Grabrede zu halten, aber dann fiel mir ein, wie wir Jahre zuvor gemeinsam über das Pixar-Gelände spaziert waren und wie er mich über seinen Gesundheitszustand ins Vertrauen gezogen hatte.

Ich habe nie irgendjemandem davon erzählt, mit Ausnahme unseres Chefjustiziars Alan Braverman und Willow, weil ich das Bedürfnis hatte, die emotionale Intensität jenes Tages mit meiner Frau zu teilen. Ich fand jedoch, jener Moment gab Steves Charakter sehr gut wieder, und so erzählte ich die Begebenheit an seinem Grab: Wie er mich beiseite genommen hatte; der Spaziergang über das Gelände; die Art und Weise, wie er seinen Arm auf meine Schulter gelegt hatte und mir die Nachricht mitteilte; sein Bedürfnis, mir diese intime, schreckliche Mitteilung zu machen, weil sie mich und Disney betreffen könnte und er vollkommen transparent sein wollte; die Emotion, mit der er über seinen Sohn Reed sprach, und seinen dringenden Wunsch, lange genug zu leben, um Reeds

Abschlussfeier an der Highschool und seinen Eintritt in das Leben als Erwachsener mitzuerleben.

Nach dem Begräbnis kam Laurene auf mich zu und sagte: »Ich habe dir nie meine Seite dieser Geschichte erzählt.« Sie beschrieb, wie Steve an jenem Abend nach Hause gekommen war. »Wir aßen zu Abend, dann standen die Kinder auf und gingen, und ich fragte Steve: ›Und, hast du es ihm erzählt?‹ ›Ja, das habe ich.‹ Und ich fragte: ›Können wir ihm vertrauen?‹« Da standen wir, hinter uns Steves Grab, und Laurene, die soeben ihren Mann zu Grabe getragen hatte, machte mir ein Geschenk, an das ich seitdem fast jeden Tag gedacht habe. Auf jeden Fall habe ich täglich an Steve gedacht. »Ich fragte ihn, ob wir dir vertrauen könnten«, sagte Laurene. »Und Steve sagte: ›Ich liebe diesen Mann.‹«

Dieses Gefühl konnte ich nur erwidern.

ALS ICH NACH CUPERTINO REISTE, um mit Steve über Marvel zu sprechen, fragte er mich, ob ich noch einen anderen Übernahmekandidaten in Erwägung ziehen würde. Ich erwähnte Lucasfilm, und er sagte: »Du solltest George anrufen.« Steve hatte Pixar von George Lucas gekauft, und er und George waren seit Jahren eng befreundet. »Man weiß es nie«, sagte er. »Vielleicht ist George interessiert. Wir sollten irgendwann zusammen hinaus auf seine Ranch fahren und mit ihm zu Mittag essen.«

Dazu kam es allerdings nicht. Bald darauf war Steve schon zu krank und seine aktive Involvierung in Disneys Geschäfte nahm ab. Lucas stand jedoch schon auf unserer Liste der Topkandidaten, seit wir Marvel übernommen hatten. Ich hatte mehrmals darüber nachgedacht, wie ich George den Vorschlag unterbreiten könnte, dass er die wunderbaren Welten, die er erschaffen hatte, an *uns* verkaufen solle, ohne dass er das als Beleidigung auffassen würde.

Mitte der 1980er-Jahre hatte Michael Eisner eine Lizenzvereinbarung mit George getroffen, um Attraktionen in unseren Parks zu bauen, die sich auf *Star Wars* und *Indiana Jones* bezogen. Nach einem Jahr der Überholung fand im Mai 2011 die Wiedereröffnung der *Star-Wars*-Attraktionen (sie heißen Star Tours) in den Parks Disney World und Disneyland statt. Ich wusste, dass George nach Orlando fliegen würde, um die Attraktion neu einzuweihen und damit dem Unternehmen und seinen Freunden bei Imagineering einen Gefallen zu tun. Ich beschloss, ihn dort zu treffen. Mit gelegentlichen Ausnahmen überlasse ich die Einweihung neuer Attraktionen dem Leiter der Sparte Parks und Resorts, aber ich dachte, diese Gelegenheit würde mir zumindest die Chance geben, George meine Idee vorzutragen und einen Eindruck zu gewinnen, ob er überhaupt bereit war, sich mit dieser Idee zu beschäftigen.

Unsere Beziehung datierte zurück bis zu meiner Zeit als Chef von ABC Entertainment. Nach dem Erfolg von *Twin Peaks* äußerte einer der angesehensten Regisseure von Hollywood sein Interesse, Fernsehserien mit uns zu produzieren. Ich traf mich mit George, und er stellte die Idee für eine Serie vor, die einem jungen Archäologen namens Indiana Jones auf seinen Reisen durch die Welt folgen würde. »Jede Folge wird eine Geschichtsstunde sein«, sagte George. Indy würde mit historischen Figuren wie Churchill, Freud, Degas und Mata Hari zusammentreffen. Ich sagte sofort zu, und 1992 strahlten wir montagabends *Die Abenteuer des jungen Indiana Jones* als Lead-In (A.d. Ü. eine populäre Sendung mit hohen Einschaltquoten, die der nachfolgenden Sendung Zuschauer liefern soll) für die Sportsendung *Monday Night Football* aus. Die Serie begann mit hohen Einschaltquoten, aber im Verlauf der Zeit verloren die Zuschauer das Interesse an den Geschichtsstunden. Die Quoten gingen zurück. George hatte jedoch alle seine Versprechen erfüllt, und ich hatte das Gefühl, deswegen und weil er George Lucas war, verdiene er eine zweite Staffel und eine weitere Chance, die Zuschauer einzufangen. Das passierte nicht, aber George war damals dankbar, dass ich der Serie eine Chance gegeben hatte.

Am Tag der Wiedereröffnung der Star Tours in Orlando verabredete ich mich mit ihm zum Frühstück im Brown Derby, das sich in der Nähe der Attraktion in unserem Hollywood Studio Park befand. Normalerweise öffnet das Restaurant erst zum Mittagsgeschäft, aber ich bat sie, einen Tisch nur für uns herzurichten, damit wir Privatsphäre hätten. Als George und seine Verlobte Mellody Hobson eintrafen, waren sie überrascht, außer mir niemanden zu sehen. Wir nahmen Platz und hatten ein wunderbares Frühstück. Ungefähr auf der Hälfte fragte ich George, ob er jemals darüber nachgedacht habe, zu verkaufen. Ich versuchte, klar und direkt zu sein, ohne ihm zu nahe zu treten Er war damals 68 Jahre alt, und ich sagte: »Ich möchte nicht fatalistisch sein, George, und wenn Sie lieber nicht darüber sprechen möchten, dann stoppen Sie mich, aber ich finde, es lohnt sich, das Gespräch darauf zu bringen. Was soll in Zukunft geschehen? Sie haben keine Erben, die das Unternehmen für Sie leiten können. Vielleicht kontrollieren sie es, aber sie werden es nicht leiten. Sollten Sie nicht jemanden bestimmen, der Ihr Vermächtnis schützt oder weiterführt?«

Während ich noch sprach, nickte er. »Ich bin noch nicht so weit, dass ich verkaufen will«, sagte er. »Aber Sie haben recht. Und wenn ich mich zum Verkauf entschließe, dann werde ich nur an Sie verkaufen.« Er erinnerte an *Die Abenteuer des jungen Indiana Jones* und sagte, wie sehr er es zu schätzen gewusst habe, dass ich der Serie eine Chance gegeben hatte, auch wenn sie nicht die erwarteten Einschaltquoten erzielt hatte. Dann sprach er über den Erfolg, der uns mit Pixar gelungen war, was Steve ihm irgendwann erzählt haben muss. »Sie haben das richtig gemacht«, sagte er. »Sie sind gut mit ihnen umgegangen. Falls ich irgendwann verkaufe, dann rufe ich niemand anderes an als Sie.«

Er sagte noch etwas anderes, an das ich mich bei jedem unserer nachfolgenden Gespräche erinnerte: »Wenn ich sterbe, wird die erste Zeile meines Nachrufs folgendermaßen lauten: ›George Lucas, der Erschaffer von *Star Wars* …‹«. Das machte einen sehr großen Teil seiner Identität aus, was ich natürlich wusste, aber sein direkter Blick in meine Augen und dieser Satz, den er so dahinsagte, unterstrichen, dass dies der wichtigste Faktor in unseren Gesprächen sein würde. Hier ging es nicht darum, über den Kauf eines Unternehmens zu verhandeln; es ging um die Verhandlung über die Rolle, Hüter seines Vermächtnisses zu sein, und ich musste mir das zu allen Zeiten in Erinnerung rufen und besonders behutsam vorgehen.

Zu Kevin Mayers großem Leidwesen und auch zum Bedauern einiger anderer Leute von Disney, die ganz versessen auf Lucasfilm waren, weil es, wie zuvor Marvel und Pixar, so perfekt zu unserer Strategie passte, beschloss ich nach meinem Gespräch mit George in Florida, nicht erneut die Initiative zu ergreifen. Falls wir die Gespräche wieder aufnehmen würden, dann, weil es seine Entscheidung war. Ich hatte großen Respekt vor George und schätzte ihn sehr. Ich wollte ihm vermitteln, dass diese Entscheidung in seinen Händen lag. Also warteten wir. Ungefähr sieben Monate nach unserem Frühstück rief er mich an und sagte: »Ich würde gerne mit Ihnen zu Mittag essen, damit wir ausführlicher über das Thema sprechen können, das wir in Orlando angeschnitten haben.«

Wir trafen uns bei Disney in Burbank, und ich überließ George die Gesprächsführung. Er kam sehr schnell auf den Punkt und sagte, er habe über unsere Unterhaltung nachgedacht und sei zu ernsthaften Verkaufsgesprächen bereit. Dann sagte er, er wolle einen »Pixar-Deal«. Ich war begeistert, dass er für eine Akquisition offen war. Ich verstand jedoch, was er mit dem Pixar-Deal meinte, und mir war sofort klar, dass das keine einfache Verhandlung werden würde. Wir hatten bereits das Gefühl, dass Lucasfilm potenziell sehr wertvoll für uns war, aber es war keine 7,4 Milliarden Dollar wert, zumindest nicht, was unsere bisherigen Analysen betraf. Als wir Pixar übernommen hatten, befanden sich sechs Filme in unterschiedlichen Produktionsphasen, und wir wussten ungefähr, wann sie erscheinen würden. Das bedeutete, sie würden schnell Umsätze und Gewinn abwerfen. Pixar hatte zudem eine große Gruppe von Ingenieuren auf Weltklasseniveau, langjährig erfahrene Regisseure, Künstler und Autoren und eine echte Produktionsinfrastruktur. Lucas hatte viele fähige Mitarbeiter, vor allem im technischen Bereich, aber außer George keine Regisseure, und soweit wir wussten, auch keine Filmentwicklung oder -produktion in der Pipeline. Wir hatten einiges unternommen, um den Wert von Lucasfilm zu bestimmen, und Kevin und ich diskutierten über eine mögliche Kaufsumme, aber da Lucasfilm kein börsennotiertes Unternehmen war, waren seine Finanzinformationen nicht zugänglich. Es gab eine Menge Informationen, die uns verborgen blieben. Unsere Analyse gründete auf einem Katalog an Vermutungen, den wir als Basis für ein finanzielles Modell nahmen – wir versuchten, den Wert seiner Mediathek an Filmen und Fernsehsendungen zu bestimmen; den Wert seiner Verlags- und Lizenzierungsressourcen; seine Marke, die von *Star Wars* dominiert wurde; und seine Special-Effects-Sparte, Industrial Light and Magic, die George Jahre zuvor gegründet hatte, um für seine Filme diese umwerfenden Special-Effects zu kreieren.

Dann stellten wir uns vor, was wir tun würden, wenn Lucasfilm uns gehören würde; das waren aber reine Vermutungen. Wir nahmen an, wir würden in den ersten sechs Jahren nach der Übernahme jedes Jahr eine neue Episode der *Star-Wars*-Saga herausbringen, aber es würde einige Zeit dauern, bis eine solche Reihe anlaufen würde, denn soweit uns bekannt war, gab es keine Filme in Vorbereitung. Diese Analyse fand Anfang 2012 statt, daher schätzten wir, unsere erste *Star-Wars*-Episode könnte im Mai 2015 erscheinen. Weitere Filme würden 2017 und 2019 folgen. Dann schätzten wir die weltweiten Einspielergebnisse dieser Filme – hier mussten wir uns noch stärker auf Spekulationen verlassen, da der letzte Film der Sage, *Die Rache der Sith*, von 2005 datierte, also bereits sieben Jahre her war. Kevin gab mir eine Sammlung an Kritiken über alle früheren Filme und eine Auflistung ihrer Einspielergebnisse, und wir einigten uns auf mindestens 1 Milliarde Dollar an weltweiten Kinoeinnahmen für unsere ersten drei Filme.

Als Nächstes nahmen wir uns das Lizenzgeschäft vor. *Star Wars* war nach wie vor sehr beliebt bei Kindern, insbesondere bei Jungen, die in einem Alter waren, wo sie das Raumschiff Millennium Falcon aus Legosteinen bauten und mit Lichtschwertern kämpften. Die Ergänzung unseres Konsumproduktgeschäfts um dieses Lizenzgeschäft wäre ziemlich wertvoll, aber wir hatten keinen Zugang zu den tatsächlichen Umsätzen, die mit dem Lizenzgeschäft generiert wurden. Zuletzt überlegten wir uns, was wir in unseren Themenparks machen würden, angesichts der Tatsache, dass wir Lucasfilm bereits für die Rechte an den Star-Tours-Attraktionen an drei unserer Standorte bezahlten. Ich hatte große Träume, was wir alles bauen könnten, aber wir beschlossen, diesem Geschäft nur einen geringen beziehungsweise gar keinen Wert zuzuordnen, weil es zu viele Unbekannte gab.

Nach Georges Vorstellung war Lucasfilm genauso viel wert wie Pixar, aber selbst aus unserer relativ uninformierten Analyse ergab sich, dass das nicht der Fall war. Vielleicht würde es das eines Tages sein, aber es würde Jahre dauern, bis es so weit wäre, und wir mussten dafür erst einige großartige Filme machen. Ich wollte ihn nicht kränken, ihm aber auch keine falschen Versprechungen machen. Das Schlimmste, was Sie

Sie müssen von Anfang an klar machen, wo Sie stehen.

bei der Aufnahme von Verhandlungen tun können, ist, Ihrem Gegenüber etwas vorzuschlagen oder zu versprechen, nur weil Sie wissen, dass er es hören möchte, und das Gesagte später zurücknehmen zu müssen. Sie müssen von Anfang an klar machen, wo Sie stehen. Ich wusste, wenn ich George in die Irre führen würde, nur um den Verhandlungsprozess aufzunehmen, würde sich dies am Ende in einen Bumerang verwandeln.

Also sagte ich unverblümt: »George, einen Pixar-Deal wird es nicht geben.« Und ich erklärte ihm, warum, und erinnerte mich dabei an meinen Besuch in Emeryville und die unglaubliche Kreativität, die ich dort entdeckt hatte.

Für einen kurzen Augenblick wirkte George betroffen, und ich dachte, das wäre vielleicht gleich das Ende unserer Gespräche. Doch stattdessen fragte er: »Ja, also, was sollen wir machen?«

Ich sagte ihm, wir müssten uns Lucasfilm näher ansehen und seien dafür auf seine Kooperation angewiesen. Wir würden eine Vertraulichkeitsvereinbarung aufsetzen und das Ganze so machen, dass in seinem Unternehmen möglichst kein Staub aufgewirbelt würde. »Wir brauchen nur Ihren CFO oder jemand, der die Finanzstruktur kennt und sie uns erklärt«, sagte ich. »Ich habe ein kleines Team, das zu Ihnen kommen wird und das schnell durchzieht. Wir werden unauffällig vorgehen. Abgesehen von einigen Leuten werden Ihre Mitarbeiter gar nicht mitbekommen, dass wir uns umsehen.«

Typischerweise zahlen wir am Ende nicht sehr viel mehr für einen Vermögenswert, als wir im Vorhinein kalkuliert haben. Oft kann man mit einem niedrigen Preis in die Verhandlungen einsteigen und hoffen, am Ende viel weniger als den geschätzten Wert eines Vermögenswertes bezahlen zu müssen, aber dabei riskiert man, seinen Verhandlungspartner vor den Kopf zu stoßen. »Mit diesen Dingen spiele ich nicht«, sagte ich George. Wir würden schnell zu einer Summe gelangen, die das Unternehmen nach unserer Einschätzung wert sei, und die ich unserem Verwaltungsrat, unseren Aktionären und der Wall Street verkaufen könne. Wie hoch diese Summe auch immer ausfallen werde, sagte ich, »ich werde nicht absichtlich einen besonders niedrigen Preis anbieten, um mich in der Mitte zu einigen. Ich werde so vorgehen, wie ich es bei Steve gemacht habe.«

George gewährte uns Zugang zu den benötigten Informationen, aber am Ende hatten wir immer noch Mühe, den abschließenden Unternehmenswert zu bestimmen. Ein Großteil unserer Sorgen hing mit der Bewertung unserer eigenen Fähigkeit zusammen, schnell erstklassige Filme zu produzieren. Wir hatten noch gar nicht damit begonnen, eine langfristige Kreativität zu entwickeln, weil wir bis dahin keine kreativen Leute damit beauftragt hatten. Eigentlich hatten wir nichts, was bedeutete, dass es ein hohes kreatives Risiko gab, und es eine Herkulesaufgabe – wenn nicht sogar unmöglich – sein würde, unseren selbst gesetzten Zeitplan zu erfüllen.

Schließlich rief ich George an und sagte ihm, wir hätten den Preis auf einen Korridor eingeengt, aber wir würden noch etwas Zeit brauchen, um eine konkrete Summe zu nennen. Sie würde zwischen 3,5 und 3,75 Milliarden Dollar liegen. George hatte Abstand von seinen Pixar-Deal-Vorstellungen genommen, aber ich wusste, dass er keine Summe akzeptieren würde, die unterhalb der Summe lag, die wir für Marvel bezahlt hatten. Ich traf mich mit Kevin und seinem Team, um uns die Analysen erneut anzusehen. Wir wollten unsere geschätzten Einspielergebnisse nicht künstlich anheben, aber selbst am oberen Ende des Preiskorridors, den ich George genannt hatte, gab es noch etwas Luft, um etwas mehr zu bezahlen, wenngleich das den Druck auf den Zeitplan und die Einspielergebnisse der Filme erhöhen würde. Würden wir drei Filme in sechs Jahren herausbringen können? Es würde sich um neue *Star-Wars*-Episoden handeln, und da müssten wir sehr vorsichtig sein. Am Ende beschlossen Kevin und ich, George 4,05 Milliarden Dollar anzubieten – der Betrag lag knapp über der Summe, die wir für Marvel bezahlt hatten. George schlug sofort ein.

Dann begannen die schwierigeren Verhandlungen über Georges kreative Beteiligung. In Pixars Fall basierte die gesamte Akquisition auf der Prämisse, dass John und Ed nicht nur Pixar weiterführten, sondern auch Disney Animation unter ihre Fittiche nahmen. John wurde Kreativvorstand, berichtete aber immer noch an mich. Bei Marvel hatte ich mich mit Kevin Feige und dem Rest des Marvel-Teams getroffen und wusste, was sie in Arbeit hatten, und wir hatten bei der Bestimmung der Zukunft der Marvel-Filme eng zusammengearbeitet. Bei Lucas gab es nur eine Person, die für das kreative Geschäft verantwortlich war, und das war George. Er wollte die Kontrolle behalten, ohne Mitarbeiter zu werden. Es wäre eine Pflichtverletzung gewesen zu sagen: *Wir kaufen euch, aber der Laden bleibt deiner. Mach die Filme, die du machen willst, in dem Zeitrahmen, der dir gefällt.*

Wenige Menschen im Filmgeschäft waren so respekteinflößend wie George. *Star Wars* war immer allein sein Werk gewesen. Egal wie gut er auf rationaler Ebene verstand, dass er sein Unternehmen verkaufte und es keinen Sinn machte, dass er die kreative Kontrolle behielt – die Tatsache, dass er eine der vielleicht großartigsten Mythologien unserer Zeit erschaffen hatte, machte einen Großteil seiner Identität aus. Das loszulassen, ist schwer, und mir war das zutiefst bewusst. Das Letzte, was ich wollte, war, ihn zu kränken.

Wenige Menschen im Filmgeschäft waren so respekteinflößend wie George.

Ich wusste aber auch, dass wir nicht eine derartige Summe ausgeben und George dann machen lassen konnten, was er wollte. Allerdings könnte der ganze Deal auf der Kippe stehen, wenn ich ihm das sagte. Und genau so kam es. Wir einigten uns schnell auf einen Preis, aber dann kam es zu einem monatelangen Tauziehen um seine Rolle. Es fiel ihm sehr schwer, die Kontrolle über die weiteren Episoden der *Star-Wars*-Saga abzugeben, und für uns ergab es keinen Sinn, diese Kontrolle nicht zu haben. Immer wieder beackerten wir dieses Thema. George sagte, er könne sein Vermächtnis nicht einfach in fremde Hände geben. Ich sagte, ich könne nicht das Unternehmen kaufen und dann auf seinen größten Vermögenswert verzichten, Zweimal brachen wir die Verhandlungen ab und sagten die ganze Transaktion ab. (Das erste Mal waren wir es, die die Gespräche abbrachen, das zweite Mal war es George.)

An irgendeinem Punkt des Prozesses teilte mir George mit, er habe fertige Entwürfe für drei neue Filme und erklärte sich bereit, uns drei Kopien zu senden: eine für mich, eine für Alan Braverman und eine für Alan Horn, den ich kurz zuvor als Leiter unseres Studios angeheuert hatte. Alan Horn und ich lasen Georges Entwürfe und waren uns einig, dass wir sie kaufen mussten. Allerdings legten wir in der Kaufvereinbarung nieder, dass wir nicht vertraglich verpflichtet sein würden, strikt dem von George skizzierten Handlungsleitfaden zu folgen.

Am Ende wurden die Verhandlungen von einer Reform der Kapitalertragsgesetze gerettet. Wenn wir die Verhandlungen nicht bis Ende 2012 unter Dach und Fach brachten, würde George als Eigner von Lucasfilm bei einem Verkauf 500 Millionen Dollar verlieren. Wenn er an uns verkaufen wollte, bestand also eine gewisse finanzielle Dringlichkeit, zu einer Einigung zu kommen. Er wusste, dass ich in der Frage über die kreative Kontrolle nicht nachgeben würde, aber es war für ihn nicht leicht zu akzeptieren. Und so erklärte er sich widerwillig bereit, uns bei Bedarf als Berater zur Verfügung zu stehen. Ich versprach, offen für seine Vorschläge zu sein. (Das fiel mir nicht schwer, denn selbstverständlich würden wir für Ideen von George Lucas offen sein.) Doch auch hier galt, dass wir nicht dazu verpflichtet waren, seinen Rat einzuholen.

Am 30. Oktober 2012 kam George in mein Büro. Wir setzten uns an meinen Schreibtisch und unterschrieben die Vereinbarung über den Verkauf von Lucasfilm an Disney. Er bemühte sich sehr, es nicht zu zeigen, aber am Klang seiner Stimme und seinem Blick konnte ich erkennen, wie sehr ihn das emotional mitnahm. Immerhin gab er *Star Wars* in fremde Hände.

EINIGE MONATE, BEVOR WIR den Kaufvertrag unterschrieben, hatte George die Produzentin Kathy Kennedy engagiert und ihr die Leitung von Lucasfilm übertragen. Zusammen mit ihrem Ehemann Frank Marshall und Steven Spielberg hatte sie Amblin Entertainment gegründet und *E.T.* und (gemeinsam mit Steven Spielberg) *Jurassic Park* sowie Dutzende weitere kommerzielle Erfolge produziert. Das war ein interessanter Schachzug von George. Wir standen kurz davor, das Unternehmen zu kaufen, und plötzlich entschied er, wer es leiten und letztlich die kommenden Filme produzieren sollte. Wir waren nicht verärgert, aber überrascht – genau wie Kathy, als sie erfuhr, dass das Unternehmen, zu dessen Leitung sie engagiert worden war, kurz vor dem Verkauf stand! Kathy ist eine legendäre Produzentin, und sie war und ist eine großartige Partnerin. Das war Georges letzte Ausflucht, um sein Vermächtnis jemandem ans Herz zu legen, dem er vertraute.

Der Deal wurde Ende 2012 besiegelt, und Kathy, Alan und ich machten uns auf die Suche nach einem Kreativteam. Schließlich überzeugten wir

J. J. Abrams, Regie bei unserem ersten *Star-Wars*-Film zu führen. Für das Drehbuch engagierten wir Michael Arndt, der die Drehbücher zu *Toy Story* 3 und *Little Miss Sunshine* geschrieben hatte. Kurz nachdem er sich entschieden hatte, das Projekt zu übernehmen, traf ich mich mit J. J. zum Abendessen. Wir kannten uns noch aus den Zeiten von ABC – er hatte unter anderem die Drehbücher für *Alias* und *Lost* geschrieben. Es war mir wichtig, mit ihm zu sprechen und noch einmal gemeinsam zu betonen, was wir beide wussten, nämlich dass es bei diesem Projekt um sehr viel mehr ging als bei jedem anderen Projekt zuvor. An irgendeinem Punkt des Abendessens witzelte ich, dass es ein »Vier-Milliarden-Dollar-Film« werden würde, womit ich zum Ausdruck bringen wollte, dass die gesamte Akquisition von seinem Erfolg abhing – was J. J., wie er mir später erzählte, überhaupt nicht witzig fand.

Ich wusste jedoch, dass ihm klar war, dass für mich genauso viel auf dem Spiel stand wie für ihn, wobei wir die Last, für den ersten *Star-Wars*-Film verantwortlich zu sein, der nicht von George Lucas stammte, gemeinsam tragen konnten. In allen unseren Interaktionen, von den ersten Gesprächen über unseren Ideenaustausch, wie sich der Mythos weiterentwickeln sollte, bis zu Besuchen am Set und im Schneideraum, versuchte ich, J. J. zu vermitteln, dass ich ein *Partner* in diesem Projekt war, und nicht nur ein CEO, der Druck auf ihn ausübte, damit er einen großartigen Film und Kassenschlager ablieferte. Wir standen beide unter einem sehr hohen Druck. Ich wollte ihm das Gefühl vermitteln, dass er mich zu jedem Zeitpunkt anrufen konnte, um über ein schwieriges Problem zu sprechen, und dass ich ihn anrufen würde, wenn ich eine Idee hätte. Ich war für ihn eine Ressource und ein Kooperationspartner, aber nicht jemand, der seinem Film aus Eitelkeit oder Pflichtgefühl meinen Stempel aufdrücken musste. Glücklicherweise haben wir ein ähnliches Gespür und einen ähnlichen Geschmack und waren uns meistens einig über die Dinge, die wir als problematisch oder gut empfanden. Im Verlauf des langwierigen Entwicklungs- und Produktionsprozesses in Los Angeles und dann in den Pinewood Studios in London, Island, Schottland und Abu Dhabi erwies sich J. J. als herausragender Kooperationspartner, der nie den Blick verlor für die überwältigende Bedeutung dieses Projekts und den ungeheuren Druck, der auf ihm lastete – was George, die *Star-War*-Fans, die Presse und unsere Aktionäre betraf.

Es gibt kein Lehrbuch, das einem sagt, wie man diese Art Herausforderung managt. Allgemein lässt sich jedoch sagen, dass man versuchen sollte zu erkennen, dass man bei einem Projekt, bei dem so viel auf dem Spiel steht, nichts gewinnt, wenn man zusätzlichen Druck auf die Leute ausübt, die an dem Projekt arbeiten. Ihre Ängste und Anspannung auf Ihr Team zu projizieren, ist kontraproduktiv. Es gibt einen feinen Unterschied zwischen der Botschaft, dass Sie den Stress Ihres Teams teilen – also dass Sie *mit Ihren Leuten* im Projekt sind und Anteil nehmen – und der Botschaft, dass Ihr Team die erwartete Leistung zu erbringen hat, damit Ihr Stress abnimmt. Niemand der Projektbeteiligten brauchte eine Erinnerung an das, was auf dem Spiel stand. Meine Aufgabe bestand darin, einerseits dafür zu sorgen, dass wir unsere Ambition nicht aus den Augen verloren, wenn wir mit kreativen und praktischen Hindernissen konfrontiert waren, und andererseits einen Beitrag zur bestmöglichen Lösung zu leisten. Manchmal bedeutet es, mehr Ressourcen zur Verfügung zu stellen, manchmal bedeutete es, die Entwürfe für ein neues Drehbuch durchzusprechen oder endlose Aufnahmen und Filmschnitte anzusehen. Oft bedeutete es aber auch, J. J., Kathy Kennedy und Alan Horn daran zu erinnern, dass ich an sie glaubte und es keine besseren Leute für diesen Film gab.

Ihre Ängste und Anspannung auf Ihr Team zu projizieren, ist kontraproduktiv.

Das soll nicht heißen, dass alles von Anfang an reibungslos verlief. Bereits in einem frühen Stadium reiste Kathy mit J. J. und Michael Arndt nach Nordkalifornien, um sich mit George auf seiner Ranch zu treffen und über ihre Ideen zu dem Film zu sprechen. Als sie ihm die Handlung beschrieben, regte sich George sofort auf, weil ihm dämmerte, dass wir keine der Storys verwendeten, die er während der Verhandlungen präsentiert hatte.

Die Wahrheit war, dass Kathy, J. J., Alan und ich über die Richtung gesprochen hatte, die die Saga unserer Meinung nach nehmen sollte, und wir waren uns alle einig, dass sie nicht Georges Entwürfen entsprach. George wusste zwar, dass wir vertraglich nicht verpflichtet waren, seine Entwürfe zu übernehmen, aber er glaubte, mit ihrem Kauf hätten wir ein stillschweigendes Versprechen über ihre Verwendung abgegeben. Er war enttäuscht, dass wir seine Story nicht verwendeten. Ich hatte mir von

Anfang an enorm viel Mühe gegeben, ihn nicht in irgendeiner Weise in die Irre zu führen. Ich glaube auch heute noch, dass ich das nicht gemacht habe, aber ich hätte besser mit dieser Situation umgehen können. Ich hätte ihn auf das Treffen mit J. J. und Michael vorbereiten und ihm unsere Überlegung mitteilen sollen, dass wir eine andere Richtung für besser hielten. Ich hätte es mit ihm durchsprechen und auf diese Weise verhindern können, dass er davon überrascht wurde und entsprechend verärgert reagierte. Nun fühlte er sich bei diesem ersten Treffen über die Zukunft der *Star-Wars*-Saga hintergangen. Zwar war der ganze Prozess nie einfach für ihn, aber wir hatten unnötigerweise für einen holprigen Start gesorgt.

NEBEN GEORGES VERLETZTEN GEFÜHLEN gab es aber auch noch andere Probleme. Michael rang monatelang mit dem Drehbuch und schließlich auch mit J. J., bis Kathy beschloss, ihn durch Larry Kasdan zu ersetzen, der zusammen mit George die Drehbücher zu *Das Imperium schlägt zurück* und *Die Rückkehr der Jedi-Ritter* geschrieben hatte (ebenso wie die Drehbücher zu den Filmen *Jäger des verlorenen Schatzes* und *Der große Frust* sowie zahlreiche weitere). Larry und J. J. stellten das Drehbuch relativ schnell fertig, und im Frühjahr 2014 begannen wir zu drehen.

Ursprünglich hatten wir geplant, den Film im Mai 2015 herauszubringen, aber wegen der anfänglichen Verzögerungen im Zusammenhang mit dem Drehbuch und einigen Komplikationen, die sich später ergaben, kam der Film erst im Dezember in die Kinos. Das bedeutete, dass er nicht mehr in das Fiskaljahr 2015 einfloss, sondern in das Fiskaljahr 2016. Vor der Akquisition hatte ich in einer Präsentation vor dem Verwaltungsrat und auch gegenüber den Aktionären diverse Zahlen genannt und damit versichert, dass wir 2015 eine Investmentrendite sehen würden. Diese Zahlen erwiesen sich nun als falsch. Mehrere hundert Millionen Dollar verlagerten sich von einem Fiskaljahr ins nächste. Das war zwar keine Riesensache, aber sie musste kommuniziert werden.

Einer der größten Fehler, die ich bei Filmstudios erlebt habe, ist, dass sie sich auf einen Erscheinungstermin versteifen und sich von diesem Datum in ihren kreativen Entscheidungen beeinflussen lassen. Dann peitschen sie die Filme oft in die Produktion, bevor sie eigentlich fertig sind. Ich habe mich immer sehr bemüht, dem Termindruck standzuhalten. Es ist besser, ein Erscheinungsdatum zu verschieben und sich darauf zu konzentrieren, den Film noch besser zu machen. Wir haben immer versucht, Qualität über alles andere zu stellen, selbst wenn es im Einzelfall bedeutete, dass es unsere kurzfristige Gewinnerzielung beeinträchtigte. In diesem Fall wollten wir unter keinen Umständen einen Film herausbringen, der die Erwartungen der *Star-War-*Fans nicht erfüllte. Das ist eine leidenschaftliche Fangemeinde, und es war absolut entscheidend, dass wir ihnen etwas boten, das sie begeisterte und ihrer Meinung nach ihre Verehrung verdiente. Wenn uns das mit unserem ersten *Star-Wars-*Film nicht gelang, würden wir das Vertrauen unserer Zielgruppe verlieren, und es wäre anschließend sehr schwer, dieses Vertrauen wiederherzustellen.

Wir haben immer versucht, Qualität über alles andere zu stellen.

Kurz vor der Weltpremiere führte Kathy George *Das Erwachen der Macht* vor. Er machte keine Anstalten, seine Enttäuschung zu verbergen. »Da ist nichts Neues«, sagte er. Ihm war es wichtig, in jedem Film der ursprünglichen Trilogie neue Welten, neue Geschichten, neue Charaktere und neue Technologien zu präsentieren. In dieser Episode, so George, »gibt es nicht genügend visuelle oder technische Neuerungen«. Damit hatte er nicht unrecht, aber meiner Ansicht nach erkannte er den Druck nicht, unter dem wir standen, einer glühenden Fangemeinde einen Film zu bieten, der sich wie eine echte *Star-Wars-*Episode anfühlte. Wir hatten ganz bewusst eine Welt erschaffen, die visuell und klanglich an frühere Episoden anknüpfte, um uns nicht zu weit von den Dingen zu entfernen, die die Fans liebten und erwarteten, und genau dafür kritisierte uns George. Wenn ich heute aus dem Abstand von einigen Jahren und einigen weiteren *Star-Wars-*Episoden zurückblicke, glaube ich, dass J. J. etwas fast Unmögliches gelungen war, nämlich eine perfekte Brücke zwischen der Vergangenheit und der Zukunft zu schlagen.

Abgesehen von Georges Reaktion gab es viel Spekulation in der Presse sowie in der eingefleischten Fangemeinde über die Frage, wie wir *Star Wars* »disneyfizieren« würden. Wie bei Marvel beschloss ich, Disney in keinem Film-Abspann und keiner Marketingkampagne zu erwähnen und das *Star-Wars*-Logo nicht zu verändern. »Disney-Pixar« war aus der Perspektive der Markenführung für Zeichentrickfilme sinnvoll, aber Lucas-Fans brauchten die Gewissheit, dass auch wir vor allem Fans waren, die den Erschaffer der Saga respektierten und sein Vermächtnis hüten und fortsetzen, aber nicht an sich reißen wollten.

Auch wenn George über den Film nicht glücklich war, fand ich es wichtig, dass er bei der Premiere anwesend wäre. Erst wollte er gar nicht kommen, aber mit Hilfe von Mellody Hobson, mit der George inzwischen verheiratet war, gelang es Kathy, ihn von dem Besuch der Premiere zu überzeugen. Zu den letzten Dingen, über die wir vor Abschluss der Übernahmevereinbarung verhandelten, gehörte eine Nicht-Verleumdungsklausel. Ich bat George einzuwilligen, dass er keine der *Star-Wars*-Episoden, die wir drehten, öffentlich kritisieren würde. Als ich ihm mein Anliegen vortrug, sagte er: »Ich werde ein Großaktionär der Walt Disney Company sein. Warum sollte ich mich über Sie oder irgendetwas, das Sie tun, negativ äußern? Sie müssen mir vertrauen.« Ich nahm ihn beim Wort.

Nun war die Frage, wie wir die Premiere gestalten würden. Ich wollte die Welt wissen lassen, dass es J. J.s und Kathys Film war und es sich um unsere erste *Star-Wars*-Episode handelte. Auf jeden Fall war es bei Weitem der größte Film, den wir seit meiner Ernennung zum CEO produziert hatten. Die Premiere fand im Dolby Theatre statt, wo auch die Oscar-Preisverleihung stattfindet. Zuerst ging ich auf die Bühne und sagte, bevor ich J. J. und Kathy auf die Bühne bat: »Wir sind alle hier wegen einer einzigen Person, die die größte Mythologie unserer Zeit geschaffen und sie nun der Walt Disney Company anvertraut hat.« George war auf seinem Platz. Er erhielt einen langen, frenetischen Applaus. Willow saß in der Reihe hinter George und machte ein großartiges Foto von ihm, wie er dasaß, umgeben von mehreren tausend Menschen, die sich ihm zu Ehren erhoben hatten. Als ich es mir später ansah, war ich glücklich zu sehen, wie zufrieden und dankbar George über diese Welle der Bewunderung war, die ihm entgegengebracht wurde.

Im Anschluss an die Premiere erzielte der Film einen Einnahmerekord nach dem anderen. Wir alle ließen einen Stoßseufzer der Erleichterung vom Stapel. Unsere erste *Star-Wars*-Episode lag hinter uns, und die getreuen Fans schienen von ihr begeistert gewesen zu sein. Kurz nach der Premiere wurde jedoch ein Interview ausgestrahlt, das George einige Wochen zuvor mit Charlie Rose geführt hatte. Darin sprach George über seine Frustration, weil wir seinen Entwürfen nicht gefolgt waren, und sagte, an Disney zu verkaufen, sei gewesen, als habe er seine Kinder an »weiße Sklaventreiber« verkauft. Es hatte eine sehr unglückliche, hilflose Form gewählt, um zu beschreiben, wie es sich für ihn anfühlte, etwas verkauft zu haben, das er als sein »Baby« betrachtete. Ich beschloss, nicht zu reagieren. Es hätte nichts gebracht, eine öffentliche Diskussion zu führen oder uns zu verteidigen. Mellody sandte mir ein entschuldigendes E-Mail, in dem sie erklärte, wie schwierig das alles für ihn gewesen sei. Und dann rief mich George an. »Ich habe mich verrannt«, sagte er. »Ich hätte das nicht sagen sollen. Ich habe versucht zu erklären, wie schwer es ist, Dinge loszulassen.«

Ich sagte ihm, ich würde ihn verstehen. Viereinhalb Jahre zuvor hatte ich mit George beim Frühstück gesessen und versucht, ihm zu vermitteln, dass ich wüsste, wie schwierig es für ihn sei, aber dass er mir vertrauen könne, wenn er irgendwann verkaufsbereit sei. Alle Aspekte unserer Verhandlungen – über die Kaufsumme und die Frage über Georges weitere Involvierung in die Produktion der *Star-Wars*-Episoden, waren Übungen in der Ausbalancierung meines Respekts für seine Leistung und meines Bewusstseins, dass diese Entscheidung ihn zutiefst persönlich berührte, auf der einen Seite und meiner Verantwortung gegenüber dem Unternehmen auf der anderen Seite. Ich konnte mit ihm mitfühlen, aber ich konnte ihm nicht geben, was er wollte. Bei jedem Schritt auf dem Weg zu unserer Transaktion musste ich meinen Standpunkt klar und deutlich kommunizieren und zugleich für die emotionale Bedeutung sensibel sein, die diese Trennung für ihn hatte.

Im Rückblick auf die Übernahmen von Pixar, Marvel und Lucasfilm kann ich sagen, dass jede einzelne Akquisition von unserer Fähigkeit abhing, das Vertrauen einer einzigen Kontrollinstanz zu gewinnen. Das war der rote Faden, der sich durch alle drei Übernahmen zog (abgesehen davon, dass sie zusammengenommen Disney transformiert haben). Bei jeder einzelnen Übernahme mussten komplizierte Dinge verhandelt werden, und unsere jeweiligen Teams verhandelten viele Stunden und

Wochen, um eine Einigung zu erzielen. Das eigentliche Zünglein an der Waage war jedoch die persönliche Komponente. Und dafür war Authentizität unerlässlich. Steve musste meinem Versprechen glauben können, dass wir die Quintessenz von Pixar nicht anrühren würden. Ike musste wissen, dass das Marvel-Team Wertschätzung erfahren und die Chance erhalten würde, in seinem neuen Unternehmen Spitzenleistungen erbringen zu können. Und George musste darauf vertrauen können, dass sein Vermächtnis – sein »Baby« – bei Disney in guten Händen sein würde.

Das eigentliche Zünglein an der Waage war jedoch die persönliche Komponente.

KAPITEL 12

WER NICHT INNOVIERT, VERLIERT

NACHDEM SICH DIE AUFREGUNG über die letzte unserer »drei großen« Akquisitionen gelegt hatte, konzentrierten wir uns noch stärker auf die dramatischen Veränderungen, die sich in unseren Mediengeschäften vollzogen, und auf die tiefen Erschütterungen, die wir verspürten. Wir begannen uns ernsthaft Sorgen über die Zukunft dieser Geschäfte zu machen und kamen zu dem Schluss, dass es höchste Zeit war, unsere Inhalte über neue, moderne Kanäle zu präsentieren, und zwar ohne zwischengeschaltete Vertriebspartner direkt über unsere eigene Technologieplattform.

Dabei stellten sich für uns folgende Fragen: Konnten wir die nötige Technologie finden, um das zu leisten, und konnten wir uns so an die Spitze der Veränderungen setzen, anstatt von ihnen überrollt zu werden? Hatten wir den Mut, unsere eigenen, nach wie vor profitablen Geschäfte zu kannibalisieren, um mit dem Aufbau eines neuen Geschäftsmodells zu beginnen? Konnten wir uns aus eigener Kraft selbst revolutionieren, und würde die Börse die Verluste tolerieren, die im Zuge der Modernisierung und Transformation unseres Unternehmens unvermeidlicherweise entstehen würden?

Ich war davon überzeugt, dass uns gar keine andere Wahl blieb. Wir standen vor einer Neuauflage der alten Lektion, dass man sich ständig neu erfinden muss. Die nächste Frage lautete also: Entwickeln wir eine eigene Technologieplattform oder sollten wir eine bestehende kaufen? Kevin Mayer warnte mich, dass die Entwicklung einer eigenen Plattform fünf Jahre dauern würde und mit massiven Investitionen verbunden wäre. Der Zukauf einer Plattform würde uns in die Lage versetzen, einen sofortigen Schwenk zu vollziehen, wobei das Tempo, mit dem sich das Mediengeschäft veränderte, uns klar vor Augen hielt, dass Geduld keine Option war. Bei der Betrachtung möglicher Akquisitionen war klar, dass Google, Apple, Amazon und Facebook aufgrund ihrer Größe nicht infrage kamen. Soweit wir wussten, war auch keines dieser Unternehmen daran interessiert, uns aufzukaufen. (Wenngleich ich glaube, dass, wenn Steve noch gelebt hätte, wir unsere Unternehmen fusioniert oder diese Option zumindest ernsthaft in Erwägung gezogen hätten.)

Übrig blieben Snapchat, Spotify und Twitter. Alle drei hatten eine Größe, die grundsätzlich infrage kam. Doch welcher Dienst stand potenziell zum Verkauf, und welcher bot die Eigenschaften, die wir benötigten, um unsere Kunden möglichst effektiv und schnell zu erreichen? Wir landeten bei Twitter, wobei wir weniger an Twitter als soziales Netzwerk interessiert waren. Vielmehr reizte uns seine Eigenschaft als neue Vertriebsplattform mit globaler Reichweite, die wir für unsere Filme, Fernsehsendungen, Sport- und Nachrichtenübertragung nutzen konnten.

Im Sommer 2016 gingen wir auf Twitter zu. Sie waren interessiert, fühlten sich aber in der Pflicht, den Markt zu testen, daher traten wir widerwillig in eine Marktauktion ein. Anfang Herbst war der Deal so gut wie unter Dach und Fach. Twitters Verwaltungsrat befürwortete die Übernahme, und an einem Freitagnachmittag im Oktober gab auch unser Verwaltungsrat die Genehmigung zum Abschluss der Transaktion. Und dann beschloss ich am Wochenende, das Ganze abzublasen. Im Gegensatz zu früheren Akquisitionen, vor allem der Übernahme von Pixar, bei denen meine innere Stimme mir immer wieder gesagt hatte, der Kauf sei das Richtige für unser Unternehmen, warnte mich meine innere Stimme nun, die Übernahme von Twitter sei ein Fehler. Irgendetwas daran fühlte sich für mich nicht richtig an, und ich hörte ständig den Satz, den mir Tom Murphy Jahre zuvor gesagt hatte: »Wenn sich etwas *nicht richtig* anfühlt, dann ist es

»Wenn sich etwas nicht richtig anfühlt, dann ist es wahrscheinlich nicht das Richtige.«

wahrscheinlich *nicht das Richtige.*« Ich konnte zwar deutlich sehen, dass die Twitter-Plattform unsere neuen Zwecke erfüllen konnte, aber es gab markenspezifische Probleme, die mir Magengrummeln verursachten.

Twitter war eine potenziell einflussreiche Plattform für uns, aber ich konnte nicht erkennen, wie wir die Herausforderungen, die damit verbunden waren, bewältigen würden. Sie waren beinahe zu zahlreich, um sie alle aufzuführen; unter anderem gehörten dazu Dinge wie der Umgang mit Hate Speech und sehr schwierige Entscheidungen über Meinungsfreiheit, der Umgang mit Fake-Accounts, die auf Basis von Algorithmen politische »Botschaften« in die Welt setzten, um Wahlen zu beeinflussen, und die allgemeine Wut und der Mangel an zivilisiertem Miteinander, der sich bei Twitter gelegentlich manifestierte. Das würden dann alles unsere Probleme werden, und sie waren so anders als alle Probleme, die wir bisher zu bewältigen gehabt hatten, dass ich das Gefühl hatte, sie würden die Marke Disney beschädigen. Am Sonntagabend, nachdem der Verwaltungsrat mir grünes Licht für den Abschluss der Transaktion gegeben hatte, sandte ich eine Nachricht an alle Verwaltungsratsmitglieder, in der ich ihnen mitteilte, ich hätte »kalte Füße« bekommen, und erklärte ihnen die Gründe für meinen Rückzug. Dann rief ich den CEO von Twitter, Jack Dorsey, an, der auch im Verwaltungsrat von Disney saß. Jack war überrascht und perplex, aber sehr höflich. Ich wünschte ihm viel Glück und legte mit einem Gefühl großer Erleichterung auf.

UNGEFÄHR ZUR SELBEN ZEIT, als wir mit Twitter in Verhandlungen eintraten, investierten wir auch in ein Unternehmen namens BAMTech, dessen Haupteigentümer der amerikanische Baseballverband Major Baseball League war. BAMTech hatte eine Streaming-Technologie entwickelt, die seinen Fans ermöglichte, alle Spiele ihrer Lieblingsteams online zu sehen. (Außerdem war das Unternehmen engagiert worden, um unter großem Zeitdruck und gerade noch rechtzeitig für die fünfte Staffel von *Game of Thrones* HBO Now aufzubauen, nachdem HBO es versäumt hatte, seinen eigenen Streamingdienst zu entwickeln.)

Im August 2016 erklärten wir uns bereit, für rund 1 Milliarde Dollar einen Anteil von 33 Prozent an BAMTech zu kaufen, mit der

Option, im Jahr 2020 auf eine Mehrheitsbeteiligung aufzustocken. Der anfängliche Plan sah vor, mit der Gründung eines Abo-Services für ESPN, der neben dem normalen Fernsehprogramm existieren sollte, der Bedrohung des Geschäfts unseres Sportsenders entgegenzuwirken. Aber als die Tech-Unternehmen umfangreich in ihre Entertainment-Abo-Services investierten, wurde die Entwicklung von sogenannten Direct-to-Consumer-Angeboten (auch »D2C«), das heißt Streaming-Angeboten ohne zwischengeschaltete Händler, Plattformen oder andere Vertriebspartner, nicht nur für Sport, sondern für Filme und Fernsehen allgemein immer dringlicher.

Zehn Monate später, im Juni 2017, begab sich unser Verwaltungsrat in seine jährliche Klausurtagung in der Walt Disney World in Orlando. Dabei handelt es sich um eine verlängerte Verwaltungsratssitzung, in der wir unseren Fünfjahresplan einschließlich der Finanzprojektionen vorstellen und über konkrete strategische Fragen und Herausforderungen diskutieren. Dieses Mal beschlossen wir, die gesamte Tagung dem Thema Disruption zu widmen. Ich wies jeden unserer Geschäftsbereichsverantwortlichen an, dem Verwaltungsrat den Grad an Disruption zu erklären, den sie in ihrem Geschäft sahen, und eine Vorhersage über die Auswirkungen zu treffen.

Ich wusste, dass der Verwaltungsrat Lösungen verlangen würde. Im Allgemeinen präsentiere ich nicht gerne Probleme, ohne gleichzeitig einen Lösungsplan vorzustellen. (Das ist übrigens auch etwas, das ich meinem Team immer sage: »Sie können mit einem Problem zu mir kommen, aber bringen Sie auch einen Lösungsvorschlag mit.«) Nachdem wir ausführlich über die Veränderungen gesprochen hatten, die wir bereits erlebten und die wir weiterhin kommen sahen, präsentierten wir dem Verwaltungsrat eine kühne, aggressive, umfassende Lösung: Wir würden unsere Option, eine Mehrheitsbeteiligung an BAMTech zu erwerben, vorziehen und die Plattform dann nutzen, um den Konsumenten Video-Streamingdienste für Disney und ESPN »over the top« – das heißt direkt über den Internetzugang – anzubieten.

Im Allgemeinen präsentiere ich nicht gerne Probleme, ohne gleichzeitig einen Lösungsplan vorzustellen.

Der Verwaltungsrat unterstützte diesen Plan nicht nur, sondern drängte mich, so schnell wie möglich zu handeln. Die einhellige Auffassung lautete: »Tempo ist das Gebot der Stunde.« (Hier bestätigte sich der Vorteil der Besetzung eines Verwaltungsrats mit Leuten, die nicht nur kluge und fundierte Ansichten vertreten, sondern auch über unmittelbare, relevante Erfahrungen mit den aktuellen Marktdynamiken verfügen. In unserem Fall sind Mark Parker von Nike und Mary Barra von General Motors zwei perfekte Beispiele. Beide haben eine tiefgreifende Revolution ihres jeweiligen Geschäfts erlebt, und beide sind sich der Gefahren einer nicht rechtzeitig eingeleiteten Marktanpassung sehr bewusst.) Gleich nach der Klausurtagung traf ich mich mit meinem Team und leitete ihnen das Feedback weiter, das ich erhalten hatte. Dann wies ich Kevin an, keine Zeit zu verlieren und die Kontrollmehrheit an BAMTech zu erwerben und allen mitzuteilen, dass sie sich auf eine wichtige strategische Verlagerung auf das Streaming-Geschäft vorbereiten sollten.

In unserer Investoren-Telefonkonferenz von August 2017 – exakt zwei Jahre nach einer schicksalhaften Telefonkonferenz, in der die Investoren unsere Aktie auf Talfahrt schickten, nachdem ich offen über das Thema Disruption gesprochen hatte – verkündeten wir, wir würden unsere Vereinbarung zum Erwerb einer Mehrheitsbeteiligung an BAMTech beschleunigen. So präsentierten wir unsere Pläne zur Einführung von zwei Streamingdiensten, einen für ESPN im Jahr 2019 und einen für Disney im Jahr 2019. Dieses Mal stieg unser Aktienkurs sprunghaft an. Die Investoren verstanden unsere Strategie und erkannten sowohl die Notwendigkeit zur Veränderung als auch die Chance, die sich uns bot.

DIESE ANKÜNDIGUNG MARKIERTE den Beginn der strategischen Neuausrichtung der Walt Disney Company. Wir würden unsere traditionellen Fernsehkanäle beibehalten, solange sie vernünftige Renditen erwirtschafteten, und wir würden unsere Filme in Kinos auf der ganzen Welt zeigen. Aber wir hatten uns nun auch fest vorgenommen, unsere Inhalte direkt zu vertreiben, ohne zwischengeschaltete Vertriebspartner. Im Wesentlichen trieben wir die Disruption unseres eigenen Geschäfts voran, und die kurzfristigen Verluste würden erheblich sein. (Ein Beispiel: Alle unsere Fernsehsendungen und Filme – einschließlich Pixar, Marvel und *Star Wars* – von Netflix abzuziehen und sie unter unserem eigenen

Abonnentenservice anzusiedeln, würde einen Verlust von vielen hundert Millionen Dollar an Lizenzgebühren bedeuten.)

Im Verlauf der Jahre verwies ich an irgendeinem Punkt auf ein Konzept, das ich als »Management durch Pressemitteilung« bezeichne. Das heißt, wenn ich der Öffentlichkeit etwas mit großer Überzeugung verkünde, dann findet es meistens auch in unserem Unternehmen einen großen Widerhall. Die Reaktion der Investorengemeinde im Jahr 2015 war zwar äußerst negativ, aber die offene Aussprache der Realität wirkte Verleugnungstendenzen entgegen und motivierte die Mitarbeiter von Disney zu der Einsicht: *Er meint es ernst, also sollten wir es besser auch ernst nehmen.* Die Investoren-Telefonkonferenz von 2017 hatte einen ähnlich zusammenschweißenden Effekt. Das Team wusste, wie ernst es mir damit war, aber zu hören, dass ich unsere neue Richtung breit nach außen kommunizierte, vor allem an Investoren, und die Reaktion darauf zu erleben, verlieh allen die Energie und das Engagement, sich auf dieses Ziel zu konzentrieren.

Vor der öffentlichen Bekanntgabe dieser strategischen Neuausrichtung war ich davon ausgegangen, dass wir uns dem neuen Geschäftsmodell in winzigen Schritten nähern, in Ruhe die nötigen Apps entwickeln und entscheiden würden, welche Inhalte dort eingestellt werden sollten. Da die Reaktion aber so positiv ausfiel, bekam die ganze Strategie eine größere Dringlichkeit. Wir hatten nun Erwartungen geweckt, die wir erfüllen mussten. Das bedeutete einen zusätzlichen Druck, aber das gab mir auch ein sehr wirksames Kommunikationsinstrument innerhalb unseres Unternehmens, in dem es natürlich Widerstand gegen eine so umfassende und schnelle Veränderung gab.

Die Entscheidung, Geschäfte, die grundsätzlich profitabel sind, aber deren Zukunft fraglich ist, zu revolutionieren, das heißt, ganz bewusst kurzfristige Verluste in Kauf zu nehmen, in der Hoffnung, ein langfristiges Wachstum zu erzielen, erfordert eine gehörige Portion Mut. Routinen und Prioritäten werden auf den Kopf gestellt, Aufgaben verändern sich und Verantwortlichkeiten werden neu verteilt. Die Menschen können leicht die Orientierung verlieren, weil ihre traditionellen Arbeitsweisen mit der Entstehung eines neuen Geschäftsmodells immer weniger funktionieren. Der Managementaufwand ist enorm, und zwar sowohl aus der Perspektive der Mitarbeiterführung als auch wegen der verstärkten Notwendigkeit, für seine Mitarbeiter präsent zu sein – wobei Letzteres unter allen Umständen eine erfolgskritische Führungseigenschaft ist. Führungskräfte sind gelegentlich versucht, auf ihre übervollen Terminkalender zu verweisen, und glauben, ihre Zeit sei zu kostbar, um sich mit den individuellen Sorgen und Problemen ihrer Belegschaft auseinanderzusetzen. Für die eigenen Mitarbeiter da zu sein und dafür zu sorgen, dass sie das auch wissen, ist jedoch überaus wichtig für die Moral und die Effektivität eines Unternehmens. Für ein Unternehmen von der Größe des Disney-Konzerns kann das bedeuten, dass man durch die ganze Welt reisen und an jedem Standort Besprechungen und Versammlungen mit den verschiedenen Geschäftseinheiten abhalten muss, in denen man seine Überlegungen kommuniziert und Fragen beantwortet. Für meine Mitarbeiter da zu sein, bedeutet aber auch, zeitnah zu reagieren und mich den Problemen zu widmen, die die Führungskräfte, die direkt an mich berichten, an mich herantragen. Konkret bedeutet es, Anrufe zu erwidern, E-Mails zu beantworten und sich die Zeit nehmen, um über konkrete Probleme zu sprechen und sensibel für den Druck zu sein, unter dem die Mitarbeiter stehen. Als wir diesen neuen, unbekannten Pfad beschritten, gewannen diese Aspekte meiner Aufgabe als CEO eine noch größere Bedeutung als bisher.

Für die eigenen Mitarbeiter da zu sein und dafür zu sorgen, dass sie das auch wissen, ist jedoch überaus wichtig für die Moral und die Effektivität eines Unternehmens.

Im Anschluss an unsere Ankündigung vom August begannen wir unverzüglich an zwei Fronten zu arbeiten. An der technischen Front begann das Team von BAMTech gemeinsam mit einer bereits gegründeten Gruppe von Disney, die Benutzeroberflächen für unsere neuen Dienste ESPN+ und Disney+ zu entwickeln. In den folgenden Monaten trafen Kevin und ich uns in New York und Los Angeles mit dem Team von BAMTech, um mehrere Iterationen der App zu testen: Wir analysierten die Größe, Farbe und Anordnung der Kacheln, nahmen Justierungen vor, um die Nutzung der App intuitiver und benutzerfreundlicher zu gestalten, legten fest, wie die Algorithmen und die Datensammlung funktionieren sollten und welche Inhalte und Marken wir präsentieren wollten.

Zur gleichen Zeit stellten wir in L.A. ein Team zusammen, das die Inhalte entwickeln und produzieren sollte, die wir auf Disney+ zur Verfügung stellen wollten. Wir besaßen eine gewaltige Mediathek aus Filmen und Fernsehserien (allerdings mussten wir auch einige Rechte zurückkaufen, die wir im Verlauf der Jahre an Drittanbieter lizenziert hatten), aber die große Frage lautete: Welchen Original-Content wollten wir für diese neuen Dienste entwickeln? Ich traf mich mit den Leitern unserer Filmstudios und Fernsehbetriebe, um zu bestimmen, welche Projekte in unserer Pipeline in die Kinos und ins Fernsehen kommen würden, und welche auf unserer neuen App präsentiert werden sollten. Welche neuen Projekte würden wir ausdrücklich für den Streamingdienst entwickeln, darunter auch *Star-Wars*-Episoden, Marvel- und Pixar-Filme, die genauso ambitioniert sein mussten wie alles, was wir machen? Ich brachte alle erfahrenen Leute von unseren Studios zusammen und sagte ihnen: »Ich möchte kein neues Studio gründen, das exklusiv für Disney+ produziert. Ich möchte, dass Sie das machen.«

Das sind alles Führungskräfte, die jahrelang darauf trainiert wurden, Wachstum für ihre eigenen Geschäftsbereiche zu erzielen, und deren Vergütung profitabilitätsabhängig ist. Und nun sagte ich ihnen plötzlich: »Ich möchte, dass Sie weniger Aufmerksamkeit auf die Geschäfte richten, die Sie bisher sehr erfolgreich gemanagt haben, und sich stattdessen auf diese neue Sache konzentrieren. Und ganz nebenbei müssen Sie dabei mit anderen sehr wettbewerbsorientierten Leuten anderer Teams zusammenarbeiten, deren Interessen nicht zwangsläufig mit Ihren Interessen übereinstimmen. Und noch etwas: Dieses neue Projekt wird auf absehbare Zeit nicht profitabel sein.«

Um alle ins Boot zu holen, musste ich nicht nur deutlich betonen, warum diese Veränderung zwingend notwendig war. Ich musste eine ganz neue Anreizstruktur schaffen, um ihre Arbeit zu belohnen. Ich konnte sie nicht für die absichtliche Erosion und Disruption ihrer angestammten Geschäftsbereiche bestrafen; auf der anderen Seite gab es zunächst keine Gewinnkennzahlen, um den »Erfolg» des neuen Geschäfts zu messen. Wir forderten sie auf, *mehr*, und zwar erheblich mehr zu leisten, und, falls wir unsere traditionellen Vergütungsstrukturen beibehalten hätten, hätten sie für ihre verstärkten Anstrengungen *weniger* verdient. Das hätte nicht funktioniert.

Ich wandte mich an den Vergütungsausschuss unseres Verwaltungsrats und erklärte den Mitgliedern mein Dilemma. Wenn man innoviert, muss sich alles verändern, nicht nur die Art und Weise, wie man ein Produkt herstellt oder vertreibt. Auch zahlreiche Praktiken und Strukturen innerhalb des Unternehmens müssen angepasst werden, und dazu gehört auch die Führungskräftevergütung. Ich schlug eine radikale Idee vor. Im Wesentlichen lautete mein Vorschlag, dass ich die Vergütung auf Basis des individuellen Beitrags zu dieser neuen Strategie bemessen würde, auch wenn das ohne leicht messbare Finanzergebnisse eine wesentlich subjektivere Einschätzung sein würde als unsere traditionellen Vergütungspraktiken. Ich regte die Einführung von Aktienoptionen an, die übertragen oder verfallen würden, je nach dem Beitrag, den die einzelnen Führungskräfte meiner Einschätzung nach zum Erfolg unserer neuen Initiative leisteten. Der Ausschuss war zunächst skeptisch, denn so etwas hatten wir noch nie gemacht. »Ich weiß, warum es manchen Unternehmen nicht gelingt zu innovieren«, sagte ich an einem bestimmten Punkt der Diskussion. »Es liegt an der Tradition. Traditionen erzeugen auf Schritt und Tritt Reibungsverluste.« Ich sprach über die Investment-Gemeinde, die etablierte Unternehmen so oft für einen kurzfristigen Gewinnrückgang abstraft, was dazu führt, dass die Unternehmensführer lieber auf Nummer sicher gehen und weiterhin das machen, was sie schon immer gemacht haben, anstatt in langfristiges Wachstum und die Anpassung an veränderte Rahmenbedingungen zu investieren. »Das gilt sogar für Sie«, sagte ich, »einen Verwaltungsrat, der nicht weiß, wie er Aktienoptionen für Führungskräfte einführen soll, weil wir das noch nie gemacht haben.« In jeder Phase schwammen wir gegen die Strömung. »Sie haben die Wahl«, sagte ich. »Wollen Sie, dass wir Opfer des ›Innovator's Dilemma‹*** werden, oder wollen Sie den Herausforderungen aktiv begegnen?«

Wahrscheinlich hätte ich sie auch ohne diesen aufrüttelnden Vortrag überzeugen können (ich hatte eine ausgezeichnete Beziehung zum Verwaltungsrat, der fast alle meine Vorhaben unterstützte), aber während ich meine Brandrede noch beendete, sagte ein Mitglied des Ausschusses

*** Dies betrifft besonders technologiegetriebene Geschäfte und bezeichnet das Phänomen, dass etablierte Unternehmen ihre angestammten Produkte und ihre traditionelle Geschäftspraxis weiterführen und neue Entwicklungen und Trends ausblenden, bis es zu spät ist. (A. d. Ü.)

bereits: »Ich bin dafür«, woraufhin sofort ein zweites Mitglied folgte. Am Ende wurde mein Plan genehmigt. Anschließend sprach ich erneut mit meinen Führungskräften und erklärte ihnen, wie der neue Aktienplan funktionierte. Jeweils am Jahresende würde ich entscheiden, wer wie viele Aktien erhalten würde. Diese Entscheidung würde nicht auf der Umsatzerzielung basieren, sondern auf dem Grad ihrer Zusammenarbeit. »Ich will keine Politik«, sagte ich. »Dieses Thema ist viel zu wichtig. Es geht um das Wohl des Unternehmens und um Ihr eigenes Wohl. Ich bin darauf angewiesen, dass Sie an einem Strang ziehen.«

WENIGER ALS ZWEI WOCHEN nach der Investoren-Telefonkonferenz von August und der Ankündigung unserer Mehrheitsbeteiligung an BAMTech erhielt ich einen Anruf von Rupert Murdoch, der mich einlud, an einem Spätnachmittag auf ein Glas Wein zu ihm nach Hause zu kommen. Rupert lebt in Bel Air in einem wunderschönen Haus aus den 1940er-Jahren, das einen großartigen Ausblick über seine Weinberge Moraga Vineyards bietet. Er und ich stammen aus völlig unterschiedlichen Welten, wir gehören unterschiedlichen Generationen an und haben unterschiedliche politische Auffassungen, aber wir respektieren unsere gegenseitigen Geschäftsinstinkte. Mich hat schon immer sehr beeindruckt, wie er sein Medien- und Unterhaltungsimperium aus dem Nichts geschaffen hat.

Seit meiner Ernennung zum CEO im Jahr 2005 trafen Rupert und ich uns gelegentlich zum Essen oder auf einen Drink. Wir waren mit unseren Unternehmen beide am Streaming-Anbieter Hulu beteiligt, daher besprachen wir gelegentlich konkrete geschäftliche Angelegenheiten. Meistens unterhielten wir uns aber einfach nur über die Veränderungen in der Medienlandschaft und brachten uns gegenseitig auf den neuesten Stand über unsere Arbeit.

Bei dieser Einladung vermutete ich jedoch, dass Rupert herausfinden wollte, ob ich möglicherweise erwog, für die Vorauswahl der Präsidentschaftskandidaten im Jahr 2020 zu kandidieren. Es gab bereits allerlei »Gerede« über mein Interesse an Politik und die Möglichkeit, dass ich eine Kandidatur für die Präsidentschaftswahlen in Erwägung ziehen könnte. Einige Mitglieder der Regierung unter Präsident Trump, darunter

Kellyanne Conway und Anthony Scaramucci, hatten Leute in unserem Unternehmen auf diese Frage angesprochen, daher vermutete ich, dass Rupert persönlich herausfinden wollte, ob an diesen Gerüchten etwas dran war.

Ich habe mich schon immer für Politik interessiert und oft darüber nachgedacht, nach meinem Ausscheiden aus Disney meinem Land zu dienen. Im Verlauf der Jahre haben viele Leute mir Ideen über mögliche Positionen, einschließlich einer Präsidentschaftskandidatur, in den Kopf gesetzt. Einerseits faszinierte mich die Idee, andererseits erschien sie mir ein wenig absurd. Vor den Wahlen von 2016 war ich davon überzeugt, dass Amerika für einen Präsidenten bereit war, der nicht zum politischen Establishment gehörte, dass es eine sehr große Unzufriedenheit mit der traditionellen Politik und unseren politischen Parteien gab, und dass die Regierung und die Politik genau wie unsere Unternehmen auf tiefgreifende Weise revolutioniert würden. (Donald Trumps Wahlsieg hat zumindest in Teilen bewiesen, dass mich meine Wahrnehmungen nicht getäuscht hatten.)

Zu dem Zeitpunkt, als ich Ruperts Einladung folgte, hatte ich in der Tat bereits über eine Präsidentschaftskandidatur nachgedacht, wenngleich ich wusste, dass das ein gewaltiges Vorhaben war. Ich hatte mit einigen Dutzend einflussreichen Leuten von den Demokraten gesprochen – einigen ehemaligen Mitgliedern der Regierung unter Präsident Obama, einigen Kongressmitgliedern, Experten aus Meinungsforschungsinstituten, Fundraisern und Stabschefs früherer Wahlkampagnen. Außerdem begann ich, mich intensiv mit aktuellen Regierungsthemen zu beschäftigen und Aufsätze und Artikel über alle möglichen Bereiche zu verschlingen – von der Gesundheitsfürsorge bis zur Steuergesetzgebung, von Einwanderungsgesetzen bis zur internationalen Handelspolitik, von Umweltfragen über die Geschichte des Nahen Ostens bis zu den Leitzinsen. Zudem las ich die großartigsten Reden, die jemals gehalten wurden, darunter Ronald Reagans Rede anlässlich des 40. Jahrestags des D-Days, Robert Kennedys improvisierte Rede in Indianapolis, die er anlässlich der Ermordung von Martin Luther King Jr. hielt, Obamas Rede über das Massaker in der A.M.E. Church in Charleston, South Carolina, und zahlreiche Reden von Churchill. Ich studierte sogar erneut die amerikanische Verfassung und die Bill of Rights. (Ich weiß nicht, ob es ein Zeichen war, dass ich nicht kandidieren sollte, aber plötzlich begann ich mitten in der Nacht aus Albträumen zu erwachen, in denen ich bei einer Diskussionsrunde der Kandidaten auf der Bühne stand und nicht vorbereitet war.) Außerdem versuchte ich, nicht anmaßend zu sein. Die Tatsache, dass ich einen großen, multinationalen Konzern leitete, qualifizierte mich nicht automatisch für das Amt des US-Präsidenten – soll heißen, ich war nicht wild entschlossen, meine Kandidatur voranzutreiben. (Tatsächlich war ich skeptisch, ob die Demokratische Partei bereit und in der Lage wäre, einen erfolgreichen Geschäftsmann zu unterstützen.)

Die Tatsache, dass ich einen großen, multinationalen Konzern leitete, qualifizierte mich nicht automatisch für das Amt des US-Präsidenten.

Als ich zu Rupert kam, machten wir es uns gemütlich, ein Angestellter schenkte uns Wein ein, und dann sagte Rupert als Erstes: »Werden Sie für das Amt des Präsidenten kandidieren?«

Also doch, dachte ich. *Ich hatte recht.* Aber ich hatte nicht vor, offen mit Rupert über meine Überlegungen zu sprechen, denn ich war mir sicher, dass es sofort bei Fox News landen würde. Daher antwortete ich: »Nein. Viele Menschen haben mich darauf angesprochen, und ich habe es mir überlegt, aber es ist eine verrückte Idee und es ist höchst unwahrscheinlich, dass ich es jemals machen würde. Außerdem hasst meine Frau schon den Gedanken daran.« Das stimmte übrigens. Irgendwann hatte Willow gescherzt: »Du kannst dich für jedes Amt bewerben, aber nicht mit dieser Frau.« Sie kannte mich gut genug, um zu wissen, dass mich die Herausforderung reizen würde, aber sie hatte große Befürchtungen, was das für unsere Familie und unser Leben bedeuten würde. (Später sagte sie, sie habe mich »für gute und schlechte Zeiten geheiratet, wenn du also meinst, du musst es machen, dann werde ich an deiner Seite stehen, aber nur mit größtem Widerwillen«.)

Ich fragte mich, worüber Rupert und ich uns den restlichen Abend unterhalten würden, aber dann verbrachte er den größten Teil der folgenden Stunde damit, über die Gefahren für unsere jeweiligen Unternehmen zu sprechen: die zunehmende Konkurrenz durch große Tech-Unternehmen, das Tempo, mit dem sich die Dinge veränderten, und die Bedeutung von Größe. Ganz eindeutig machte er sich Sorgen über die Zukunft von 21st Century Fox. »Wir sind nicht groß genug«, sagte er mehrmals. »Das einzige Unternehmen, das groß genug ist, ist Ihres.«

Als ich mich an diesem Abend von ihm verabschiedete, hatte ich das untrügliche Gefühl, er signalisiere ein Interesse, das Undenkbare zu tun. Auf meiner Rückfahrt nach Hause rief ich Alan Braverman an und sagte: »Ich komme gerade von einem Treffen mit Rupert. Ich glaube, er könnte an einem Verkauf interessiert sein.«

Ich bat Alan, eine Liste aller Vermögenswerte von Fox zu erstellen, die wir aus regulatorischer Perspektive kaufen oder nicht kaufen könnten, und dann rief ich Kevin Mayer an, um ihm von dem Treffen zu erzählen und seine spontane Reaktion zu hören. Ich bat auch Kevin, eine Liste zu erstellen und über die Machbarkeit der Übernahmen aller oder einiger Vermögenswerte von Fox nachzudenken.

Am nächsten Tag rief ich Rupert an. »Nehmen wir einmal an, ich würde Ihnen sagen, wir wären am Kauf Ihres Unternehmens oder eines großen Teils davon interessiert. Habe ich Sie richtig verstanden, dass Sie für diese Idee offen wären?«

»Ja«, sagte er. »Sind Sie ernsthaft an einer Akquisition interessiert?« Ich sagte ihm, ich fände die Idee spannend, müsse aber noch ein wenig darüber nachdenken. Dann sagte er: »Ich würde es nur in dem Fall machen, wenn Sie bereit wären, Ihren Vertrag als CEO über das bestehende Vertragsende hinaus zu verlängern.« Das war zu diesem Zeitpunkt Juni 2019, mein Pensionierungsdatum. Ich teilte Rupert mit, ich glaubte nicht, dass unser Verwaltungsrat jemals einer Akquisition dieser Größenordnung zustimmen würde, es sei denn, ich wäre mit einer Verlängerung meines Vertrags einverstanden. Wir beendeten unser Telefonat mit der Vereinbarung, in einigen Wochen erneut miteinander zu sprechen. Plötzlich hatte ich das Gefühl, mein Leben stehe kurz vor einer gewaltigen Veränderung – der Anlass dafür wäre allerdings nicht eine mögliche Präsidentschaftskandidatur.

IN DEN FOLGENDEN WOCHEN begannen Kevin und ich uns intensiver mit der Frage zu beschäftigen, ob eine Übernahme von Fox möglich wäre und was sie für uns bedeuten würde. Alan schloss mehrere Fox-Vermögenswerte von vornherein aus. Den Gesetzen zufolge darf kein Unternehmen in den USA zwei sogenannte Over-the-Air-Fernsehnetzwerke (A. d. Ü. Antennen- oder Satellitenempfang) besitzen (das ist in der heutigen Welt ein wenig anachronistisch und albern, aber so steht es eben im Gesetz), daher war das Fox-TV-Netzwerk vom Tisch. Wir konkurrieren mit zwei ihrer wichtigsten Sportnetzwerke, daher wäre unser Marktanteil in diesem Segment zu groß. Das heißt, wir würden sie nicht übernehmen können.

Dann gab es noch Fox News. Das war eines von Ruperts Kronjuwelen, daher ging ich nicht davon aus, dass er sie uns anbieten würde. Außerdem wäre es auch keine gute Idee gewesen. Falls wir den Sender fortführen würden, wie er war, würden wir uns zur Zielscheibe linksgerichteter Kräfte machen. Und falls wir es wagten, den Sender stärker in die politische Mitte zu rücken, würde die politische Rechte über uns herfallen. Eigentlich war es aber vollkommen egal, was ich von Fox News hielt, denn Rupert würde seinen Nachrichtensender sowieso nie hergeben.

Es gab allerdings einige kleinere Vermögenswerte, aber die soeben genannten waren die großen – und sie waren tabu. Damit blieb ein breites Portfolio an Vermögenswerten: das Filmstudio, einschließlich Fox Searchlight Pictures; der Anteil am Streaminganbieter Hulu, der uns eine Mehrheitsbeteiligung an dieser Plattform verschaffen würde; FX Networks; die regionalen Fox Sports Networks (von denen wir uns später trennen mussten); eine Mehrheitsbeteiligung an National Geographic; ausgedehnte und sehr vielfältige internationale Aktivitäten, vor allem in Indien; und ein Anteil von 39 Prozent an Sky, Europas größter und erfolgreichster Satellitenplattform.

Kevin wurde beauftragt, eine finanzielle und strategische Analyse dieser Vermögenswerte vorzunehmen. Das bedeutet schlicht und ergreifend, ein Team darauf anzusetzen, eine sehr gründliche und sorgfältige Untersuchung aller Geschäftsbereiche durchzuführen, und dabei nicht nur ihre gegenwärtigen Ergebnisse zu betrachten, sondern Zukunftsprojektionen anzustellen und sich zu überlegen, wie sie sich in der disruptiven Welt, in der wir uns bewegten, behaupten würden. Außerdem beteiligten wir unsere frisch ernannte CFO Christine McCarthy an dieser

Aufgabe, die unsere bisherigen Akquisitionen nicht erlebt hatte, aber sehr gespannt auf diese neue Übernahme war, die sich für sie als extreme Herausforderung erweisen sollte.

Sobald wir ein Gefühl für den gegenwärtigen und zukünftigen Wert der Geschäftsbereiche von Fox hatten, lautete die nächste Frage: Was sind diese beiden Unternehmen zusammen wert? Wie können wir durch ihre Zusammenlegung die Werterzielung steigern? Ganz eindeutig konnten wir durch eine Fusion Effizienzgewinne realisieren. Zum Beispiel würden wir dann zwei Filmstudios haben, aber unter einem Dach könnten sie effizienter geführt werden. Dann sind da die Markthebel. Von welchem verbesserten Marktzugang würden wir profitieren, weil wir plötzlich mehr lokale Ressourcen hätten? Fox machte zum Beispiel große Geschäfte in Indien, wo wir gerade unsere ersten Fühler ausgestreckt hatten; Fox hatte dort bereits umfangreich ins D2C-Geschäft investiert. Außerdem besaßen sie ein herausragendes Fernsehstudio und hatten breit in kreatives Talent investiert. Da hinkten wir weit hinterher. Würde die Gewinnung dieser Mitarbeiter für das fusionierte Unternehmen den Erfolg unserer Sparten steigern? Die Antwort war ein durchdringendes Ja.

Die Krönung war jedoch, dass der Wert des fusionierten Unternehmens nach unserer Schätzung mehrere Milliarden Dollar über dem kombinierten Wert beider Unternehmen als separat geführte Organisationen liegen würde. (Dieser Wertzuwachs fiel mit der Körperschaftssteuerreform noch höher aus.) Kevin verschaffte mir einen umfassenden Überblick über das Ganze und sagte: »Bob, da sind einige verdammt gute Assets dabei.«

»Ich weiß, dass da tonnenweise Ressourcen schlummern«, sagte ich. »Aber wie lautet unser Narrativ?«

»Sie gehören Ihnen!«, sagte Kevin. Wir hatten noch nicht einmal mit den Verhandlungen begonnen, aber in Kevins Kopf begann es bereits zu arbeiten. »Das ist doch genau Ihr Narrativ! Hochwertiger Content. Technologie. Globale Reichweite.« Wenn man all diese Ressourcen aus der Perspektive unserer neuen Strategie betrachtete, so Kevin, sei es noch großartiger. Sie könnten zum Dreh- und Angelpunkt unseres zukünftigen Wachstums werden. Kevin, Alan und Christine gaben mir ihre Unterstützung, um die Verhandlungen mit Rupert aufzunehmen, obwohl es sich um eine Akquisition handeln würde, die die Übernahme von Pixar, Marvel und Lucasfilm weit in den Schatten stellte. Die Potenziale fühlten sich beinahe grenzenlos an, und das galt auch für die Risiken.

KAPITEL 13

INTEGRITÄT IST UNBEZAHLBAR

RUPERTS ENTSCHEIDUNG, ZU VERKAUFEN, war eine direkte Reaktion auf dieselben Kräfte, die uns veranlasst hatten, eine völlig neue Strategie für unser Unternehmen zu formulieren. Bei der Betrachtung der Zukunft seines Unternehmens in einer vollkommen revolutionierten Welt kam er zu dem Schluss, dass es das Klügste wäre, zu verkaufen und seinen Aktionären und seiner Familie die Chance zu bieten, ihre Aktien an 21st Century Fox in Disney-Aktien zu verwandeln, weil er glaubte, dass wir gemeinsam stärker und besser positioniert wären, um dem Wandel standzuhalten.

Man kann die erdrutschartige Revolutionierung unserer Industrie gar nicht stark genug betonen, aber seine Entscheidung, das Unternehmen aufzubrechen, das er einst praktisch von null aufgebaut hatte, war ein deutliches Signal für die Unaufhaltsamkeit der Veränderungen, die sich bereits vollzogen. Gerade als Rupert und ich in die erste Phase der fast zweijährigen Verhandlungen über eine gewaltige Transaktion eintraten, die die Medienlandschaft verändern sollte, begann sich auch ein grundlegender sozialer Wandel zu vollziehen, der noch wesentlich tiefergreifend war als die technologischen Veränderungen, die wir erlebten. Zahlreiche schwerwiegende Vorwürfe über vollkommen inakzeptable Verhaltensweisen, insbesondere in der Unterhaltungsindustrie, wurden zum Katalysator für eine längst überfällige Reaktion – die Vorwürfe handelten von schweren sexuellen Übergriffen, von Chancengleichheit und gleicher Bezahlung für Frauen in Hollywood und anderswo. Sehr konkrete und schlimme Anschuldigungen gegen Harvey Weinstein öffneten die Schleusentore und gaben vielen anderen endlich den Mut, mit ihren eigenen Missbrauchserfahrungen an die Öffentlichkeit zu treten. Fast jedes Unternehmen in der Unterhaltungsindustrie musste sich mit ähnlichen Vorwürfen auseinandersetzen.

Bei Disney waren wir immer davon überzeugt, dass es lebenswichtig ist, eine Umgebung zu schaffen und zu kultivieren, in der sich die Menschen sicher fühlen. Inzwischen war aber klar, dass wir noch viel mehr tun mussten, um sicherzustellen, dass sich jede Person, die Opfer von sexueller Belästigung oder Zeuge einer Belästigung geworden war, offen melden konnte, in dem Wissen, dass sie angehört und ernstgenommen wurde, dass die Vorwürfe verfolgt und die Opfer vor Vergeltungsmaßnahmen geschützt würden. Wir empfanden die dringende Notwendigkeit, zu überprüfen, ob unsere Standards eingehalten und unsere Werte gelebt wurden, und daher beauftragte ich unsere Personalabteilung mit der Durchführung einer gründlichen Analyse, zu der die Initiierung eines Dialogs mit den Mitarbeitern und die Einführung von Verfahren auf allen Organisationsebenen gehörten, um eine offene Ansprache von Problemen zu fördern und unser Versprechen zu bekräftigen, alle zu schützen, die einen Vorfall meldeten.

> **Bei Disney waren wir immer davon überzeugt, dass es lebenswichtig ist, eine Umgebung zu schaffen und zu kultivieren, in der sich die Menschen sicher fühlen.**

Im Herbst 2017 kam uns zu Ohren, dass sich Frauen und Männer bei Pixar über John Lasseter beschwerten und ihm vorwarfen, er habe sich ihnen gegen ihren Willen körperlich genähert. Jeder wusste, dass John zu Distanzlosigkeit neigte. Zwar taten viele sein Verhalten als harmlos ab, aber es wurde schnell deutlich, dass nicht jeder diese Auffassung teilte. Ich hatte einige Jahre zuvor schon mit John darüber gesprochen, aber diese neuen Vorwürfe waren ernster. Mir war klar, dass ich ihn damit konfrontieren musste.

Alan Horn und ich trafen uns im November jenes Jahres mit John. Gemeinsam verständigten wir uns darauf, dass es für ihn am besten war, eine sechsmonatige Auszeit zu nehmen, um über sein Verhalten nachzudenken und uns die Zeit zu geben, die Situation angemessen zu bewerten. Bevor John das Unternehmen verließ, schrieb er seinen Teams eine Mitteilung. »Alle zusammen bedeutet ihr für mich die Welt«, schrieb er. »Und ich entschuldige mich zutiefst, falls ich euch enttäuscht habe. Vor allem möchte ich mich bei all denjenigen entschuldigen, die eine unerwünschte Umarmung oder irgendeine andere Geste von mir empfangen haben, die nach ihrem Empfinden auf irgendeine Weise eine Grenze überschritten hat. Egal wie harmlos meine Absichten waren, hat jeder das Recht, seine eigenen Grenzen zu setzen, und jeder hat ein Recht darauf, dass diese Grenzen respektiert werden.«

Während Johns Abwesenheit zogen wir bei Pixar und Disney Animation eine Führungsstruktur ein und führten Dutzende von Interviews mit Mitarbeitern beider Studios, um zu bestimmen, wie die Organisation am besten mit der Situation umgehen sollte.

DIE FOLGENDEN SECHS MONATE, in denen wir an unserer D2C-Strategie arbeiteten, mit öffentlichkeitsträchtigen Personalproblemen rangen und einen möglichen Deal mit Fox analysierten und verhandelten, gehörten zu den stressigsten Zeiten in meiner Karriere. Ich war zunehmend davon überzeugt, dass das, was Fox im Hinblick auf Inhalte, globale Reichweite, Kompetenz und Technologie zu bieten hatte, von transformativer Bedeutung für uns sein würde. Wenn wir diese Ressourcen übernehmen und sie möglichst schnell und reibungslos integrieren konnten, während wir gleichzeitig unsere D2C-Vision verwirklichten – eine wirklich furchterregende Anzahl von Ungewissheiten –, würde Disney der Zukunft aus einer stärkeren Position heraus entgegensehen als je zuvor.

Im Zuge unserer fortschreitenden Gespräche offenbarte sich, dass Rupert drei Aspekte wichtig waren. Der erste Punkt war, dass Disney von allen möglichen Unternehmen, die daran interessiert sein könnten, Fox zu übernehmen, die größte Wahrscheinlichkeit aufwies, dass die Übernahme von den Regulierungsbehörden genehmigt würde. Der zweite Punkt betraf den Wert der Disney-Aktie. Entweder Rupert würde weiterhin eine Mehrheitsbeteiligung an Fox halten und das Unternehmen müsste sich im Konkurrenzkampf gegen wesentlich größere Fische behaupten, oder er könnte eine Beteiligung an einem durchaus robusteren fusionierten Konzern halten. Der dritte Punkt war sein Vertrauen, dass wir in der Lage waren, die beiden Unternehmen reibungslos zu integrieren und den fusionierten Konzern auf einen dynamischen Wachstumskurs zu führen.

Zu Ruperts zahlreichen Herausforderungen, die sich im Verlauf unserer Verhandlungen im Herbst stellten, gehörte das Management seiner Entscheidung gegenüber seinen Söhnen Lachlan und James. Als Kinder hatten sie miterlebt, wie ihr Vater das Unternehmen eigenhändig aufgebaut hatte, und sie hatten gehofft und waren letztlich davon ausgegangen, dass es eines Tages ihnen gehören würde. Nun verkaufte er es an Dritte. Das war keine leichte Situation für sie, wobei mein Standpunkt von Anfang an war, Rupert das Management seiner Familiendynamiken zu überlassen und mich ganz auf den geschäftlichen Aspekt unserer Diskussionen zu konzentrieren.

Im Verlauf des Herbstes trafen Kevin Mayer und ich uns mehrmals mit Rupert und seinem CFO John Nallen. Wir waren bereit, ein reines Aktienangebot zu unterbreiten und 28 Dollar pro Anteilsschein – oder 52,4 Milliarden Dollar – für die Akquisition zu bezahlen. In den Monaten nach unserem ersten Gespräch mit Rupert war in der Öffentlichkeit durchgesickert, dass er über einen Verkauf nachdachte. Das veranlasste andere Wettbewerber, ebenfalls eine Akquisition von Fox in Erwägung zu ziehen. Comcast, zum Beispiel, gab eine Offerte ab, die erheblich über unserem Angebot lag. Wir waren allerdings zuversichtlich, dass der Verwaltungsrat von Fox eine Übernahme durch uns dennoch vorziehen würde, zum Teil wegen der regulatorischen Herausforderungen, mit denen Comcast wahrscheinlich konfrontiert wäre (ihnen gehörte bereits NBC-Universal sowie eine der größten Vertriebsgesellschaften des Landes, und sie würden höchstwahrscheinlich genauestens unter die Lupe genommen werden).

Am Ende des Wochenendes nach Thanksgiving trafen Kevin und ich uns noch einmal mit Rupert und John in Ruperts Weinbergen in Bel Air. Wir vier unternahmen einen langen Spaziergang durch die Weinstockreihen. Kurz vor Ende unseres Spaziergangs teilte uns Rupert mit, dass er nicht unter 29 Dollar pro Aktie gehen würde, was sich in eine zusätzliche Summe von 5 Milliarden Dollar übersetzte, die wir nicht kalkuliert hatten. Ich vermutete, dass er glaubte, ich wäre über das Angebot von Comcast besorgt und daher bereit, unser Angebot nachzubessern. So sehr ich an dieser Akquisition interessiert war, war ich jedoch gewillt, darauf zu verzichten, falls die Konditionen nicht stimmten. Ich war auf zahlreiche Bereiche des Unternehmens erpicht und hatte begonnen, mir im Detail vorzustellen, wie sie unser neues Geschäft beflügeln könnten, aber es waren auch gewaltige umsetzungsbedingte Risiken damit verbunden. Damit alles wie geplant funktionierte, würden wir ungeheuer viel Zeit und Energie investieren müssen. Selbst wenn wir zu einer Einigung kamen, die Genehmigung der Wettbewerbsbehörden erhielten und die zwei Unternehmen erfolgreich zusammenführten, gab es immer noch sehr viel marktrelevante Unbekannte, die uns Sorgen machten. Außerdem war ich mir unsicher, was die Verlängerung meines Vertrags um weitere drei Jahre betraf. Wäre das gut für mich oder für Disney? Ich war mir nicht ganz sicher, hatte aber nicht viel Zeit, darüber nachzudenken. Am Ende unseres Treffens hatte ich das Gefühl, es sei überaus wichtig, dass wir den bestmöglichen Wert aus der Transaktion zögen, daher sagte ich Rupert bei unserem Abschied: »28 ist das Maximum; höher können wir nicht gehen.«

Ich weiß nicht, ob Rupert verwundert war, dass ich standhaft blieb. Kevin befürchtete jedenfalls, dass wir den Deal verlieren könnten, wenn wir unser Angebot nicht nachbesserten. Ich war jedoch zuversichtlich, dass wir zum Zuge kommen würden – dass die Risiken einer Entscheidung für das Angebot von Comcast für Fox zu groß waren. Als ich am folgenden Montag ins Büro kam, sagte ich Kevin, er solle Nallen anrufen und ihm sagen, wir bräuchten bis zum Abend eine definitive Antwort. Am Abend rief Rupert an, akzeptierte unser Angebot und lud mich erneut auf sein Weingut ein – Lachlan würde auch dabei sein, und ich fragte mich, wie das Ganze bei ihm ankam –, um auf den Deal anzustoßen. In den folgenden zwei Wochen arbeiteten wir an den Details. Anschließend flog ich zur Premiere der Episode *Star Wars: Die letzten Jedi*, die am 12. Dezember in London stattfand. Während meines Aufenthalts in London ging ich in Ruperts Büro, wo ein Foto von uns gemacht wurde, wie wir uns auf seinem Balkon die Hände schüttelten. Dieses Foto wurde zusammen mit der Ankündigung der Transaktion am 14. Dezember veröffentlicht.

Am 13. Dezember flog ich zurück nach L.A. Nach meiner Ankunft am Spätnachmittag begab ich mich direkt in das Vorbereitungsmeeting für die Ankündigung am nächsten Morgen. Ich sollte um 7 Uhr morgens (EST) in der Sendung *Good Morning America* auftreten, und das hieß, dass ich um 3 Uhr morgens (PST) im Studio auf dem Disney-Gelände sein musste, um geschminkt zu werden und bereit zu sein, um 4 Uhr live auf Sendung zu gehen. Mitten in unserem Vorbereitungsmeeting kam Jayne Parker, unsere Personalleiterin herein und fragte mich, ob John Skipper, Präsident von ESPN, mich kontaktiert habe.

»Nein«, sagte ich. »Was ist los?«

Jaynes Gesichtsausdruck sagte mir, dass es ein Problem gab, und ich fragte sofort, ob es etwas war, worum ich mich augenblicklich kümmern musste, oder ob es bis nach der Bekanntgabe des Deals am folgenden Tag warten könne. »Es ist ernst«, sagte Jayne. »Aber es kann warten.«

Der 14. Dezember gehörte zu den *fragmentiertesten* Arbeitstagen meiner Karriere. Wenn ich auf meine Notizen im Kalender zurückblicke, sehe ich Folgendes: um 4 Uhr morgens Ankündigung in der Sendung *Good Morning America*, Telefonkonferenz mit Investoren um 5 Uhr, CNBC Live um 6 Uhr, Bloomberg um 6:20 Uhr, Webcast mit Investoren um 7 Uhr. Von 8 Uhr bis zum Mittag Telefonate mit den Senatoren Chuck Schumer und Mitch McConnell, dann mit der Sprecherin des US-Repräsentantenhauses Nancy Pelosi und mehreren anderen Kongressmitgliedern in Vorwegnahme der bevorstehenden Prüfung der Übernahme durch die Wettbewerbsbehörden. Anschließend kam Jayne in mein Büro, um mit mir über das Thema zu sprechen, das wir am Tag zuvor angerissen hatten. Sie teilte mir mit, John Skipper habe eingestanden, ein Drogenproblem zu haben, das zu anderen schwerwiegenden Komplikationen in seinem Leben geführt hatte und das Potenzial besaß, unser Unternehmen in Gefahr zu bringen. Ich setzte für den folgenden Tag ein Telefonat mit John an, dann fuhr ich nach Hause und – weil ich es schon lange eingeplant hatte, bevor ich überhaupt wissen konnte, dass all diese Dinge gleichzeitig zusammentreffen würden – skypte mit einer Gruppe Studenten vom Ithaca College, meiner Alma Mater, über die Zukunft der Unterhaltungs- und Medienindustrie.

Am folgenden Morgen sprach ich mit John. Er räumte ein, er habe fürchterliche private Probleme. Ich sagte ihm, dass wir ihn auf Basis von Jaynes Schilderungen, die er soeben bestätigt habe, auffordern würden, am folgenden Montag seinen Rücktritt einzureichen. Ich schätzte John sehr. Er ist klug und weltgewandt und war eine fähige, loyale Führungskraft. Dies war jedoch ein klares Beispiel dafür, dass die Integrität eines Unternehmens von der Integrität seiner Mitarbeiter abhängt. Zwar hatte ich eine hohe persönliche Wertschätzung für John und machte mir Sorgen um ihn. Allerdings hatte er sich entschieden, die Regeln von Disney zu brechen. Es war schmerzhaft, ihn gehen zu lassen, aber es war die richtige Entscheidung – selbst wenn es bedeutete, dass ausgerechnet zu einer Zeit, die für das Unternehmen und für mich zu den belastendsten Phasen gehörten, die ich seit meiner Ernennung zum CEO erlebt hatte, unsere beiden wichtigsten Sparten ESPN und Animation führungslos waren.

DIE VEREINBARUNG MIT RUPERT setzte eine komplizierte Wettbewerbsprüfung in Gang. Zu diesem Prozess gehört die Einreichung umfangreicher Unterlagen bei der US-Börsenaufsicht SEC, in der die Details der Akquisition dargelegt werden, die finanziellen Aspekte für beide Unternehmen und eine transparente chronologische Schilderung der Entstehungsgeschichte der Transaktion (dazu gehörte in unserem Fall auch die Beschreibung des ersten Treffens mit Rupert und alle unsere nachfolgenden Gespräche). Der Ablauf ist folgendermaßen: Nachdem die SEC die Unterlagen zur Prüfung angenommen hat, senden beide Unternehmen ihren jeweiligen Aktionären einen Proxy-Stimmzettel, der alle Details der besagten Unterlagen enthält, zusammen mit der Empfehlung der Verwaltungsräte beider Unternehmen an ihre Aktionäre, für die Transaktion zu stimmen. Außerdem wird ein Abstimmungszeitraum festgelegt, der mit einer Aktionärsversammlung endet, bei der alle Stimmen ausgezählt werden. Dieser ganze Prozess kann bis zu sechs Monate dauern, und in dieser Zeit können weiterhin andere Unternehmen ihre eigenen Übernahmeangebote abgeben.

So komplex unsere geplante Transaktion auch war, gingen wir davon aus, dass die Wettbewerbsbehörden keine Einwände erheben würde (was wiederum einer der Gründe war, aus dem der Verwaltungsrat von Fox unserem Angebot gegenüber der Comcast-Offerte den Vorzug gegeben hatte) und die Übernahme von den Fox-Aktionären auf ihrer im Juni 2018 stattfindenden Aktionärsversammlung ratifiziert werden würde. Es gab nur einen möglichen Fallstrick. Während die Prüfung der Transaktion in vollem Gange war, wurde vor dem Bezirksgericht in New York über eine Klage des US-Justizministeriums verhandelt, das kartellrechtliche Bedenken gegen die Übernahme von Time Warner durch den Telekommunikationsanbieter AT&T angemeldet hatte. Comcast beobachtete diesen Prozess sehr genau. Falls das Urteil zugunsten des Justizministeriums ausfiel und AT&T die Übernahme von Time Warner untersagt wurde, würde Comcast zu dem Schluss kommen, dass sie bei einem Angebot zur Übernahme von Fox mit ähnlichen Hürden rechnen müssten. Falls AT&T den Prozess jedoch gewinnen sollte, würden sie sich in ihrer Position gestärkt fühlen und ein höheres Angebot abgeben, in der Annahme, dass der Verwaltungsrat und die Aktionäre von Fox mögliche regulatorische Hürden nicht mehr fürchten würden.

In dieser Situation konnten wir nichts anderes tun, als einfach weiterzumachen und davon auszugehen, dass die Transaktion wie geplant stattfinden würde, und uns auf diese Realität vorzubereiten. Kurz nachdem wir uns mit Rupert auf den Deal geeinigt hatten, begann ich mich auf die Frage zu konzentrieren, wie wir diese beiden riesigen Unternehmen miteinander verschmelzen würden. Wir konnten sie nicht einfach dem Konzern hinzufügen; wir mussten sie sorgfältig integrieren, um den vorhandenen Wert zu erhalten und neuen Wert zu generieren. Daher fragte ich mich: Wie würde, könnte oder sollte das fusionierte Unternehmen aussehen? Wenn ich heute die Geschichte ausradieren und mit all diesen Ressourcen etwas ganz Neues aufbauen sollte, wie würde ich diese Organisation strukturieren? Nach den Weihnachtsfeiertagen schleppte ich ein Whiteboard in den Konferenzraum neben meinem Büro und begann Planspiele zu machen. (Es war das erste Mal seit meinen Meetings mit Steve Jobs im Jahr 2005, dass ich wieder vor einem Whiteboard stand!)

Als Erstes trennte ich »Inhalte« von »Technologie«. Wir würden drei Inhaltsgruppen haben: Filme (Walt Disney Animation, Disney Studios, Pixar, Marvel, Lucasfilm, 20th Century Fox, Fox 2000, Fox Searchlight),

Fernsehen (ABC, ABC News, unsere Fernsehstationen, Disney-Kanäle, Freeform, FX, National Geographic) und Sport (ESPN). Alle drei landeten auf der linken Seite des Whiteboards. Auf der anderen Seite notierte ich: Apps, Benutzeroberflächen, Kundenakquisition und -bindung, Datenmanagement, Verkauf, Vertrieb und so weiter. Die Idee war, dass sich die für die Inhalte verantwortlichen Leute auf die Kreativität und die Technikexperten auf die Vertriebskanäle und die Frage konzentrieren sollten, wie sich am besten Umsatz generieren ließ. In die Mitte des Whiteboards schrieb ich »Physische Unterhaltung und Güter« als Dach, unter dem ich verschiedene große, ausgedehnte Geschäftsbereiche ansiedelte: Konsumprodukte, Disney-Stores, unsere gesamten globalen Merchandising- und Lizenzvereinbarungen, Kreuzfahrten, Hotelanlagen und unsere sechs Themenparks.

Dann trat ich einen Schritt zurück, blickte auf das Board und dachte: *Das ist es. So sollte ein modernes Medienunternehmen aussehen.* Allein der Blick auf diese Struktur verlieh mir Energie, und die folgenden Tage verbrachte ich damit, die Struktur zu verfeinern. Am Ende der Woche lud ich mein Team ein – Kevin Mayer, Jayne Parker, Alan Braverman, Christine McCarthy und meine Stabschefin Nancy Lee –, damit sie einen Blick darauf warfen. »Ich möchte Ihnen etwas ganz Neues vorstellen«, sagte ich und zeigte ihnen das Whiteboard. »So würde das neue Unternehmen aussehen.«

»Das haben Sie gerade gemacht?«, fragte Kevin.

»Ja. Was halten Sie davon?«

Er nickte. Ja, es ergab einen Sinn. Unsere folgende Aufgabe lautete, nun die richtigen Namen an die richtigen Plätze zu setzen. In dem Moment, in dem wir die Transaktion bekannt gaben, machte sich in beiden Unternehmen verständlicherweise Nervosität über die Fragen breit, wer für was verantwortlich wäre, wer an wen berichten würde, wessen Rollen erweitert oder verkleinert würden, und auf welche Weise. Im Verlauf des Winters und des Frühjahrs reiste ich zu allen möglichen Meetings mit Fox-Führungskräften in L.A., New York, Indien und Lateinamerika, um sie und ihre Geschäftsbereiche kennenzulernen, ihre Fragen zu beantworten, ihre Sorgen zu beschwichtigen und sie mit ihren Kollegen von Disney zu vergleichen. Nach der Annahme der Akquisition durch die Aktionäre –

immer unter der Annahme, dass das Urteil im AT&T-Prozess Comcast nicht zu einem erneuten Übernahmeversuch veranlasste – würde ich sehr schnell zahlreiche schwierige Personalentscheidungen treffen müssen, und ich musste mich darauf vorbereiten, die Restrukturierung sehr schnell in Angriff zu nehmen.

ENDE MAI, WÄHREND WIR GESPANNT das Urteil des New Yorker Bezirksgerichts und kurz darauf das Votum der Fox-Aktionäre erwarteten, traf ich eines Morgens kurz vor 7 Uhr im Büro ein und öffnete eine E-Mail von Ben Sherwood, Präsident von ABC. Sie enthielt den Text eines Tweets, den die Komikerin Roseanne Barr an diesem Morgen versandt hatte und in dem sie sagte, Valerie Jarrett, langjährige Beraterin des ehemaligen US-Präsidenten Barack Obama sei »ein Produkt aus Muslimbruderschaft und Planet der Affen«. Ben schrieb dazu: »Wir haben hier ein sehr ernstes Problem … Das ist grauenhaft und vollkommen inakzeptabel.«

Ich antwortete unverzüglich: »Allerdings haben wir ein Problem. Ich bin im Büro. Ich bin mir nicht sicher, ob die Serie *das* überleben wird.«

Ein Jahr zuvor, im Mai 2017, hatten wir angekündigt, dass wir *Roseanne* wieder in die Hauptsendezeit von ABC zurückverlegen würden. Ich war sehr von dieser Idee angetan, zum Teil, weil ich Roseanne aus unserer Zusammenarbeit Ende der 1980er- und Anfang der 1990er-Jahre während meiner Zeit als verantwortlicher Leiter von ABC Entertainment sehr schätzen gelernt hatte, und zum Teil, weil mir die Idee der Serie – die Widerspiegelung einer ganzen Bandbreite an politischen Reaktionen auf umstrittene Gegenwartsthemen – sehr gefiel.

Ich war mir der umstrittenen Tweets, die Roseanne in der Vergangenheit bereits gepostet hatte, bevor wir beschlossen, die Sendung wie früher zur Hauptsendezeit auszustrahlen, nicht bewusst gewesen. Doch sobald die Serie wieder lief, nahm Roseanne ihre Twitter-Aktivitäten erneut auf und ließ über verschiedene Themen einige unüberlegte und bisweilen verletzende Dinge vom Stapel. Wenn sie so weitermachte, würde das zu einem Problem werden. Im April, einige Wochen vor ihrem Tweet über Valerie Jarrett, hatte ich mich mit ihr zum Mittagessen getroffen. Wir unterhielten uns prächtig. Roseanne hatte mir selbstgebackene Kekse mitgebracht und sagte mir im Laufe unserer Unterhaltung, dass ich einer der Wenigen gewesen war, die schon früher auf ihrer Seite gestanden hätten und dass sie mir immer vertraut hätte.

Gegen Ende des Mittagessens sagte ich: »Sie müssen sich von Twitter fernhalten.« Die Serie hatte unglaublich hohe Einschaltquoten, und ich empfand eine persönliche Zufriedenheit darüber, Roseanne wieder aufblühen zu sehen. »Sie haben da eine tolle Sache am Laufen«, sagte ich. »Machen Sie sie nicht kaputt.«

»Ja, Bob«, sagte sie mit ihrer witzigen, langgezogenen nasalen Stimme. Sie versprach nicht mehr zu twittern, und als wir uns verabschiedeten, war ich mir sicher, dass sie verstanden hatte, dass ihr Erfolg etwas Fragiles war, das sich leicht in Luft auflösen konnte.

Was ich vergessen oder in meinem Kopf heruntergespielt hatte, war die Tatsache, wie unberechenbar und schwankungsanfällig Roseanne schon immer gewesen war. In der ersten Phase meiner Zeit als Präsident von ABC Entertainment hatten wir einen sehr guten Draht zueinander. Ich hatte die Serie, die sich damals in der ersten Staffel befand, geerbt und fand Roseanne äußerst talentiert, aber ich erlebte auch aus unmittelbarer Nähe, wie wechselhaft sie sein konnte. Es gab Zeiten, in denen sie so depressiv war, dass sie nicht aus dem Bett kam. Manchmal suchten Ted Harbert und ich sie zu Hause auf und redeten auf sie ein, bis sie in die Gänge kam. Vielleicht hatte es mit meinem Vater und seinen Depressionen zu tun, dass ich Mitgefühl mit ihr hatte, jedenfalls hatte ich das Bedürfnis, mich um sie zu kümmern, und sie wusste das zu schätzen.

Nachdem ich Bens E-Mail gelesen hatte, sprach ich mit Zenia, Alan, Ben und Channing Dungey, der damaligen Chefin von ABC Entertainment, und bat sie um ihre Meinung, wie wir mit der Situation verfahren sollten. Sie erwogen verschiedene Möglichkeiten, von einer unbezahlten Suspendierung bis zu einer ernsthaften Verwarnung, begleitet von einer öffentlichen Rüge, aber nichts schien dem Vorfall gerecht zu werden. Zwar sprach niemand aus, dass wir sie feuern sollten, aber ich wusste, dass jeder daran dachte. »Wir haben eigentlich keine Wahl«, sagte ich schließlich. »Wir müssen tun, was jetzt das Richtige ist, nicht, was

»Wir müssen tun, was jetzt das Richtige ist, nicht, was politisch korrekt ist, und auch nicht, was aus kommerzieller Sicht richtig ist.«

politisch korrekt ist, und auch nicht, was aus kommerzieller Sicht richtig ist. Wenn irgendeiner unserer Mitarbeiter einen Tweet posten würde, wie sie ihn gepostet hat, würde er fristlos gekündigt.« Ich sagte ihnen, sie sollten ruhig Einwände erheben oder mir sagen, ich sei verrückt, aber niemand widersprach.

Zenia entwarf eine Stellungnahme, die Channing schließlich veröffentlichte. Ich rief Valerie Jarrett an, entschuldigte mich bei ihr und teilte ihr mit, dass wir soeben beschlossen hätten, die Serie einzustellen und diese Entscheidung in 15 Minuten bekannt geben würden. Sie dankte mir und rief mich später noch einmal an, um mir zu sagen, sie sei am Abend bei MSNBC zu einer Expertenrunde zum Thema Rassismus eingeladen, im Zusammenhang mit der Nachricht, Starbucks habe seine Cafés an diesem Tag geschlossen, um eine Sensibilitätsschulung durchzuführen. »Darf ich erwähnen, dass Sie mich angerufen haben?«, fragte sie. Ich bejahte.

Dann sandte ich unserem Verwaltungsrat eine E-Mail mit folgendem Inhalt: »Heute Morgen sind wir alle mit einem Tweet von Roseanne Barr aufgewacht, in dem sie Valerie Jarrett als ein Produkt aus der Muslimbruderschaft und Planet der Affen bezeichnet hat. Wir fanden diesen Kommentar, unabhängig von seinem Kontext, bedauernswert und inakzeptabel und haben die Entscheidung getroffen, Roseannes Serie aus dem Programm zu nehmen. Ich möchte nicht auf einem hohen Ross sitzen, aber als Unternehmen haben wir stets versucht zu tun, was wir als richtig empfinden, unabhängig von politischen oder kommerziellen Erwägungen. In anderen Worten: Es ist unverzichtbar, dass wir von allen unseren Leuten und Produkten Qualität und Integrität fordern. Bei einer offenen Überschreitung der Grenzen, die unser Unternehmen auf irgendeine Weise in Misskredit bringen, gibt es keinen Raum für eine zweite Chance oder Toleranz. Roseannes Tweet hat gegen diesen Glaubenssatz verstoßen, und wir konnten in diesem Fall nur tun, was moralisch richtig ist. In wenigen Momenten wird dazu eine Stellungnahme veröffentlicht.«

Es war eine leichte Entscheidung. Ich fragte nie danach, welche finanziellen Folgen sie haben würde, und es interessierte mich auch nicht. In Momenten wie diesen muss man über mögliche kommerzielle Verluste hinausblicken und sich von der einfachen Regel leiten lassen, dass es nichts Wichtigeres gibt als die Qualität und Integrität der eigenen Leute und Produkte. Alles hängt davon ab, dass man unter allen Umständen an diesem Prinzip festhält.

Im Verlauf des Tages und der restlichen Woche erhielt ich viel Lob, wurde von einigen aber auch verurteilt. Ich freute mich, dass die Anerkennung aus zahlreichen unterschiedlichen Bereichen kam: von Studioleitern, Politikern, einigen Leuten aus der Sportwelt, darunter auch Robert Kraft, dem Eigentümer der New England Patriots. Valerie Jarrett schrieb mir unverzüglich, um mir mitzuteilen, wie sehr sie unsere Reaktion zu schätzen wusste. Auch Präsident Obama sprach mir seine Anerkennung aus. Präsident Trump griff mich auf Twitter an, fragte, wo meine Entschuldigung ihm gegenüber sei, und sagte irgendetwas über die »grauenhaften« Kommentare, die wir über ihn gemacht hätten, während die Nachrichten auf ABC gesendet wurden. Kellyanne Conway kontaktierte den Leiter von ABC News, James Goldston, und fragte, ob ich Trumps Tweets gesehen hätte und ob ich eine Antwort darauf hätte. Meine Antwort lautete: »Ja. Und nein.«

UNGEFÄHR ZUR SELBEN ZEIT des Roseanne-Debakels und des Voranschreitens unserer geplanten Übernahme von 21st Century Fox, endete John Lasseters sechsmonatige Auszeit. Nach mehreren Gesprächen kamen er und ich übereinstimmend zu dem Schluss, dass es klug wäre, wenn er aus Disney ausscheiden würde. Wir einigten uns im Zusammenhang mit dieser Entscheidung auf eine absolute Vertraulichkeit.

Da war die schwierigste und komplexeste Personalentscheidung, die ich je getroffen habe. Nachdem John das Unternehmen verlassen hatte, ernannten wir Pete Docter zum Kreativvorstand von Pixar und Jennifer Lee, Drehbuchautorin und Regisseurin des Films *Die Eiskönigin*, zum Kreativvorstand von Walt Disney Animation. Beide sind brillante, hoch geschätzte, inspirierende Personen, und ihre Führung war ein Silberstreifen am Horizont dieser ansonsten sehr schmerzhaften Zeit für das Unternehmen.

KAPITEL 14

DIE ZENTRALEN WERTE

AM 12. JUNI 2018 fällte das Bezirksgericht von Lower Manhattan sein Urteil zugunsten der Übernahme von Time Warner durch AT&T. Am folgenden Tag verkündete Brian Roberts Comcasts neues Kaufangebot an Fox: Eine reine Barofferte in Höhe von 35 Dollar pro Anteilsschein (insgesamt 64 Milliarden Dollar) gegenüber unserem Angebot von 28 Dollar. Diese Summe lag nicht nur deutlich über unserem Angebot, die Cash-Offerte wäre für viele Aktionäre, die lieber Bargeld als Aktien hätten, auch wesentlich attraktiver. Auf einen Schlag drohte unser Deal, von dem wir geträumt und für den wir uns in den vergangenen sechs Monaten so hart ins Zeug gelegt hatten, zu platzen.

Der Verwaltungsrat von Fox hatte für eine Woche später eine Sitzung in London angesetzt, auf der er über das Angebot von Comcast abstimmen wollte. Wir hatten die Möglichkeit, ein verbessertes Angebot abzugeben, und mussten schnell entscheiden, welche Summe wir bieten wollten. Wir konnten unser Angebot erhöhen und dabei knapp unter der Comcast-Offerte bleiben und hoffen, dass der Verwaltungsrat von Fox trotz des AT&T-Urteils nach wie vor davon überzeugt wäre, dass eine Fusion mit uns eher von der Wettbewerbsbehörde durchgewinkt werden würde als eine Fusion mit Comcast. Wir konnten mit Comcast gleichziehen und hoffen, dass Comcast unseren Deal nicht ruinieren würde, selbst wenn viele Aktionäre Bargeld Aktien vorziehen würden. Oder wir konnten mehr bieten als Comcast und hoffen, dass sie keine Luft mehr nach oben hatten, um unser Angebot zu toppen.

Verschiedene Führungskräfte und Banker waren an der Diskussion beteiligt. Alle rieten mir, niedrig einzusteigen oder höchstens mit Comcast gleichzuziehen und darauf zu setzen, dass die kartellrechtlichen Bedenken nach wie vor zu unseren Gunsten wirkten. Ich beschloss, ein K.-o.-Angebot abzugeben, und der Verwaltungsrat genehmigte mir die Erhöhung der Summe. Währenddessen befand sich Alan Braverman in ständigen Gesprächen mit dem Justizministerium, um zu versuchen, den Weg für eine Genehmigung freizumachen, für den Fall, dass wir den Bieterkampf um Fox gewinnen sollten.

Zwei Tage bevor der Verwaltungsrat von Fox über das Angebot von Comcast abstimmte, flog ich mit Alan, Kevin, Christine und Nancy Lee nach London. Ich sorgte dafür, dass nur wenige Leute in unserem Team wussten, wie hoch unser Angebot war, und warnte jeden, dass absolute Vertraulichkeit unabdingbar sei. Wir wollten auf keinen Fall, dass Comcast Wind von unserem Plan bekäme, unser Angebot nachzubessern. Wir reservierten unter anderen Namen ein Zimmer in einem Hotel in London, in dem wir sonst nie übernachteten. Ich weiß nicht, ob es stimmt, aber einige Leute erzählten uns, dass Comcast manchmal die Bewegungen der Privatjets seiner Wettbewerber verfolgt, daher flogen wir einen Umweg über Belfast und charterten für den kurzen Flug nach London ein anderes Flugzeug.

Kurz bevor wir in London landeten, rief ich Rupert an und sagte: »Ich möchte mich morgen mit Ihnen treffen.« Am Spätnachmittag des folgenden Tages trafen Kevin und ich uns mit Rupert und John Nallen in Ruperts Büro. Zu viert saßen wir an seinem eleganten Marmortisch und blickten auf den Balkon, auf dem er und ich im vorhergehenden Dezember für ein Foto posiert hatten. Ich kam gleich zur Sache. »Wir möchten unser Angebot auf 38 Dollar erhöhen«, sagte ich. »Zur Hälfte bar, zur Hälfte Aktien.« Ich sagte ihm auch, höher könnten wir nicht gehen.

Was den Preis von 38 Dollar betraf, vermutete ich, dass Comcast sein Angebot möglicherweise erhöhen würde. Wenn wir 35 Dollar geboten hätten, hätten sie 36 Dollar geboten. Hätten wir 36 Dollar angeboten, hätten sie auf 37 Dollar erhöht. In jeder Phase hätten sie sich eingeredet, dass es nur ein wenig mehr sei, bis wir schließlich bei 40 Dollar pro Aktie gelandet wären. Wenn ich jedoch gleich 38 Dollar bot, müssten sie sich gut überlegen, ob sie mindestens 3 Dollar pro Aktie mehr zahlen wollten. (Da sie eine reine Barofferte gemacht hatten, würde es bedeuten, dass sie sich noch mehr Geld leihen und damit ihre Schulden erheblich steigern mussten.)

Comcast ging davon aus, dass der Verwaltungsrat von Fox am folgenden Morgen über sein Angebot abstimmen würde. Stattdessen präsentierte Rupert dem Gremium unsere neue Offerte, und der Verwaltungsrat stimmte zu. Nach der Sitzung teilten sie Comcast mit, dass sie unser neues Angebot annehmen würden, was wir unverzüglich gemeinsam bekannt gaben. Wir mussten diesen Schritt unseren Investoren erklären, aber wir hatten keinen Konferenzraum in London angemietet, weil wir nicht wollten, dass unsere Anwesenheit durchsickerte. Also wurde ein Freisprechtelefon in meinem Hotelzimmer installiert und wir hielten eine Telefonkonferenz ab. Es war eine surreale Szene: Unsere kleine Gruppe saß in einem Hotelzimmer und Christine und ich sprachen mit den Investoren, während im Fernsehen, das im Hintergrund lief, auf CNBC über die brandneuen Nachrichten berichtet wurde.

Kurz nachdem wir unser abschließendes Angebot abgegeben hatten, bat ich Alan Braverman eindringlich, zu versuchen, mit dem Justizministerium zu einer Einigung im Hinblick auf die Akquisition zu kommen. Er kannte unsere Marktkonzentration im Fernsehsport, und die Übernahme der regionalen Sportnetzwerke von Fox würde ein großes Problem sein. Wir beschlossen, dass es besser wäre, einem Verkauf dieser Bereiche zuzustimmen, damit die Akquisition insgesamt schnell durchgewinkt wurde. So geschah es auch. Das verlieh uns einen gewaltigen Vorteil gegenüber Comcast, das mit dem Risiko einer komplizierten, langwierigen Wettbewerbsprüfung konfrontiert war – abgesehen von der Notwendigkeit, unser neues Angebot von 38 Dollar zu toppen. Innerhalb von zwei Wochen erhielten wir eine Garantie des Justizministeriums, dass es auf eine Klage zur Verhinderung der Übernahme verzichten würde, falls wir uns bereit erklärten, die Sportnetzwerke zu verkaufen. Diese Garantie sollte sich als erfolgsentscheidend erweisen.

Nach dem Votum des Verwaltungsrats von 21th Century Fox erhielten seine Aktionäre zusammen mit der einstimmigen Empfehlung, der Transaktion zuzustimmen, einen neuen Proxy-Stimmzettel. Das Votum sollte Ende Juli stattfinden, was Comcast viel Zeit bot, sein Angebot nachzubessern. Es waren nervenzermürbende Wochen. Immer wenn ich meinen Computer einschaltete oder eine E-Mail öffnete oder CNBC anstellte, erwartete ich die Nachricht, dass Comcast unser Angebot übertrumpft hatte. Ende Juli flog ich mit Kevin zu einem dreitägigen Meeting nach Italien und von dort aus weiter nach London.

Wir fuhren gerade in London im Auto, als ich einen Anruf von David Faber, dem Moderator der CNBC-Sendung *Squawk on the Street* erhielt. Als ich mich meldete, sagte David unverzüglich: »Haben Sie einen Kommentar zu dieser Erklärung?«

»Welche Erklärung?«

»Comcasts Erklärung.»

Augenblicklich stieg meine Nervosität ins Unermessliche. »Ich weiß nichts davon«, sagte ich. David teilte mir mit, die Nachricht sei brandneu: »Brian Roberts hat verkündet, sie seien draußen.«

Ich hatte so fest damit gerechnet, dass er sagen würde, Comcast hätte unser Angebot getoppt, dass ich spontan ausrief: »Heilige Scheiße!« Dann hielt ich kurz inne und diktierte ihm eine formellere Stellungnahme. »Sie können Ihren Zuschauern sagen, dass ich es von Ihnen erfahren habe«, sagte ich. Das tat er – und er sagte ihnen auch, dass ich »Heilige Scheiße« gesagt hatte.

BEVOR WIR DIE TRANSAKTION wirklich abschließen konnten, mussten wir noch die globale Wettbewerbsprüfung außerhalb der Vereinigten Staaten in den Ländern bestehen, in denen wir nun operierten – unter anderem Russland, China, Ukraine, die EU, Indien, Südkorea, Brasilien und Mexiko. Nacheinander gingen die Genehmigungen für die einzelnen Regionen ein. Das Ganze zog sich über viele Monate hin, bis wir im März 2019 – 19 Monate nach unseren ersten Gesprächen mit Rupert – die Transaktion offiziell abschließen und als ein Unternehmen auftreten konnten.

All das geschah genau rechtzeitig. Im folgenden Monat, konkret am 11. April, hielten wir ein ausgefeiltes, streng choreografiertes und genau einstudiertes Event auf dem Disney-Gelände ab, um unseren Investoren die Details unserer neuen D2C-Geschäfte zu präsentieren. Diese Konferenz wäre völlig anders ausgefallen, wenn wir die Übernahme von Fox nicht rechtzeitig hätten abschließen können. Nun füllten jedoch mehrere hundert Investoren und Medienvertreter die Stuhlreihen in einer unserer Klangbühnen und blickten auf eine riesige Leinwand.

Wir hatten der Wall Street versprochen, einige Informationen über unsere neuen Streamingdienste preiszugeben, wenn wir so weit wären. Das löste eine interne Debatte über die Frage aus, wie detailliert die Information sein sollte. Ich wollten ihnen alles zeigen. Wir hatten unsere Herausforderungen in der Vergangenheit stets offen und transparent kommuniziert – zum Beispiel in der schicksalhaften Investoren-Telefonkonferenz im Jahr 2015, als ich über die Disruption sprach, die wir alle kommen sahen. Nun wollte ich genauso offen und transparent über die Dinge sprechen, die wir getan hatten, um für diese Disruption gewappnet zu sein und sogar selbst zu einem Disruptor zu werden. Ich wollte ihnen die Inhalte präsentieren, die wir erschaffen, und die Technologie, die wir entwickelt hatten, um unsere Inhalte bereitzustellen. Außerdem war es überaus wichtig, zu demonstrieren, dass Fox nicht nur perfekt in diese neue Strategie passte, sondern sie auf dramatische Weise beflügelte. Ebenso wichtig war die Kommunikation der Kosten, die Höhe der kurzfristigen Gewinneinbußen und unsere langfristigen Gewinnprojektionen.

Wir hatten unsere Herausforderungen in der Vergangenheit stets offen und transparent kommuniziert.

Ich betrat die Bühne und sprach einige einleitende Worte, gefolgt von einem wunderbar produzierten Film, mit dem wir die Geschichte dieser frisch fusionierten Unternehmen, Disney und 21st Century Fox, präsentierten. Das war unsere Art zu kommunizieren: *Wir bewegen uns in eine neue Richtung, aber die Kreativität bleibt das Herzstück aller unserer Aktivitäten.* Über viele Jahre haben

Wir bewegen uns in eine neue Richtung, aber die Kreativität bleibt das Herzstück aller unserer Aktivitäten.

diese beiden Unternehmen außerordentliche, unvergessliche Unterhaltung geboten, und von nun an würden wir dies mit vereinten Kräften und noch mehr Nachdruck weiterführen.

Diese Konferenz war eine Bekräftigung meines ersten Gesprächs mit dem Disney-Verwaltungsrat im Jahr 2004. Es ging allein um unsere Zukunft, und diese hing von drei Dingen ab: der Schaffung qualitativ hochwertiger Markeninhalte, der Investition in Technologie und unserem globalen Wachstum. Ich hätte damals nicht antizipieren können, dass alles, was wir unternahmen, auf der Grundlage dieser drei Prinzipien geschehen würde, und ich hätte nie einen Tag wie diesen vorhersagen können, an dem sich diese drei Säulen in den vorgestellten Zukunftsplänen unseres Unternehmens so offen präsentierten.

Nacheinander traten die Leiter zahlreicher unserer Sparten auf die Bühne und präsentierten die kuratierten und die Originalinhalte, die über unsere Streamingdienste abrufbar sein würden. Disney. Pixar. Marvel. *Star Wars*. National Geographic. Wir würden drei neue originale Marvel-Serien und zwei neue Serien von Lucasfilm herausbringen, darunter auch die erste *Star-Wars*-Realfilm-Serie, *The Mandalorian*. Daneben würde es eine Pixar-Serie, neue Disney-Fernsehserien und Realfilme geben, darunter auch *Susi und Strolch*. Insgesamt sollten allein im ersten Jahr des Streamingdienstes mehr als 25 neue Serien und zehn Originalfilme oder Specials erscheinen, die alle mit dem gleichen Ehrgeiz und Qualitätsstreben produziert worden waren wie alle unsere Filme und Fernsehserien. Außerdem würde praktisch die komplette Disney-Mediathek, jeder Zeichentrickfilm seit *Schneewittchen und die sieben Zwerge* aus dem Jahr 1937 zur Verfügung stehen, darunter auch mehrere Marvel-Titel, zum Beispiel *Captain Marvel* und *Avengers: Endgame*. Die Integration von Fox bedeutete, dass wir außerdem alle rund 600 Folgen von *Die Simpsons* anbieten konnten.

Später betrat Uday Shankar, der neue Präsident unserer Niederlassungen in Asien, die Bühne, um über Indiens größten Streamingdienst Hotstar zu sprechen. Wir hatten beschlossen, auf eine D2C-Strategie zu setzen, und als Folge der Übernahme von Fox gehörte uns nun das größte D2C-Geschäft in einem der dynamischsten und prosperierendsten Märkte der Welt. Das globale Wachstum war Realität.

Als Kevin Mayer die Bühne betrat, um die Funktionsweise der App vorzuführen – auf einem Smart TV, einem Tablet oder einem Smartphone – musste ich unwillkürlich an Steve denken, wie er 2005 in meinem Büro gestanden und mir den Prototyp unseres neuen Video-iPods gezeigt hatte. Sehr zum Leidwesen der übrigen Industrie hatten wir schon damals den Wandel aktiv angenommen. Jetzt taten wir es erneut und stellten uns die gleichen Fragen, die wir uns bereits 15 Jahre zuvor gestellt hatten: Werden hochwertige Markenprodukte in einem veränderten Markt eher noch an Wert gewinnen? Wie können wir den Konsumenten unsere Produkte auf noch relevantere und innovativere Weise zur Verfügung stellen? Welche neuen Konsumgewohnheiten bilden sich heraus, und wie können wir uns daran anpassen? Wie können wir Technologie zu einem einflussreichen neuen Instrument machen und zur Erzielung von Wachstum einsetzen, anstatt der Disruption und Zerstörung zum Opfer zu fallen?

Die Kosten der App-Entwicklung und der Schaffung der Inhalte in Kombination mit den Verlusten, die aus der Unterminierung unserer traditionellen Geschäfte entstanden, bedeuteten Gewinneinbußen in den ersten Jahren in Höhe von einigen Milliarden Dollar pro Jahr. Es würde einige Zeit in Anspruch nehmen, bis sich der Erfolg in Gewinnen ausdrücken würde. Die erste Messgröße würde die Zahl der Abonnenten sein. Wir wollten, dass möglichst viele Menschen weltweit Zugang zu unseren Streamingdiensten hatten, daher legten wir den Preis so fest, dass wir nach unserer Einschätzung in den ersten fünf Jahren zwischen 60 und 90 Millionen Abonnenten gewinnen würden. Als Kevin verkündete, wir hätten den Preis auf 6,99 Dollar pro Monat festgelegt, schnappten die Anwesenden hörbar nach Luft.

Die Reaktion der Börse überstieg unsere kühnsten Erwartungen. Als ich im Jahr 2015 über Disruption gesprochen hatte, war unser Aktienkurs im Anschluss steil eingebrochen. Nun stieg er sprunghaft an. Am Tag nach unserer Investorenkonferenz legte er um 11 Prozent zu und erreichte ein Rekordhoch. Am Ende des Monats war unser Aktienkurs um fast 30 Prozent gestiegen. Diese Phase, die sich über das Frühjahr 2019 erstreckte, war die beste Zeit in meiner Amtszeit als CEO. Wir brachten den Film *Avengers: Endgame* heraus, der die höchsten Bruttoeinnahmen aller Zeiten einspielte. Darauf folgte die Eröffnung unseres neuen *Star-*

Wars-Land, Galaxy's Edge, im Themenpark Disneyland, und darauf wiederum folgte eine Vereinbarung über den Kauf Comcasts verbliebener Anteile an Hulu, der zum Streamingdienst für alle Inhalte werden sollte, die nicht auf Disney+ angeboten werden – ein weiterer Schritt, der von den Investoren honoriert wurde. Wenn mich die Vergangenheit irgendetwas gelehrt hat, dann, dass bei einem Unternehmen dieser Größe mit so vielen Mitarbeitern und weltweiten Aktivitäten jederzeit etwas Unvorhersehbares geschehen kann; schlechte Nachrichten sind unvermeidlich. Einstweilen fühlte es sich aber umwerfend an, dass sich 15 Jahre harter Arbeit ausgezahlt hatten.

Wenn mich die Vergangenheit irgendetwas gelehrt hat, dann, dass bei einem Unternehmen dieser Größe jederzeit etwas Unvorhersehbares geschehen kann.

BEVOR WIR MIT FOX in die Übernahmeverhandlungen einstiegen, war mein Ausscheiden aus der Walt Disney Company für den Juni 2019 vorgesehen. (Ich hatte zuvor schon Pläne für meinen Rückzug in den Ruhestand geschmiedet, die sich dann aber zerschlugen. Nun, 45 Jahre, nachdem ich bei ABC begonnen hatte, war ich fest entschlossen, zu gehen.) Doch statt des wohlverdienten Ruhestands arbeitete ich nun härter denn je und empfand mehr Verantwortung als in den vorhergehenden 14 Jahren als CEO. Das soll nicht heißen, dass ich nicht beruflich voll engagiert oder erfüllt gewesen wäre, sondern nur, dass es nicht das war, wie ich mir mein Leben mit 68 Jahren vorgestellt hatte. Die hohe Arbeitsintensität schützte mich aber nicht dagegen, dass sich eine gewisse Wehmut einschlich. Die Zukunft, die wir planten und an der wir so fieberhaft arbeiteten, würde ohne mich stattfinden. Beim Schreiben dieser Zeilen kann ich mein Rückzugsdatum aus den Augenwinkeln bereits herannahen sehen, und es schiebt sich in unerwarteten Momenten in den Vordergrund. Es ist nicht dominant genug, um mich abzulenken, aber doch so präsent, dass es mich daran erinnert, dass meine Zeit sich allmählich dem Ende zuneigt. Vor einigen Jahren schenkten mir liebe Freunde zum Spaß einen Nummernschildhalter, den ich sofort an meinem Wagen anbrachte. Darauf steht: »Gibt es ein Leben nach Disney?« Die Antwort lautet natürlich Ja, aber die Frage fühlt sich existenzieller an als bisher.

Ich vertrete die Überzeugung, dass es nicht gut ist, wenn ein Mensch zu lange in einer Machtposition verharrt. Selbst wenn ein CEO produktiv und effektiv arbeitet, ist es für ein Unternehmen wichtig, dass ein Wechsel an der Spitze stattfindet. Ich weiß nicht, ob andere CEOs mir zustimmen, aber mir ist aufgefallen, dass man in einer Position so viel Macht ansammeln kann, dass es zunehmend schwieriger wird, die eigene Machtausübung zu kontrollieren. Kleine Dinge können sich verändern. Ihr Selbstvertrauen kann umkippen in Überheblichkeit und wird zu einer Bürde. Sie können das Gefühl bekommen, Sie hätten jede Idee schon einmal gehört, und werden unduldsam und beginnen, die Meinung anderer zu geringschätzen. Das geschieht nicht bewusst, sondern ist vielmehr eine Begleiterscheinung Ihrer Aufgabe. Sie müssen die bewusste Anstrengung unternehmen, zuzuhören und der Vielzahl der unterschiedlichen Meinungen Aufmerksamkeit zu schenken. Als Schutzmaßnahme habe ich die Führungskräfte, mit denen ich am engsten zusammenarbeite, um etwas gebeten: »Wenn Sie merken, dass ich zu abschätzig oder unduldsam werde, dann müssen Sie mir das sagen.« Gelegentlich mussten sie das, aber ich hoffe, nicht zu oft.

Kleine Dinge können sich verändern. Ihr Selbstvertrauen kann umkippen in Überheblichkeit und wird zu einer Bürde.

In einem Buch wie diesem wäre es ein Leichtes, alle Erfolge, die ich während meiner Zeit als CEO erzielt habe, als Ergebnis einer perfekt umgesetzten Vision zu präsentieren, die ich von Anfang an hatte; zum Beispiel vorzugeben, ich hätte von Anfang an gewusst, dass die Konzentration auf drei spezifische Kernstrategien uns dort hinführen würden, wo wir heute stehen. Diese Geschichte lässt sich jedoch nur im Rückblick konstruieren. Die Wahrheit ist, dass ich einen Zukunftsplan brauchte, um das Unternehmen führen zu können. Ich war davon überzeugt, dass Qualität höchste Priorität genießen sollte. Außerdem war ich davon überzeugt, dass wir auf Technologie und Disruption setzen mussten, anstatt uns vor beidem zu fürchten. Und ich war davon überzeugt, dass es erfolgsentscheidend sein würde, in neue Märkte zu expandieren. Ich hatte damals jedoch keine konkrete Vorstellung davon, wohin uns diese Reise führen würde.

Ohne Erfahrung ist es unmöglich, Führungsprinzipien zu bestimmen. Ich hatte jedoch das Glück, ausgezeichnete Mentoren zu haben. Michael gehört auf alle Fälle dazu, und vor ihm Tom und Dan und vor ihnen Roone. Jeder war auf seine eigene Weise ein Meister, und ich habe alles, was ich von ihnen lernen konnte, wie ein Schwamm aufgesogen. Abgesehen davon habe ich stets meinen Instinkten vertraut und meine Mitarbeiter dazu ermutigt, den ihren zu vertrauen. Erst sehr viel später begannen sich diese Instinkte in spezielle Führungseigenschaften zu verwandeln, die ich klar artikulieren konnte.

Ich hatte jedoch das Glück, ausgezeichnete Mentoren zu haben. Abgesehen davon habe ich stets meinen Instinkten vertraut und meine Mitarbeiter dazu ermutigt, den ihren zu vertrauen.

Vor Kurzem habe ich die E-Mail erneut gelesen, die ich an meinem ersten Tag als CEO an die gesamte Belegschaft gesendet hatte. Darin sprach ich über die drei Säulen unserer Strategie für die Zukunft, teilte aber auch einige Erinnerungen, nämlich dass ich als Kind *The Wonderful World of Disney* und *The Mickey Mouse Club* gesehen und mir damals vorgestellt hatte, wie wunderbar es sein würde, eines Tages Disneyland besuchen zu können. Ich erinnerte mich auch an meine erste Zeit bei ABC und wie nervös ich war, als ich im Sommer 1974 dort begann. »Ich habe mir nie träumen lassen, dass ich eines Tages ein Unternehmen führen würde, dem ich so viele meiner schönsten Kindheitserinnerungen verdanke«, schrieb ich, »oder dass mein beruflicher Weg mich eines Tages hierherführen würde.«

In gewisser Hinsicht kann ich es immer noch nicht ganz glauben. Es ist eine merkwürdige Sache; einerseits denkt man, dass die Erzählung des eigenen Lebens einen vollkommenen Sinn ergibt – der Handlungsleitfaden ist kohärent und durchgehend. Und doch gibt es so viele Momente entlang des Weges, in denen alles anders hätte kommen können. Wenn da nicht eine Glückssträhne oder der richtige Mentor gewesen wäre oder ich nicht den richtigen Instinkt gehabt hätte, der mir sagte, mach *dies* und nicht *das*, dann würde ich diese Geschichte nicht erzählen können. Ich kann gar nicht genug betonen, wie sehr Erfolg auch von Glück abhängt, und ich habe auf meinem Weg großes Glück gehabt. Im Rückblick kann ich sagen, dass das Ganze etwas Traumhaftes hat.

Wie konnte ein Kind, das in seinem Wohnzimmer in Brooklyn den Disney-Star Annette Funicello und den *Mickey Mouse Club* sah oder mit seinen Großeltern zum ersten Mal im Kino *Cinderella* ansah oder einige Jahre später in seinem Bett lag und immer wieder Szenen aus *Davy Crockett* in seinem Kopf nachspielte – wie konnte dieses Kind viele Jahre später zum Hüter des Vermächtnisses von Walt Disney werden?

Vielleicht gilt das für viele von uns: Egal wer wir werden oder was wir erreichen, im Wesentlichen fühlen wir uns immer noch als das Kind, das wir früher gewesen sind, als unser Leben noch einfacher war. Ich glaube, in gewisser Hinsicht ist das auch der Führungstrick – an dieser Selbstwahrnehmung festzuhalten, auch wenn die Welt um einen herum einem einredet, wie wichtig und mächtig man ist. In dem Moment, in dem man diesen Botschaften allzu großen Glauben schenkt, in dem man in den Spiegel blickt und alles, was man sieht, ein Titel auf der Stirn ist, hat man seine Richtung verloren. Das ist womöglich die härteste, aber zugleich notwendigste Lektion, die man sich stets vor Augen halten muss: Wo immer Sie sich auf Ihrem persönlichen Pfad gerade befinden, Sie sind derselbe Mensch, der Sie schon immer waren.

Egal wer wir werden oder was wir erreichen, im Wesentlichen fühlen wir uns immer noch als das Kind, das wir früher gewesen sind, als unser Leben noch einfacher war.

ANHANG

FÜHRUNGSLEKTIONEN

AM ENDE DIESES BUCHES ÜBER FÜHRUNG fällt mir auf, dass es vielleicht nützlich wäre, all die in diesem Buch vorgestellten Variationen zum Thema an einem Platz zusammenzufassen. Einige sind konkret und präskriptiv, andere ein wenig mehr philosophisch. Wenn ich diese Versatzstücke aus gesammelten Weisheiten betrachte, fügen sie sich zu einer Landkarte über die vergangenen 45 Jahre zusammen: *Das ist, was mir diese Person Tag für Tag beigebracht hat; und dies ist, was ich von jener anderen Person gelernt habe. Hier ist diese Sache, die ich damals nicht verstanden habe, aber heute verstehe, und die man nur mit der Erfahrung lernt.* Ich hoffe, dass Sie diese Ideen und die Geschichten, die ich in diesem Buch erzählt habe, um die Ideen in einen Kontext zu stellen und ihnen Gewicht zu verleihen, als nachvollziehbar empfinden, und dass sie vielleicht Ihre eigenen Erfahrungen widerspiegeln. Sie sind Lektionen, die mein berufliches Leben geprägt haben, und ich hoffe, dass sie auch für das Ihre nützlich sind.

- Um großartige Geschichten erzählen zu können, brauchen Sie ein herausragendes Talent.
- Heute gültiger denn je: Entweder Sie innovieren oder Sie verlieren. Wenn Sie Ihr Handeln von der Angst vor neuen Entwicklungen bestimmen lassen, wird es keine Innovationen geben.

- Ich spreche viel über »das unermüdliche Streben nach Perfektion«. In der Praxis kann das vieles bedeuten und lässt sich daher nur schwer definieren. Eigentlich ist es eher eine geistige Haltung als ein konkreter Regelkatalog. Dabei geht es aber nicht um Perfektion um jeden Preis, sondern darum, eine Umgebung zu schaffen, in der Ihre Mitarbeiter sich nicht mit dem Mittelmaß zufriedengeben. Es geht darum, den inneren Schweinehund zu bekämpfen, der findet, »reicht schon« reiche aus.
- Übernehmen Sie die Verantwortung für Ihre Fehler. Im Beruf und in Ihrem Privatleben werden Ihnen die Menschen in Ihrer Umgebung mehr Respekt und Vertrauen entgegenbringen, wenn Sie sich zu Ihren Fehlern bekennen. Es ist unmöglich, nie Fehler zu machen, aber es ist möglich, sie anzuerkennen, aus ihnen zu lernen und ein Beispiel dafür zu setzen, dass es in Ordnung ist, gelegentlich einen Fehler zu machen.
- Seien Sie anständig zu anderen Menschen. Behandeln Sie jeden Menschen mit Fairness und Empathie. Das heißt nicht, dass Sie Ihre Erwartungen senken oder die Botschaft vermitteln sollen, Fehler spielten keine Rolle. Es heißt, dass Sie für eine Umgebung sorgen, in der die Menschen wissen, dass sie angehört werden, dass Sie emotional beständig und gerecht sind, und dass sie bei einem ehrlichen Fehler eine zweite Chance erhalten.
- Exzellenz und Fairness schließen sich nicht gegenseitig aus. Streben Sie nach Perfektion, aber achten Sie darauf, dass Sie sich nicht nur um das Produkt kümmern und die Menschen darüber vernachlässigen.
- Echte Integrität – zu wissen, wer man ist, und sich von seinem eigenen Gespür für das, was richtig und was falsch ist, leiten zu lassen – ist eine Art geheime Führungswaffe. Wenn Sie Ihren Instinkten vertrauen und Ihre Mitarbeiter mit Respekt behandeln, wird das Unternehmen die Werte repräsentierten, die Sie vorleben.
- Legen Sie mehr Wert auf Fähigkeit als auf Erfahrung, und setzen Sie Ihre Mitarbeiter an Positionen, die ihnen mehr abverlangen, als sie sich selbst zutrauen.
- Stellen Sie die Fragen, die Sie stellen müssen; gestehen Sie, ohne sich zu entschuldigen, die Dinge ein, die Sie nicht verstehen, und tun Sie Ihr Bestes, um sich schnellstmöglich das Wissen anzueignen, das Ihnen fehlt.

- Kreativität zu managen, ist eine Kunst – und keine Wissenschaft. Wenn Sie die kreative Arbeit anderer bewerten, denken Sie daran, wie viel Zeit, Energie und Herzblut die Person, mit der Sie sprechen, in das Projekt investiert hat, und was für sie auf dem Spiel steht.
- Beginnen Sie nie irgendetwas mit einer negativen oder engherzigen Haltung. Oft fixieren sich Menschen auf kleinste Details, um zu kaschieren, dass es ihnen an klaren, kohärenten Gedanken mangelt. Wenn Sie kleinkariert beginnen, hinterlassen Sie einen kleinkarierten Eindruck.
- Von allen Lektionen, die ich in meinem ersten Jahr als Verantwortlicher für das Primetime-Programm von ABC gelernt habe, war die tiefgreifendste die Erkenntnis, dass Kreativität keine Wissenschaft ist. Ich lernte mit Misserfolgen umzugehen – nicht mit mangelnder Anstrengung, sondern mit der Tatsache, dass man die Erlaubnis zum Scheitern geben muss, wenn man innovieren will.
- Machen Sie es sich nicht zum Motto, stets auf Nummer sicher zu gehen. Machen Sie es sich zum Motto, Chancen für herausragende Leistung zu schaffen.
- Achten Sie darauf, dass Sie nicht durch einen zu großen Ehrgeiz Chancen verspielen. Wenn Sie sich auf ein zukünftiges Projekt oder eine zukünftige Aufgabe fixieren, werden Sie ungeduldig mit der aktuellen Situation. Dann kümmern Sie sich nicht genug um Ihre gegenwärtigen Verantwortlichkeiten, und Ihr Ehrgeiz kann kontraproduktiv werden. Es ist wichtig, das richtige Maß zu kennen, das heißt, Ihre Aufgabe gut zu machen, geduldig zu sein, nach Chancen Ausschau zu halten und zuzugreifen, zu wachsen und sich weiterzuentwickeln, und sich durch die richtige Einstellung, durch Energie und Fokussierung zu einem Kandidaten zu machen, der Ihren Vorgesetzten als Erstes einfällt, wenn sich eine neue Chance ergibt.
- Mein ehemaliger Chef Dan Burke gab mir einst einen Zettel in die Hand. Darauf stand: »Hüten Sie sich vor der Herstellung von Posaunenöl. Möglicherweise werden Sie der größte Hersteller von Posaunenöl der Welt, aber am Ende braucht die Welt davon nur wenige Milliliter pro Jahr!« Er wollte mir damit sagen, ich solle nicht in kleine Projekte investieren, die meine Ressourcen und die Ressourcen des

Unternehmens absorbieren, aber keine Rendite abwerfen würden. Ich bewahre diese Notiz noch immer in meinem Schreibtisch auf, und ziehe sie heraus, wenn ich mit unseren Führungskräften über die Dinge spreche, die sie verfolgen und auf die sie ihre Energie richten sollten.

- Wenn die Leute an der Unternehmensspitze eine dysfunktionale Beziehung zueinander haben, kann das übrige Unternehmen unmöglich funktionsfähig sein. Das ist so, als würden die eigenen Eltern den ganzen Tag streiten. Die Kinder wissen das und beginnen, diese Feindseligkeit zurückzuspiegeln und aneinander auszulassen.
- Wenn Sie als Führungskraft Ihre Arbeit nicht machen, werden es die Leute in Ihrer Umgebung merken und sehr schnell den Respekt vor Ihnen verlieren. Sie müssen aufmerksam sein. Oft müssen Sie an Meetings teilnehmen, die Sie lieber vermeiden würden, wenn Sie die Wahl hätten. Sie müssen sich die Probleme anderer Leute anhören und dazu beitragen, eine Lösung zu finden. Das ist alles Teil der Führungsaufgabe.
- Wir alle möchten gerne glauben, dass wir unverzichtbar sind. Sie brauchen eine gute Selbstwahrnehmung, um zu wissen, dass Sie nicht die einzige Person sind, die Ihre Arbeit machen kann. Die Quintessenz guter Führung hat nichts mit Unersetzlichkeit zu tun, sondern damit, andere darauf vorzubereiten, in Ihre Fußstapfen zu treten, indem Sie sie an Ihren Entscheidungsprozessen teilhaben lassen, die Fähigkeiten identifizieren, die sie entwickeln müssen, und ihnen dabei helfen, sich zu verbessern. Und manchmal müssen Sie ehrlich mit ihnen sein und ihnen die Gründe dafür mitteilen, warum sie nicht für die nächste Beförderung bereit sind.
- Die Reputation eines Unternehmens ist die Summe aller Handlungen seiner Mitarbeiter und der Qualität seiner Produkte. Sie müssen immer und zu allen Zeiten von Ihren Mitarbeitern und Ihren Produkten Integrität verlangen.
- Michael Eisner pflegte zu sagen: »Mikromanagement wird unterschätzt.« Ich stimme ihm zu – bis zu einem gewissen Punkt. Sich um jedes Detail zu kümmern, kann demonstrieren, wie sehr Sie sich engagieren. »Großartig« ist oft das Ergebnis vieler kleiner Mosaiksteinchen. Die Kehrseite des Mikromanagements ist, dass es andere lähmen und

das Gefühl verstärken kann, Sie würden den Menschen, die für Sie arbeiten, nicht vertrauen.

- Oft führen wir aus einer Haltung der Angst anstatt des Mutes und versuchen hartnäckig, ein Bollwerk zu errichten, um alte Geschäftsmodelle zu schützen, die die Gezeitenwende, die sich derzeit vollzieht, nicht überleben werden. Es ist schwierig, die bestehenden Modelle zu betrachten, und zwar selbst die, die gegenwärtig profitabel sind. Es ist nicht leicht, die bewusste Entscheidung zu treffen, diese Modelle zu untergraben, um für den Wandel gewappnet zu sein, der sich bereits ankündigt.
- Wenn Sie durch die Flure gehen und Ihren Leuten ständig erzählen, dass »uns der Himmel auf den Kopf fällt«, wird Ihr Unternehmen mit der Zeit von einem Gefühl des Trübsals und Weltuntergangs durchdrungen. Sie dürfen keine pessimistische Stimmung verbreiten. Das ruiniert die Moral. Niemand möchte einem Pessimisten folgen.
- Pessimismus führt zu Paranoia; Paranoia führt zu einer Verteidigungshaltung, die ihrerseits in eine Risikoaversion mündet.
- Optimismus entsteht aus dem Glauben an sich selbst und an die Menschen, die für Sie arbeiten. Es geht nicht darum, vorzugeben, die Dinge seien gut, wenn sie es nicht sind, und es geht auch nicht darum, blindes Vertrauen auszustrahlen, »dass alles gut wird«. Es geht darum, dass Sie in Ihre eigenen Fähigkeiten und die Ihrer Mitarbeiter vertrauen.
- Manchmal scheuen Menschen vor großen Vorhaben zurück, weil sie sich schon vorher tausend Argumente zurechtlegen, warum es nicht funktionieren kann, noch bevor sie es überhaupt versucht haben. Gewaltige Vorhaben sind oft gar nicht so gewaltig, wie sie auf den ersten Blick wirken. Mit Besonnenheit und Engagement lassen sich auch die kühnsten Ideen umsetzen.
- Sie müssen Ihre Prioritäten klar und wiederholt kommunizieren. Wenn Sie Ihre Prioritäten nicht klar und deutlich aussprechen, werden die Menschen, die an Sie berichten, nicht wissen, welches ihre eigenen Prioritäten sein sollten. Das führt zu Verschwendung von Zeit, Energie und Kapital.
- Sie können sehr viel für die Moral Ihrer direkten Mitarbeiter tun (und somit für deren Mitarbeiter), wenn Sie ihren Alltag von Ungewissheit befreien. Ein Großteil der Arbeit ist komplex und erfordert viel Ener-

gie und Fokussierung. Die folgende Botschaft ist dagegen ziemlich einfach und dient als Orientierung: *Dies ist unser Ziel, und so werden wir es erreichen.*

- Technologische Fortschritte werden ältere Geschäftsmodelle obsolet machen. Sie können diese Unabänderlichkeit beklagen und mit aller Macht versuchen, überholte Modelle zu erhalten. Oder Sie können große Anstrengungen unternehmen, um den Wandel zu verstehen, und ihn mit größerer Begeisterung und Kreativität gestalten als Ihre Wettbewerber.
- Blicken Sie immer in die Zukunft, nie in die Vergangenheit.
- Es ist leicht, optimistisch zu sein, wenn alle Ihnen sagen, Sie seien großartig. Es ist viel schwieriger und wichtiger, wenn die Dinge nicht rund laufen und Sie an sich zweifeln.
- Anderen Menschen mit Respekt zu begegnen, ist etwas, das in Verhandlungen oft unterschätzt wird. Respekt kann sehr viel bewirken, und mangelnder Respekt kann sehr teuer werden.
- Sie müssen Ihre Hausaufgaben machen. Sie müssen vorbereitet sein. Sie können zum Beispiel keine umfangreiche Akquisition tätigen, ohne die notwendigen Modelle zu entwickeln, die Ihnen bei der Entscheidung helfen, ob sich die Transaktion lohnt oder nicht. Aber Sie müssen auch anerkennen, dass es nie eine hundertprozentige Garantie gibt. Egal, wie viele Daten Sie sich beschaffen können, es bleibt immer ein Restrisiko, und die Entscheidung, dieses Risiko zu wagen oder nicht, hängt letztlich von Ihrem Instinkt ab.
- Wenn Ihnen irgendetwas *nicht richtig* vorkommt, ist es für Sie auch *nicht das Richtige.*
- Viele Unternehmen übernehmen andere Übernehmen, ohne sich viele Gedanken darüber zu machen, was sie eigentlich kaufen. Sie glauben, sie würden physische Vermögenswerte oder Fertigungsressourcen oder intellektuelles Kapital erhalten (für einige Industrien gilt das mehr als für andere). Was sie üblicherweise tatsächlich erhalten, sind *Menschen.* In einem kreativen Geschäft sind die Menschen der größte Vermögenswert.
- Als Unternehmensführer verkörpern Sie Ihr Unternehmen. Und das bedeutet: Ihre Werte – Ihr Gespür für Integrität, Anstand und Ehr-

lichkeit und die Art, wie Sie sich in der Welt bewegen – stehen für die Werte Ihres Unternehmens. Sie können eine Organisation mit sieben Mitarbeitern oder einen Konzern mit einer Viertelmillion Mitarbeiter leiten, die Wahrheit ist immer dieselbe: Was die Menschen von *Ihnen* halten, halten sie von Ihrem Unternehmen.

- Im Verlauf der Jahre kam ich viele Male in die Situation, dass ich guten Leuten eine schlechte Nachricht übermitteln musste. Mit einigen war ich befreundet, und einigen war es nicht gelungen, die Position, an die ich sie gesetzt hatte, erfolgreich auszufüllen. Ich versuche, ohne Umschweife das Problem zu schildern, und erkläre knapp und präzise, was nicht funktioniert hat und warum ich glaube, dass sich das nicht ändern wird. Es gibt eine euphemistische Unternehmenssprache, die in solchen Situationen oft verwendet wird und die mir immer beleidigend vorkam. Es gibt keine Möglichkeit, ein Kündigungsgespräch schmerzfrei zu gestalten, aber zumindest kann es ehrlich sein.
- Umgeben Sie sich mit Menschen, die nicht nur ihren Job gut machen, sondern auch einen *guten Charakter* haben. Echter Anstand – ein Gespür für Fairness, Offenheit und gegenseitigen Respekt – ist in der Wirtschaft seltener anzutreffen, als es sein sollte. Sie sollten bei den Mitarbeitern, die sie einstellen, auf diese Eigenschaften achten und sie fördern.
- Bei jeder Verhandlung müssen Sie Ihre Position von Anfang an klar machen. Kein kurzfristiger Gewinn macht den langfristigen Vertrauensverlust wett, der entsteht, wenn Sie die Erwartungen nicht erfüllen, die Sie zu Beginn der Verhandlungen geweckt haben.
- Ihre Ängste und Anspannung auf Ihr Team zu projizieren, ist kontraproduktiv. Es gibt einen feinen Unterschied zwischen der Botschaft, dass Sie den Stress Ihres Teams teilen – also dass Sie *mit Ihren Leuten* im Projekt sind und Anteil nehmen – und der Botschaft, dass Ihr Team die erwartete Leistung zu erbringen hat, damit Ihr Stress abnimmt.
- Die meisten Deals sind sehr persönlich. Das gilt umso mehr, wenn Sie mit jemandem über eine Sache verhandeln, die er erschaffen hat. Sie müssen zwar wissen, was Sie von einem Deal wollen, aber um das zu erreichen, muss Ihnen auch klar sein, was für Ihr Gegenüber auf dem Spiel steht.

- Wenn Sie irgendetwas herstellen, dann sorgen Sie dafür, dass Sie etwas Großartiges herstellen.
- Die Entscheidung, ein Geschäftsmodell zu revolutionieren, das profitabel ist, erfordert großen Mut. Es bedeutet, ganz bewusst kurzfristige Verluste zu akzeptieren, in der Hoffnung, dass sich ein langfristiges Risiko auszahlen wird. Routinen und Prioritäten werden auf den Kopf gestellt. Traditionelle Geschäftspraktiken werden verdrängt, und die Gewinne sinken, während sich neue Geschäftsmodelle allmählich durchsetzen. Das ist eine gewaltige Herausforderung für die Unternehmenskultur und die Denkhaltung. Wenn Sie diesen Schritt wagen, sagen Sie den Menschen, die während ihrer gesamten Karriere für den Erfolg ihres traditionellen Geschäfts vergütet wurden: »Kümmern Sie sich von jetzt an weniger um das traditionelle Geschäft und konzentrieren Sie sich vermehrt auf die neuen Dinge.« *Die neuen Dinge* sind aber noch nicht profitabel und werden auch noch eine ganze Weile unprofitabel bleiben. Diese Ungewissheit können Sie am besten bewältigen, indem Sie zu den grundlegenden Prämissen zurückkehren: Setzen Sie klare strategische Prioritäten. Bleiben Sie angesichts des Unbekannten optimistisch. Und bleiben Sie fair und ansprechbar für Menschen, deren Arbeitsleben dadurch auf den Kopf gestellt wird.
- Man sollte nicht zu lange an der Macht festhalten, weil man dann nicht mehr merkt, dass die eigene Stimme jede andere Stimme im Raum zu übertönen scheint. Man gewöhnt sich daran, dass andere mit ihrer Meinung hinterm Berg halten, bis sie gehört haben, was Sie zu sagen haben. Menschen fürchten sich, Ihnen ihre Ideen vorzutragen; sie fürchten sich, eine andere Meinung zu vertreten als Sie; sie fürchten sich, sich zu engagieren. Das kann selbst Führungskräften mit den besten Absichten passieren. Sie müssen bewusst und aktiv daran arbeiten, den korrosiven Effekten der Macht vorzubeugen.
- Sie müssen Ihrer Arbeit und Ihrem Privatleben mit echter Demut begegnen. Den Erfolg, der mir beschieden gewesen ist, verdanke ich zum Teil meinen eigenen Anstrengungen, aber auch so vielen anderen Umständen, an denen andere beteiligt waren, den Anstrengungen, der Unterstützung und den Beispielen vieler Menschen und glücklichen Fügungen, auf die ich keinen Einfluss hatte.

- Bewahren Sie sich Ihre Selbstwahrnehmung, auch wenn die Welt Ihnen erzählt, wie wichtig und mächtig Sie sind. In dem Moment, in dem Sie anfangen, diesen Dingen zu viel Glauben zu schenken und Sie beim morgendlichen Blick in den Spiegel einen Titel auf Ihrer Stirn sehen, haben Sie Ihre Richtung verloren.

DANKSAGUNG

Es gibt ein altes Sprichwort: Der Erfolg hat viele Väter, der Misserfolg ist ein Waisenkind. In meinem Fall hatte der Erfolg viele Väter und Mütter. Alles, was wir in den letzten 15 Jahren bei Disney erreicht haben, ist das Ergebnis einer kollaborativen Anstrengung zahlloser Menschen gewesen: unseres Senior-Executive-Teams, Zehntausenden von Disney-Mitarbeitern (wir nennen sie »cast members«) und vielen tausend weiteren Leuten auf der kreativen Seite unseres Geschäfts – Regisseuren, Drehbuchautoren, Schauspielern und Legionen weiterer talentierter Menschen, die sehr viel Zeit und Mühe darauf verwendet haben, die Storys zu erzählen, die ich in diesem Buch so oft erwähnt habe.

Ich könnte seitenweise die Namen von Personen aufzählen, denen ich zu Dank verpflichtet bin, aber ich werde diese Aufzählung auf die Handvoll begrenzen, die nachfolgend erwähnt werden und ohne deren Anstrengungen Disney und ich nicht annähernd so erfolgreich gewesen wären, wie es der Fall war:

Stephanie Voltz dafür, dass sie von Anfang bis Ende dabei war und so viel mehr getan hat, als stets für reibungslose, planmäßige Abläufe zu sorgen. Danke auch für die unglaubliche Unterstützung und ihr stetes Lächeln.

Danke an Alan Braverman und Zenia Mucha, die mich ebenfalls von Anfang an begleitet haben. Beide sind für mich und das Unternehmen von unschätzbarem Wert gewesen.

Kevin Mayer ist ein Meisterstratege und Dealmaker. Ein CEO könnte sich keinen besseren strategischen Partner wünschen.

Jayne Parker ist seit einem Jahrzehnt unsere Personalleiterin. Sie können kein Unternehmen führen ohne einen Star in leitender Personalfunktion. Jayne ist ein Star und mehr als das.

Ich durfte außerdem mit drei herausragenden Finanzvorständen arbeiten: Tom Staggs, Jay Rasulo und Christine McCarthy. Ihre Klugheit, ihre Perspektive und ihr strategischer und finanzieller Sachverstand haben so vieles von dem, was wir gemacht haben, ermöglicht.

Auch Bob Chapek hat mit der Leitung unserer Sparten Konsumprodukte und Themenparks außerordentliche Arbeit geleistet und war im Vorfeld der Eröffnung von Shanghai Disneyland von unschätzbarem Wert.

George Bodenheimer und Jimmy Pitaro haben ESPN sehr kompetent und würdig geführt.

Alan Horn einzustellen, ist die beste Personalentscheidung gewesen, die ich je getroffen habe. Unter seiner Führung des Filmstudios ist es uns gelungen, künstlerisch und kommerziell herausragende Erfolge zu realisieren.

John Lasseter und Ed Catmull und ihr großartiges Team aus Regisseuren und Zeichentrickfilmern sorgten dafür, dass Pixar stets lebendig und hochkreativ blieb, und sie haben Walt Disney Animation neues Leben eingehaucht.

Bob Weis und mehr als tausend Imagineers haben Shanghai Disneyland entworfen und gebaut. Dieser Themenpark ist ein Triumph der Visionskraft, Leidenschaft, Kreativität, Geduld und außerordentlich harter Arbeit und Opferbereitschaft.

In den fast 15 Jahren, die ich die Position als CEO innehatte, habe ich auch mit einigen herausragenden »Chefinnen für alles Mögliche» gearbeitet, wie ich sie nannte (bis ich den Titel offiziell in »Stabschefin« änderte): Leslie Stern, Kate McLean, Agnes Chu und Nancy Lee waren unschätzbar wertvoll für mich. Und auch Ihnen, Heather Kiriakou, herzlichen Dank für all Ihre Hilfe im Verlauf der Jahre.

Große Dankbarkeit schulde ich zudem zahlreichen Mitgliedern des Verwaltungsrats der Walt Disney Company, vor allem George Mitchell, John Pepper, Orin Smith und Susan Arnold. Danke für die Unterstützung unserer Vision, Ihre Ratschläge und Ihren Ansporn. Erfolgreiche Unternehmen haben eines gemeinsam: eine enge partnerschaftliche Beziehung zwischen dem Management und den aufsichtsführenden Direktoren des Verwaltungsrats. Unsere Beziehung war ausschlaggebend für den Erfolg der Walt Disney Company.

In den 45 Jahren, die ich bei diesem Unternehmen gearbeitet habe, hatte ich viele Vorgesetzte. Einige wurden in diesem Buch erwähnt, aber ich möchte allen von ihnen dafür danken, dass sie mir Orientierung geboten und an mich geglaubt haben:

Harvey Kalfin
Deet Jonker
Pat Shearer
Bob Apter
Irwin Weiner
Charlie Lavery
John Martin
Jim Spence
Roone Arledge
John Sias
Dan Burke
Tom Murphy
Michael Eisner

Mein abschließender Dank geht an mein Buchteam:

Joel Lovell – ich bin Ihnen zutiefst dankbar für die gute Zusammenarbeit und Ihre Freundschaft. Es war großartig, diese Lektionen, Erinnerungen und Erfahrungen mit Ihnen zu teilen.

Esther Newberg – ich danke Ihnen für Ihre Anleitung und dafür, dass Sie mich dazu überredet haben, dieses Buch zu schreiben. Sie sagten, es sei ganz leicht, aber da haben Sie sich mächtig getäuscht!

Andy Ward, dessen Führung, Rat und Ansporn ich wertschätze und bewundere.

STICHWORTVERZEICHNIS

Über den Autor

Robert Iger war bis Februar 2020 Vorstandsvorsitzender und CEO der Walt Disney Company. Zuvor war er von 2000 bis 2005 Präsident und COO und seit Oktober 2005 Präsident und CEO. Igers Karriere begann 1974 bei ABC. Als Vorstandsvorsitzender der ABC Group überwachte er das Funk- und Fernsehnetzwerk und die Sendergruppe und er lenkte die Fusion zwischen Capital Cities/ABC und der Walt Disney Company. Iger wurde 1996 offiziell Mitglied der Geschäftsleitung von Disney, zunächst als Vorstandsvorsitzender der ABC-Guppe. 1999 übernahm er zusätzlich die Aufgabe als Präsident von Walt Disney International. In dieser Rolle steigerte Iger Disneys Präsenz außerhalb der USA und schuf so die Vorlage für das heutige internationale Wachstum der Firma.